高等职业技术院校机电一体化技术专业任务驱动型教材

电工电子技术

主　编　汤伟芳

中国劳动社会保障出版社

简介

本书主要内容包括：电工技术、模拟电路技术与数字电路技术。

本书由汤伟芳主编，王晓兰、俞梁英副主编，武艳、戴锐青、裴忠诚参加编写，王其红主审。

图书在版编目(CIP)数据

电工电子技术/汤伟芳主编. —北京：中国劳动社会保障出版社，2012
高等职业技术院校机电一体化技术专业任务驱动型教材
ISBN 978-7-5045-9833-2

Ⅰ.①电… Ⅱ.①汤… Ⅲ.①电工技术-高等职业教育-教材②电子技术-高等职业教育-教材 Ⅳ.①TM②TN

中国版本图书馆 CIP 数据核字(2012)第 211046 号

中国劳动社会保障出版社出版发行
（北京市惠新东街1号 邮政编码：100029）

出版人：张梦欣

*

北京市艺辉印刷有限公司印刷装订 新华书店经销
787毫米×1092毫米 16开本 12.25印张 282千字
2012年9月第1版 2024年10月第15次印刷
定价：23.00元

营销中心电话：400-606-6496
出版社网址：http://www.class.com.cn
http://jg.class.com.cn

前言

为了更好地满足企业对机电一体化技术专业高技能人才的需求，全面提升教学质量，人力资源和社会保障部教材办公室组织全国有关院校的一线教学专家、企业技术专家，在充分调研企业生产实际和学校教学需求的基础上，精心编写了高等职业技术院校机电一体化技术专业教材。本套教材紧紧围绕机电产品装调、机电产品维护、机电产品技改等岗位的要求，参照相关国家职业标准，以及企业机电一体化设备装调、维护、技改的基本工作流程，确定以机电产品装调能力、机电产品维护能力、机电产品技改能力培养为主要教学目标。

本套教材选用数控机床设备及自动化生产线设备这两类常用的机电一体化设备作为主要教学载体，并通过三个阶段实现对机电一体化产品的装调、维护、技改能力的培养。

第一阶段为基础通用能力培养。主要通过《机械制图与 AutoCAD 绘图》《机电电路制图与 CAD 绘图》《机械基础》《装配钳工技术》《电工电子技术》《机械制造技术》的教学，使学生能读懂机电一体化设备的机械机构图样、电气与电子电路图样并具备一定的图样绘制能力，能进行常用机械机构、电气与电子电路的装调、维护、技改工作，以及掌握检验机床设备加工精度的基本机械加工技术。

第二阶段为分系统装调、维护、技改能力培养。主要通过《气动液压传动技术》（机械运动系统），《电机控制技术》（伺服拖动系统），《传感器应用技术》（信号检测系统），《PLC 应用技术》《单片机应用技术》（电气控制系统）的教学，使学生能够熟练地进行对应分系统的装调、维护、技改工作。

第三阶段为全系统装调、维护、技改能力培养。在具备基础通用能力以及分系统装调、维护、技改能力的基础上，主要通过《数控设备装调诊断技术》《自动化生产线设备装调诊断技术》的教学，使学生能熟练地进行机电一体化设备的全系统装调、维护、技改工作。

在教材内容的组织上，采用任务驱动的编写思路。在教材的每一单元，首先提出具体的学习任务，使学生明确目标，产生学习的积极性；然后结合具体实例，讲解完成任务所需要的相关知识，使学生的认识由感性上升到理性；在任务实施环节，详细介绍完成任务的步骤和注意事项，使学生能够顺利完成任务，增强学习的成就感。

为方便教学，本套教材均配有免费电子课件，可在中国人力资源和社会保障出版集团网站（www.class.com.cn）下载。其中《机械制图与 AutoCAD 绘图》《机械基础》《电工电子技术》《机械制造技术》《气动液压传动技术》等专业基础课还配有习题册。

在本套教材的编写过程中，得到了有关省市人力资源和社会保障部门、高等职业技术院校和相关企业的大力支持，教材的编审人员做了大量的工作，在此表示衷心的感谢！同时，恳切希望广大读者对教材提出宝贵的意见和建议。

人力资源和社会保障部教材办公室

2012 年 6 月

目录

1 模块一 电工技术

任务 1 简单直流电路装调与诊断

◆ **技能点**

◎ 认识电路元件，会正确使用电路元器件接连简单的直流电路

◎ 会测试直流电压、电流，掌握故障诊断分析方法

◎ 理解电器的额定参数的意义，会正确使用电器

◎ 防止短路事故

◎ 会使用仪表验证全电路欧姆定律

◆ **知识点**

◎ 电路的组成和作用

◎ 电路的基本物理量

◎ 电路的工作状态及特点

◎ 电阻的连接方式

◎ 全电路欧姆定律的应用

◎ 万用表的使用

任务提出

在日常生活中，有各种各样功能不同的电路。如果电路不正常工作，可以通过电路现象判断故障或者通过仪表来检测故障。

图 1—1—1 所示为平时常看到的节日装饰小彩灯。本任务要求分析节日装饰小彩灯的电路连接方式，然后进行电路装调并能根据具体故障分析原因、排除故障。

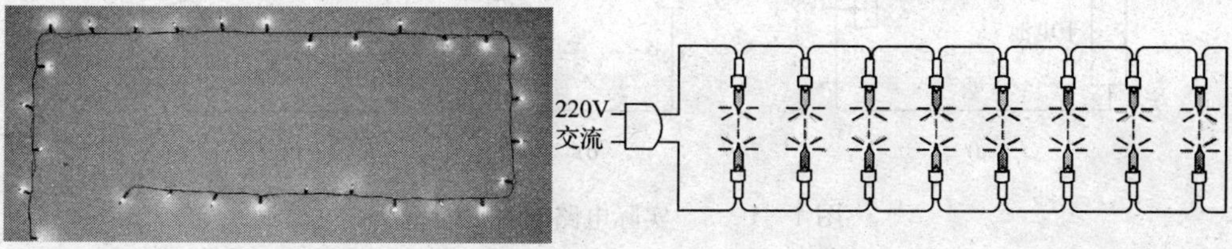

图 1—1—1 节日彩灯及接线图

任务分析

要了解节日装饰小彩灯电路的连接方式，可以通过电路的串、并联特点来进行分析；而针对小彩灯不亮、小彩灯亮度不够等故障，可以通过万用表检测电路的电压，判断具体故障的原因是彩灯本身损坏或者电压偏低。

相关知识

一、直流电路组成与基本物理量

1. 电路组成

实际电路的形式多种多样，但在本质上都是由电源（或信号源）、负载、中间环节三个部分组成。如图 1—1—2 所示的荧光灯电路，是一个常见的实际电路，其中，L 是镇流器，它是铁心线圈；R 是荧光灯管，实际上是将电能转换为光和热的耗能元件电阻器；C 是电容器；Q 是启辉器；S 是开关；此外，还有 220 V 交流电源，以及将这些器件连接起来的导线。电路的功能可概括为两个方面：第一是实现能量的传输和转换；第二是实现信息的传递和处理。

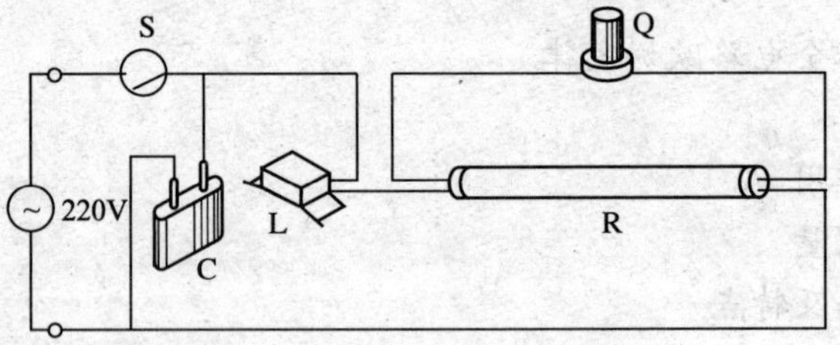

图 1—1—2　荧光灯电路

工厂企业中广泛使用的电动机、接触器、灯泡、电容器等，都称为实际电路元件。人们为了便于分析电路，有时可将实际电路元件理想化，即只突出主要矛盾，而忽略次要矛盾，从而使研究对象简单化。将实际电路元件用理想电路元件（电阻、电感、电容等）等效之后，组成的电路图称为理想电路模型，简称电路模型。如图 1—1—3b 是图 1—1—3a 的电路原理图，1—1—3c 是图 1—1—3a 的电路图形符号图。表 1—1—1 是部分电气图用图形符号。

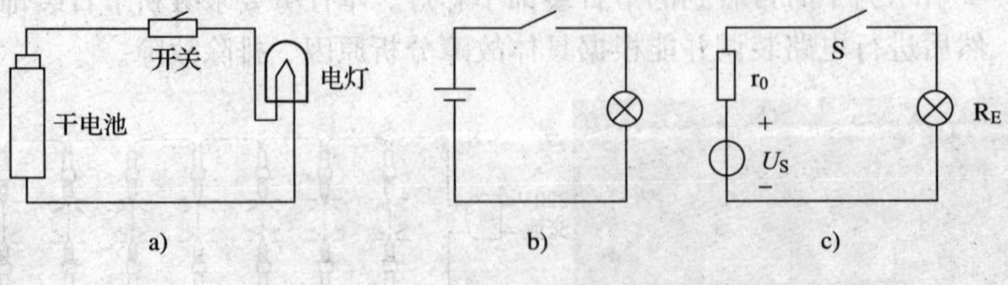

图 1—1—3　实际电路与电路模型

a）电路模型图　b）电路原理图　c）电路图形符号图

表 1—1—1　　　　　　部分电气图用图形符号

名称	符号	名称	符号	名称	符号
导线		传声器		电阻器	
交叉连接的导线		扬声器		可变电阻器	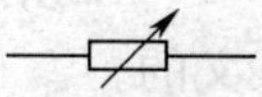
接地		二极管		电容器	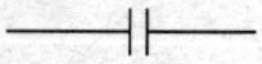
接机壳		稳压二极管		线圈、绕组	
开关		隧道二极管		变压器	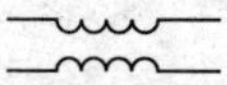
熔断器	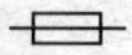	三极管	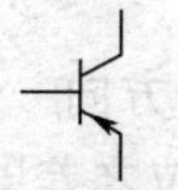	铁心变压器	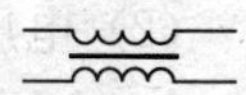
灯		运算放大器	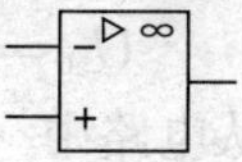	直流发电机	
电压表		电池	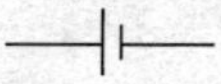	直流电动机	

2. 电路基本物理量

(1) 电流及其参考方向

1) 定义。电荷的定向运动形成电流。衡量电流大小的物理量叫电流强度，简称电流，用文字符号 I 表示，即单位时间内通过导体某一横截面的电荷量。

$$I = \frac{Q}{t} \qquad (1—1—1)$$

式中　I——电流强度，单位安培（A）；

Q——通过导体横截面的电荷量，单位库仑（C）；

t——时间，单位秒（s）。

2) 单位换算。根据不同的负载，电流的大小的差别很大。电力系统中的电流较大，有时取千安（kA）为电流的单位；无线电系统中（如晶体管电路中）的电流较小，安培这个单位对其来讲太大，常用毫安（mA）、微安（μA）作电流单位。它们之间的换算关系是

$$1\ \text{kA} = 10^3\ \text{A}$$
$$1\ \text{mA} = 10^{-3}\ \text{A}$$
$$1\ \mu\text{A} = 10^{-6}\ \text{A}$$

实际工作中要测量电流的大小，通常用电流表或万用表的电流挡。

3) 参考方向。电流不但有大小，而且有方向。大小和方向都不随时间而变化的电流称为稳恒电流，简称直流。大小和方向都随时间作周期性变化的电流，称为交变电流，简称交流。电流的实际方向规定为正电荷的运动方向或负电荷运动的反方向。在进行电路分析时，

当电路较为复杂而不知道电流的实际方向或电流的实际方向是变化的情况下，需要假定一个电流正方向，将其作为参考正方向，或参考方向。电流的参考方向可用箭头表示，也可用字母顺序表示，如图 1—1—4 所示。当电路中电流的参考方向与实际方向一致时电流为正，即 $i>0$，如图 1—1—4a 所示；当电流的参考方向与实际方向相反时电流为负，即 $i'<0$，如图 1—1—4b 所示。在进行电路分析时，如果没有事先选定电流的参考方向，电流的正负是无意义的。

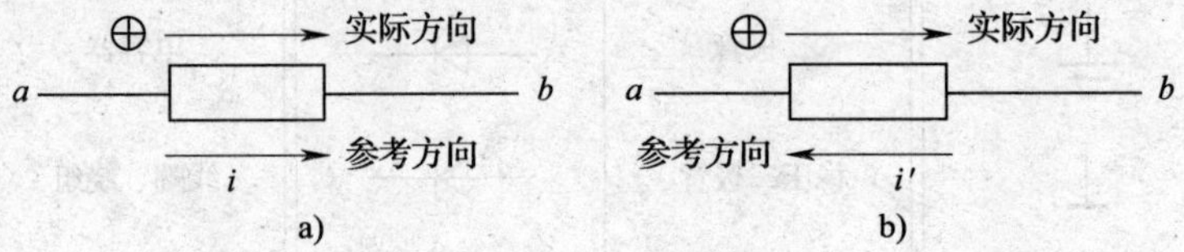

图 1—1—4　电流的方向

(2) 电压、电位及电压的参考方向

1) 电压定义。两点之间的电位之差即是两点间的电压，用 U_{ab} 表示。即

$$U_{ab}=U_a-U_b \tag{1—1—2}$$

电压数值上等于单位正电荷从电路中一点移至电路中另一点电场力做功的大小，如图 1—1—5 所示。用数学式表示，即

$$U_{ab}=\frac{W_{ab}}{Q} \tag{1—1—3}$$

式中　U_{ab}——a、b 两点间的电压，V；

　　W——移动单位正电荷电场力所做的功，J。

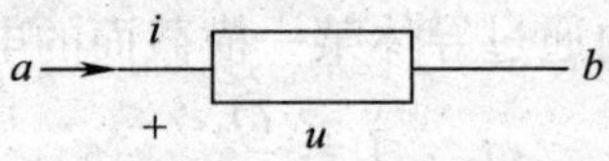

图 1—1—5　电压定义示意图

2) 电位定义。取电路中某一点为参考点，则电路中点 A 到参考点的电压称为 A 点的电位。通常把参考点电位规定为零，又称零电位。电位通常用 V 或 U 表示，为简便起见，仍用 U 表示电位，如 a、b 点的电位可以分别计为 U_a、U_b。电位、电压的单位都是伏特（V）。

电位具有相对性，即电路中某点的电位随参考点位置的改变而改变；而电位差具有绝对性，与电路中参考点的位置选取无关。电位有正电位与负电位之分，当某点电位高于参考点电位时，称其为正电位，反之称其为负电位。

3) 单位换算。在电力系统中的电压较高，伏特单位太小，有时用千伏（kV）为电压单位。在无线电电路中电压较低，伏特单位太大，常用毫伏（mV）、微伏（μV）作电压单位。它们之间的换算关系是：

$$1\ \text{kV}=10^3\ \text{V}$$
$$1\ \text{mV}=10^{-3}\ \text{V}$$
$$1\ \mu\text{V}=10^{-6}\ \text{V}$$

实际中要测量电压的高低，通常用电压表或万用表的电压挡。

4）参考方向。电压和电流一样，不仅有大小而且也有方向。电路中，规定电位真正降低的方向为电压的实际方向。所谓电压参考方向，就是所假设的电位降低之方向。对于负载来说，规定电流流进端为电压的正端，电流流出端为电压的负端。电压的方向由正指向负。

5）电压、电流的关联参考方向。和电流的参考方向一样，元件上的电压的参考方向也可以任意指定。如果指定流过元件的电流参考方向是从标有电压“＋”极性的一端指向“－”极性的一端，即电流和电压参考方向一致，则把这种电流和电压参考方向称为关联参考方向，如在图 1—1—6a 中，N 表示电路的一部分，N 有两个端子与外电路相连，为二端电路，其电流 i 的参考方向是从电压的“＋”极端流入二端电路，再从“－”极端流出，电流和电压参考方向一致，所以是关联参考方向。图 1—1—6b 所示电压和电流的参考方向不一致时，称为非关联参考方向。

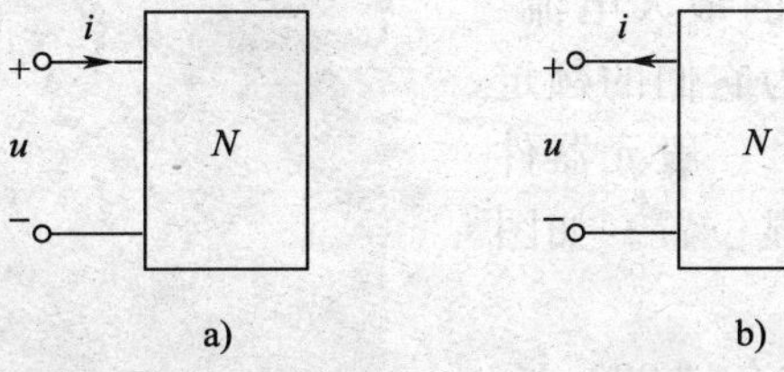

图 1—1—6　参考方向

a）关联参考方向　b）非关联参考方向

6）电动势。电源移动正电荷的能力用电动势表示，符号为 E，单位为伏特（V）。电动势的方向规定为：在电源内部，由负极指向正极，即由低电位指向高电位。如图 1—1—7 所示。要测量电源电动势的大小，通常也采用电压表或万用表的电压挡。

（3）电功率与电功

1）电功率。电流在单位时间内所做的功。用字母 P 表示，单位为瓦特（W）。

$$P=\frac{W}{t} \qquad (1—1—4)$$

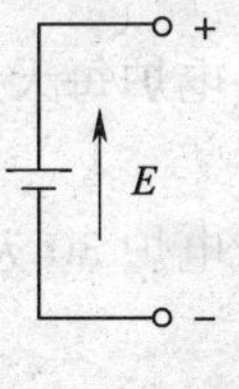

图 1—1—7　直流电动势

2）电功。电流所做的功，简称电功。用字母 W 表示。电流在一段电路上所做的功等于这段电路两端的电压 U、电路中的电流 I 和通电时间 t 三者的乘积，即

$$W=UIt=Pt \qquad (1—1—5)$$

表示一段时间所做的功等于电功率和时间的乘积。电功的国际单位是焦耳（J），日常生活中也常用度（kW·h）。

$$1\text{度}=1\text{千瓦小时}=3.6\times10^{6}\text{焦}$$

功率还可以用下式来表示

$$P=UI=I^{2}R=\frac{U^{2}}{R} \qquad (1—1—6)$$

测量电路消耗电能的仪表称为电能表，如图 1—1—8 所示。

a)　　　　　　　　b)

图 1—1—8　电能表

a）机械式　b）电子式

3）负载的额定值。电气元件和设备能够长期安全工作时所允许的最大电流、最大电压和最大功率分别称为它们的额定电流、额定电压和额定功率。一般元器件和设备的额定值都标在其明显位置。如图 1—1—9 所示的灯泡铭牌。

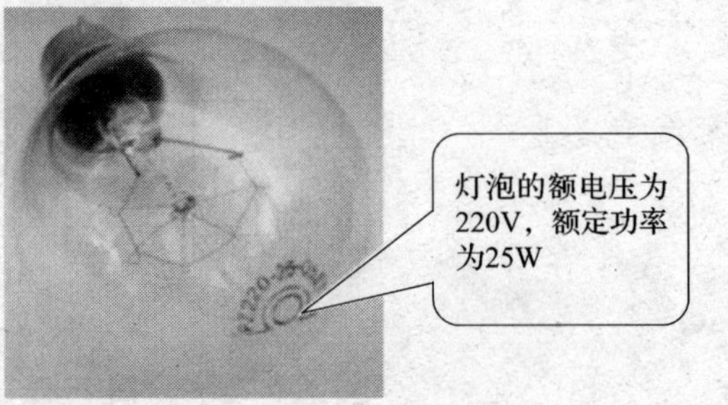

图 1—1—9　灯泡铭牌

【例 1—1—1】 一只标有“220 V，40 W”的白炽灯泡，问它正常工作时的电流有多大？

解：

$$I = \frac{P}{U} = \frac{40}{220} = 0.18\ \text{A}$$

【例 1—1—2】 一台功率是 10 kW 的电炉，每天工作 8 h，求一个月 30 天要用电多少度？

解： 电炉每天用电为

$$W_1 = Pt = 10 \times 8 = 80\ \text{kW} \cdot \text{h}$$

电炉 30 天用电为

$$W = 30 \times W_1 = 30 \times 80 = 2\ 400\ \text{kW} \cdot \text{h} = 2\ 400\ 度$$

二、简单直流电路的特性分析

1. 电阻元件及其特性

（1）定义　反映导体对电流起阻碍作用的物理量称为电阻，用字母 R 或 r 表示。电阻的单位为欧姆，用符号 Ω 表示。要测量电阻的大小，可使用欧姆表或万用表的欧姆挡。常用的电阻单位还有千欧（kΩ）和兆欧（MΩ）。

1 千欧（kΩ）＝1 000 欧（Ω）

1 兆欧（MΩ）＝1 000 千欧（kΩ）

（2）分类　在一定温度的条件下，通过电阻的电流随电压而变化的关系曲线，称为电阻的伏安特性曲线。若电阻元件的伏安特性曲线不随时间变化，则该元件为时不变电阻器，否则称为时变电阻器。若电阻元件的伏安特性曲线为一条经过原点的直线，称为线性电阻器，否则称为非线性电阻器。如图 1—1—10 所示。本教材讨论的是线性时不变电阻器，简称线性电阻。

- 电阻元件
  - 线性电阻
    - 时变电阻器
    - 时不变电阻器
  - 非线性电阻
    - 时变电阻器
    - 时不变电阻器

图 1—1—10　电阻器分类

2. 全电路欧姆定律

在物理学中已学过欧姆定律，即流过电阻元件 R 的电流 I 与电阻元件两端电压 U 之间满足下面关系

$$I=\frac{U}{R} \tag{1—1—7}$$

上式表明通过电阻元件的电流与电阻两端的电压成正比，而与电阻成反比。但电路中的电压不是理想电压源，而是一个具有内阻的电源，这种电路称为全电路，即含有电源的闭合电路，是由内电路和外电路两部分组成，如图 1—1—11 所示。

全电路欧姆定律表征闭合电路中的电流与电源的电动势成正比，与电路的总电阻成反比，数学表达式为

$$I=\frac{E}{R+r} \tag{1—1—8}$$

也可整理成

$$E=IR+Ir=U_{外}+U_{内} \tag{1—1—9}$$

式中　$U_{外}$——外电路的电压降；

$U_{内}$——电源内阻上的电压降。

3. 电路工作状态

电路通常有三种状态，即通路、开路和短路。下面应用全电路欧姆定律分析电路图 1—1—12 所示的电路在三种不同状态下，电源端电压与输出电流之间的关系。

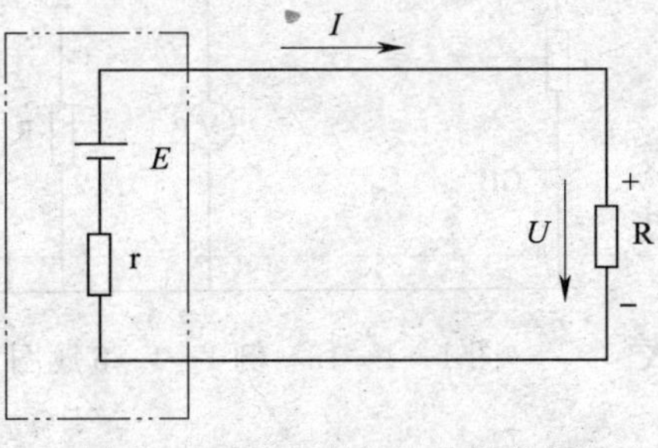

图 1—1—11　全电路欧姆定律

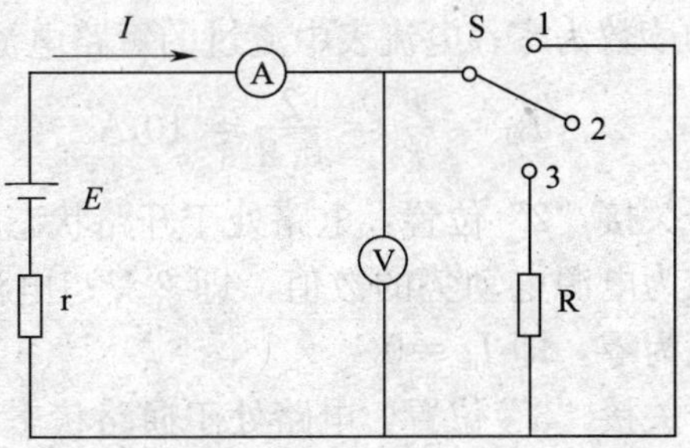

图 1—1—12　电路状态图

(1) 通路　电路构成闭合回路，负载有电流通过。将图 1—1—12 所示中开关置于“3”时，电路闭合，处于通路状态。此时电路中通过负载 R 的电流为

$$I=\frac{E}{R+r} \tag{1—1—10}$$

由式（1—1—10）可得电源端电压 U 与电源电动势的关系是

$$U = E - Ir \qquad (1—1—11)$$

式（1—1—11）表明，当电源电动势 E 和内阻 r 一定时，电源端电压 U 随负载电流 I 的增大而变小。

（2）开路（断路） 将图 1—1—12 所示中开关 S 置于“2”时，电路处于开路状态（也称空载状态）。此时，电路中的电流为零，由 $U=E-Ir$ 得知电源的开路电压等于电源的电动势。

（3）短路 将图 1—1—12 所示中开关 S 置于“1”时，电源两端未经负载而直接由导线构成闭合回路，这种情况叫电源被短路。此时电路中短路电流 $I_{短}=\dfrac{E}{r}$。由于电源内阻一般都很小，短路时电流比正常电流大很多倍，电源很快会发热烧毁，甚至会引起火灾。因此短路是严重的故障状态，为了避免这种故障的发生，通常在电路中串接熔断器或自动断路器等保护装置，以便发生短路时，迅速将故障电路自动切断。

三种电路状态的特点见表 1—1—2。

表 1—1—2　　电路在三种状态下的特点

电路状态	电阻 R	电流 I	电压 U
通路	R	$I=\dfrac{E}{R+r}$	$U=E-Ir$
开路	∞	0	$U=E$
短路	0	$I_{短}=\dfrac{E}{r}$，很大	$U=0$

【例 1—1—3】 如图 1—1—13 所示，设内阻 $r=0.2\ \Omega$，电阻 $R=9.8\ \Omega$，电源电动势 $E=2$ V，不计电压表和电流表对电路的影响，求开关在不同位置时，电压表和电流表的读数各为多少？

解： 开关接“1”位置：电路处于短路状态，电压表的读数为零；电流表中流过的短路电流为

$$I_{短}=\frac{E}{r}=\frac{2}{0.2}=10\ \text{A}$$

开关接“2”位置：电路处于开路状态，电压表的读数为电源电动势的数值，即 2 V；电流表流过的电流为零，即 $I_{断}=0$。

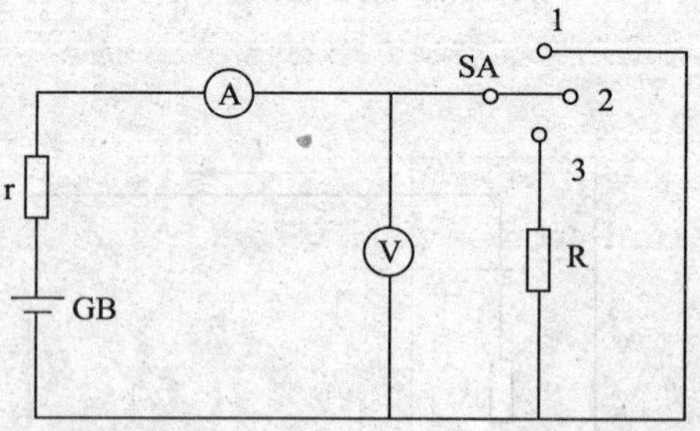

图 1—1—13　例 1—1—3 题图

开关接“3”位置：电路处于通路状态，电流表的读数为

$$I=\frac{E}{R+r}=\frac{2}{9.8+0.2}=0.2\ \text{A}$$

电压表的读数　　$U=IR=0.2\times9.8=1.96$ V

或 $U=E-Ir=2-0.2\times0.2=1.96$ V

三、简单直流电路的连接

1. 电阻器串联

几个电阻器首尾依次连接，各电阻器流过同一电流的连接方式，称为电阻器的串联。如图 1—1—14 所示。

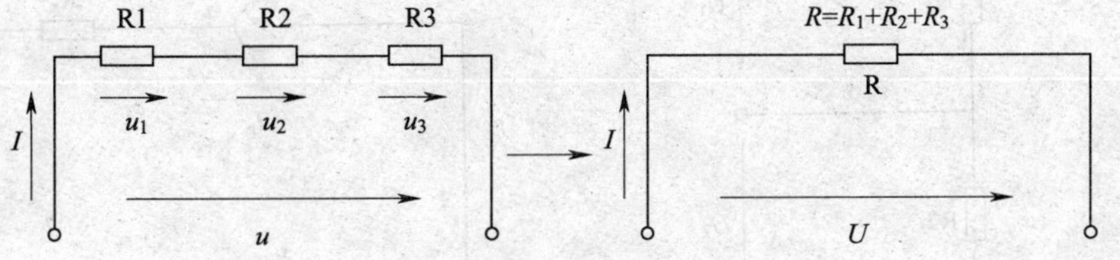

图 1—1—14　电阻器的串联

(1) 串联电阻电路的特点

1) 电路中流过每个电阻器的电流都相等，即

$$I_1 = I_2 = I_3 = \cdots I_n \qquad (1—1—12)$$

2) 电路两端的总电压等于各电阻器两端的分电压之和，即

$$U = U_1 + U_2 + \cdots + U_n \qquad (1—1—13)$$

3) 电路的等效电阻（即总电阻）等于各电阻器两端的分电阻之和，即

$$R = R_1 + R_2 + \cdots + R_n \qquad (1—1—14)$$

4) 电路中各个电阻器两端的电压与它的阻值成正比，即

$$\frac{U_1}{R_1} = \frac{U_2}{R_2} = \cdots = \frac{U_n}{R_n} \qquad (1—1—15)$$

式（1—1—15）表明，在串联电路中，阻值越大的电阻分配到的电压越大；反之电压越小。

若已知 R_1 和 R_2 两个电阻器串联，如图 1—1—15 所示，串联电路的总电压为 U，可得分压公式

$$\left.\begin{aligned} U_1 &= U\frac{R_1}{R_1+R_2} \\ U_2 &= U\frac{R_2}{R_1+R_2} \end{aligned}\right\} \qquad (1—1—16)$$

(2) 串联电阻电路的应用　包括分压作用、限流作用，以及利用电阻器串联可以得到较大阻值的电阻。

【例 1—1—4】 如图 1—1—16 所示，现有一只电流表，允许通过的最大电流（也叫满刻度电流）是 50 μA，内阻是 10 kΩ。根据需要，要把它改造成量程（也叫测量范围）为 10 V 的电压表，应该如何改造？

解： 按题意，当表头满刻度时，表头两端电压 U_g 为

$$U_g = I_g R_g = 50\times10^{-6}\times10\times10^3 = 0.5\ \text{V}$$

设量程扩大到 10 V 需要串入的电阻为 R_x，则

$$R_x = \frac{U_x}{I_g} = \frac{U - U_g}{I_g} = \frac{10 - 0.5}{50 \times 10^{-6}} = 190\ \text{k}\Omega$$

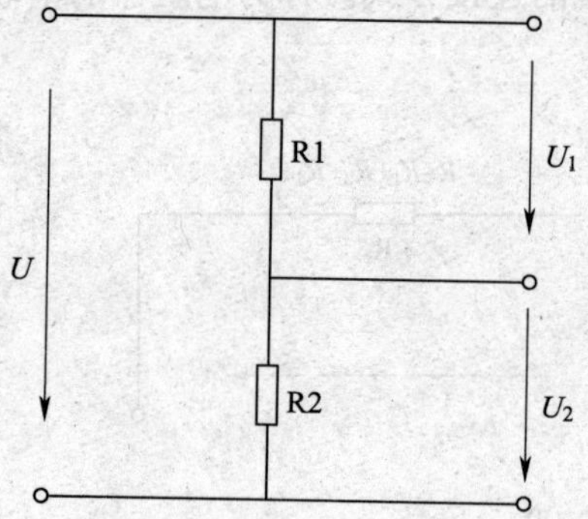

图 1—1—15　两电阻串联

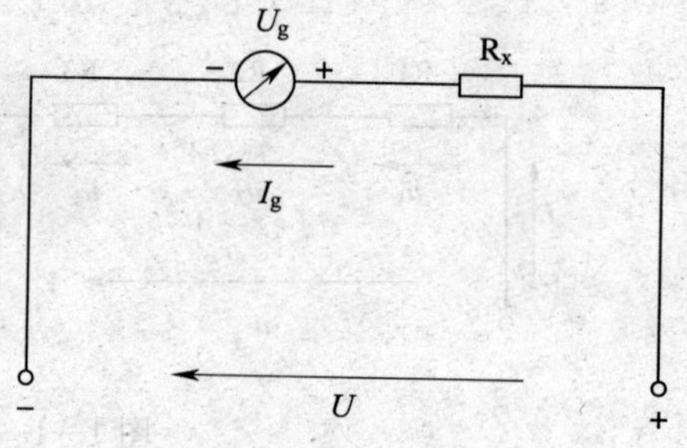

图 1—1—16　例 1—1—4 题图

2. 电阻器并联

两个或两个以上的电阻器并列连接在电路两点之间，各电阻处于同一电压下的连接方式，称为电阻器的并联，如图 1—1—17 所示。

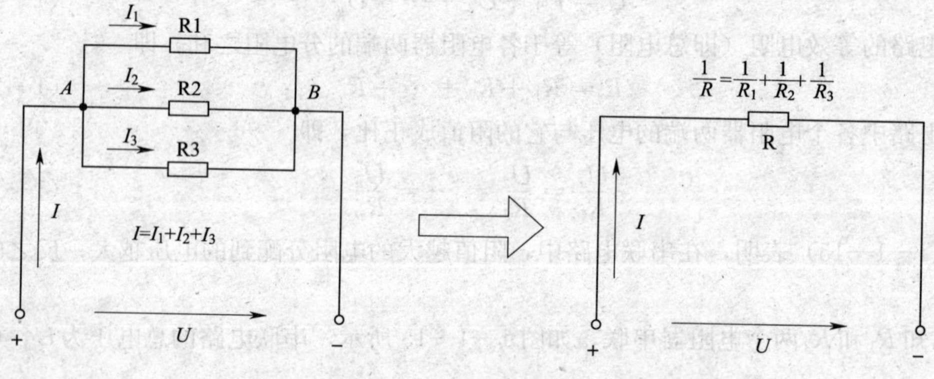

图 1—1—17　电阻器并联

(1) 并联电阻电路的特点

1）电路中各电阻器两端的电压相等，且等于电路两端的电压。

$$U_1 = U_2 = U_3 = \cdots = U_n \tag{1—1—17}$$

2）电路的总电流等于流过各电阻器的电流之和，即

$$I = I_1 + I_2 + \cdots + I_n \tag{1—1—18}$$

3）电路的等效电阻（即总电阻）的倒数等于各并联电阻的倒数之和，即

$$\frac{1}{R} = \frac{1}{R_1} + \frac{1}{R_2} + \cdots + \frac{1}{R_n} \tag{1—1—19}$$

4）电路中通过各支路的电流与支路的电阻值成反比，即

$$IR = I_1R_1 = I_2R_2 = \cdots = I_nR_n \tag{1—1—20}$$

如图 1—1—18 所示，若已知 R_1 和 R_2 两个电阻并联，并联电路的总电流为 I，可得分流公式

$$\left.\begin{aligned} I_1 &= I\frac{R_2}{R_1+R_2} \\ I_2 &= I\frac{R_1}{R_1+R_2} \end{aligned}\right\} \tag{1—1—21}$$

（2）并联电阻电路的应用　包括分流作用、恒压供电，以及利用电阻器并联可以获得较小阻值的电阻。

3. 电阻器混联

电路中元件既有串联又有并联的连接方式称为混联，如图 1—1—19 所示。计算混联电路时，首先画出等效电路图，即把原电路整理成较为直观的串、并联关系的电路图，然后计算其等效电阻。

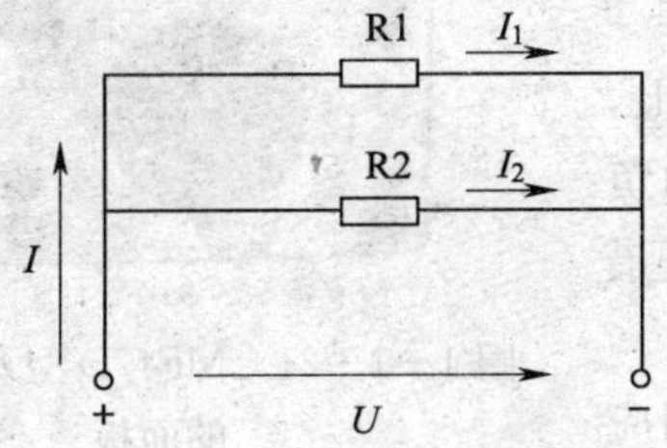

图 1—1—18　两电阻并联

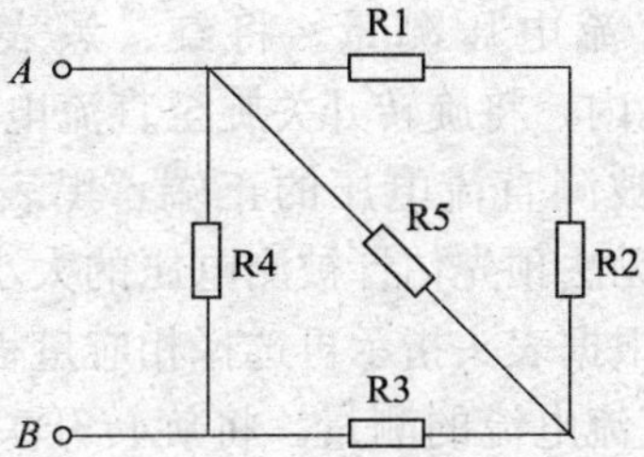

图 1—1—19　电阻器的混联

【例 1—1—5】 如图 1—1—20 所示，已知 $R_1=R_2=R_3=2\ \Omega$，$R_4=R_5=4\ \Omega$，试求 A、B 间的等效电阻 R_{AB}。

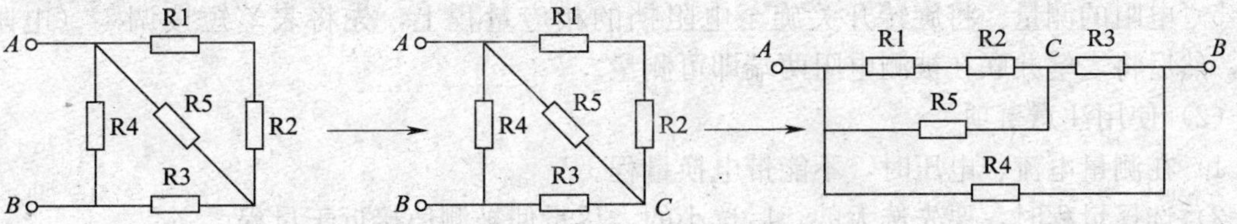

图 1—1—20　例 1—1—5 题图

解：（1）为了便于看清各电阻器之间的连接关系，在原电路中标出字母 A、B、C。

（2）将 A、B、C 各点沿水平方向排列，并将 R_1～R_5 依次填入相应的字母之间。R_1 与 R_2 串联在 A、C 间，R_3 在 B、C 之间，R_4 在 A、B 之间，R_5 在 A、C 之间，即可画出等效电路图。

（3）由等效电路可求出 AB 间的等效电阻，即

$$R_{12}=R_1+R_2=2+2=4\ \Omega$$

$$R_{125}=R_{12}//R_5=2\ \Omega$$

$$R_{1253}=R_{125}+R_3=2+2=4\ \Omega$$

$$R_{AB}=R_{1253}//R_4=2\ \Omega$$

四、万用表的使用

万用表是一种多用途、多量程的电工测量仪表。可用于测量交、直流电压，电流，电阻以及二极管、三极管参数，音频电平等，是电气维修和电气实验中使用最广泛的仪表。常用的万用表有模拟式和数字式两大类。

1. 模拟万用表（也叫指针式万用表）

图 1—1—21 所示为国产 MF47D 型万用表，它是一种多量程仪表，可以测量直流电压、直流电流、交流电压、直流电阻、晶体管参数等。

图 1—1—21　MF47D 型万用表的面板

（1）使用方法

1）使用前需调整零旋钮（机械调零），使指针指示在刻度尺的零位置。

2）直流电压测量。将红、黑表笔分别插在“＋”“－”插孔内，将旋转开关旋至直流电压挡的相应量程上，红表笔接被测直流电压的正端，黑表笔接被测电压的负端。如果无法预先估计被测电压的大小，可将量程旋至最大，然后根据表头指示再选择相应量程。

3）直流电流的测量。将旋转开关旋至电流挡的相应量程，然后将表笔串联在被测电路中，红表笔接电流流入方向，黑表笔接电流流出方向，即可测量被测电路的电流。

4）交流电压的测量。将旋转开关旋至交流电压挡的相应量程上，测量方法同测量直流电压的方法，表笔不需考虑极性。

5）电阻的测量。将旋转开关旋至电阻挡的相应量程上，先将表笔短接调零（电阻调零），然后将表笔并联在被测电阻两端即可测量。

（2）使用注意事项

1）在测量电流、电压时，不能带电换量程。

2）选择量程时，要先选大的，后选小的，尽量使被测值接近于量程。

3）测量电阻时，不能带电测量。因为测量电阻时，万用表由内部电池供电，如果带电测量则相当于接入一个额外的电源，可能损坏表头。

4）使用完后，应使转换开关在交流电压最大挡位或空挡上。

2. 数字万用表

与模拟万用表相比，数字式万用表以十进制数字直接显示，读数直接，灵敏度高，功能多，测量速度快，便于携带，使用更简单。图 1—1—22 所示为 DT890B 型数字式万用表，可用来测量直流和交流电压、电流，电阻，电容，二极管，三极管的 h_{FE} 参数及电路通断检查。

（1）将黑表笔插入 COM 插孔，红表笔插入 V/Ω 插孔（红表笔为“＋”极）。再将量程放至测量的挡位上，按下 ON－OFF 开关，即可测量。

（2）直流电压测量。将开关置于 DCV 量程范围，并将表笔跨接在被测负载或信号源上。在显示电压读数时同时会指出红表笔的极性来。

（3）交流电压测量。将开关置于 ACV 量程范围，并将表笔跨接在被测负载或信号源上。此时显示出被测电压读数。

（4）直流电流测量。将黑表笔插入 COM 插孔内，当最高测量电流为 200 mA 时，红表笔插入 A 插孔；如测 10 A 挡时则将红表笔移至 10 A 的插孔，接着将开关置于 DCA 量程范围，将测试表笔串入被测电路中，红表笔的极性将与数字显示的同时指示出来。

（5）交流电流测量。将黑表笔插入 COM 插孔内，对 200 mA 以下量程红表笔插入 A 插孔，对 10 A 量程红表笔移至 10 A 插孔，接着将开关置于 ACA 量程内并将表笔串入被测电路。此时显示出被测交流电流读数。

图 1—1—22　DT890B 型数字式万用表的面板

（6）电阻测量。将开关置于所需之 Ω 量程上，并将测试笔跨接在被测电阻两端。如果被测电阻超过所用量程，则会指示出超量程（“1”），需换用高挡量程，当被测电阻阻值在 1 MΩ 以上时，此表需数秒后方能显示稳定的读数。

（7）电容测量。在接入被测电容之前，注意显示值须为 000，每改变一次量程须重新调零。将欲测电容插入电容插座，并且注意连接极性。如当测量极性电容器时应注意其极性并分别将它插入“+”（CX 符号）插座和“−”（CX 下面），否则会使电容器损坏（测量前被测电容器应先放电）。当测试大电容时，需要长时间方可得到最后的稳定读数。

（8）电路通断检查。将开关置于“•≫≫”挡位并将表笔跨接在欲检查之电路两端，若被检查两点之间电阻值小于 30 Ω，蜂鸣器发出声音，表示电路导通。

任务实施

一、工具、器材准备

1. 万用表。
2. 实验板、小彩灯若干个、导线若干。
3. 信号发生器。

二、电路安装

1. 小彩灯测量

检查每个小彩灯的阻值是否正常，一般正常值很小，大约只有 1 Ω。

2. 电路连接

按图 1—1—23 所示连接好电路，在实验板上把小彩灯连接起来，接上电源。如果小彩灯正常发光，则说明电路正常；若发现有某一只或某几只彩灯不亮，则要检测故障。

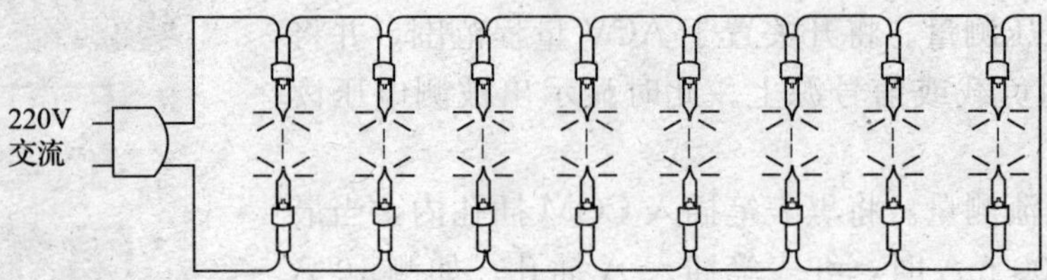

图 1—1—23　小彩灯接线图

三、电路检测与诊断

1. 判断小彩灯电路连接方式

用数字式万用表串联在各个小彩灯之间，发现每次万用表读到的电流数值相同，根据串联电路的特点，可以判断出各个小彩灯之间的连接方式是串联。

但是，实际应用中发现，如果一串彩灯中有一只灯丝烧断，其他小彩灯仍然可以发光，这似乎表明各小彩灯是并联的。之所以有这种现象出现，是由小彩灯的结构决定的。制作彩灯时，为了保证彩灯串中某一只或某几只彩灯的灯丝烧坏后不致影响其他彩灯的发光，在彩灯里面安装了一种保护装置。具体地说，就是在每只彩灯的灯丝上都并联上一条金属丝（见图 1—1—24），与灯丝两端并联的金属丝的外面涂了一层绝缘物质。原理图如图 1—1—25 所示，当串联在电路中的彩灯正常发光时，金属丝与灯丝是绝缘的，不会导通灯丝的两端，对电路起不到任何作用。而当某只彩灯的灯丝断开时，灯丝两端的电压即为电路两端的电压（在照明电路上，这个电压为 220 V）。这么高的电压加在绝缘金属丝上时，将会引起一个电火花，烧毁金属丝外面的绝缘层，从而接通电路。这时，金属丝在电路中相当于一根电阻几乎为零的导线。

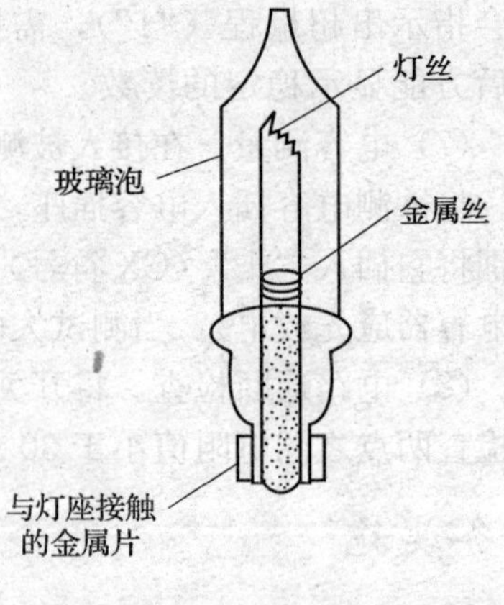

图 1—1—24　小彩灯灯泡结构

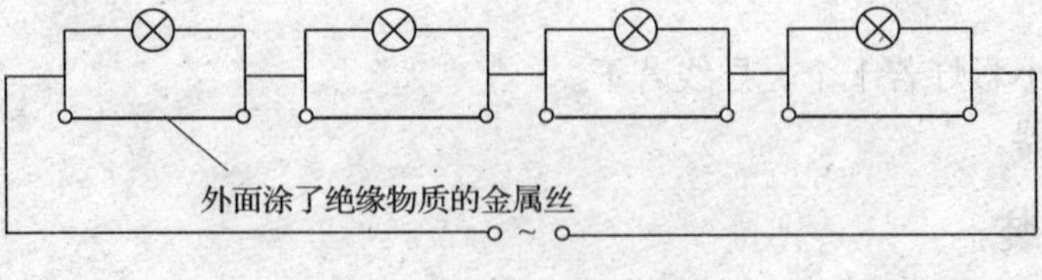

图 1—1—25　小彩灯电路图

2. 电路故障诊断

（1）有一只或若干只小彩灯不亮。首先，检查小彩灯是否损坏，若用万用表测得小彩灯电阻值无穷大，说明该小彩灯已损坏，则需更换新的；若测得灯泡阻值都在正常范围之内，而灯泡却不能正常工作，初步判断不是小彩灯本身的问题。

(2) 用数字万用表检查各点电位是否正常。若测得灯泡两端电压为零，说明灯泡未接入，可能是接线没有连上导致的，需要把接线柱夹紧即可。若测得灯泡两端有电压，但比正常电压偏小很多，说明小彩灯没有在额定功率下工作，可能导致灯泡灭或者灯泡发暗，需要检查输出电压是否正常。

任务评价

表 1—1—3　评分标准

序号	考核内容	评分标准	配分	得分
1	测试仪器准备	准备好测试仪器并会使用	10	
2	元器件准备	准备好元器件并会检测元器件	15	
3	电路连接	会搭建电路	20	
4	电路调试	分析故障、排除简单故障	50	
5	总结	会根据操作进行总结	5	
合计总分			100	

思考与练习

1. 在如图 1—1—26 所示电路中，电流的参考方向如图所示，已知图 1—1—26a 中 $I_1=2$ A，图 1—1—26b 中 $I_2=-4$ A，请指出电流的实际方向。

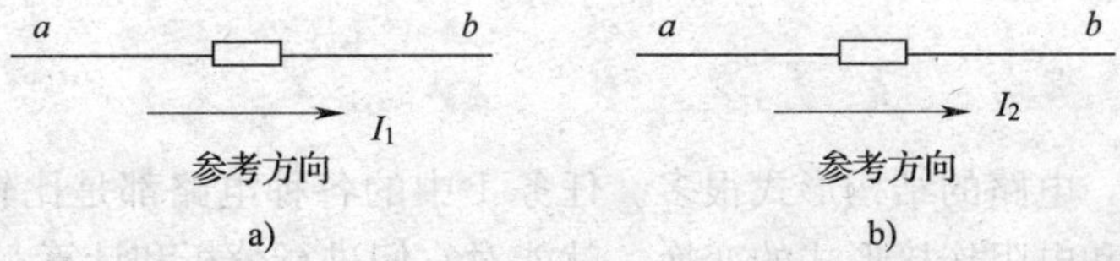

图 1—1—26　题 1 图

2. 两个额定值分别是“110 V，40 W”“110 V，100 W”的灯泡，能否串联后接到 220 V 的电源上使用？如果两只灯泡的额定功率相同时又如何？

3. 有一只量程为 250 V 的直流电压表，它的内阻为 50 kΩ，用它测量电压时，允许通过的最大电流是多少？

4. 现有一只量程为 100 μA 的电流表，其内阻为 $r_c=1$ kΩ。若要将其量程扩大为 10 mA，应并联多大的分流电阻？

5. 求图 1—1—27 所示各电路的输入端电阻 R_{ab}。

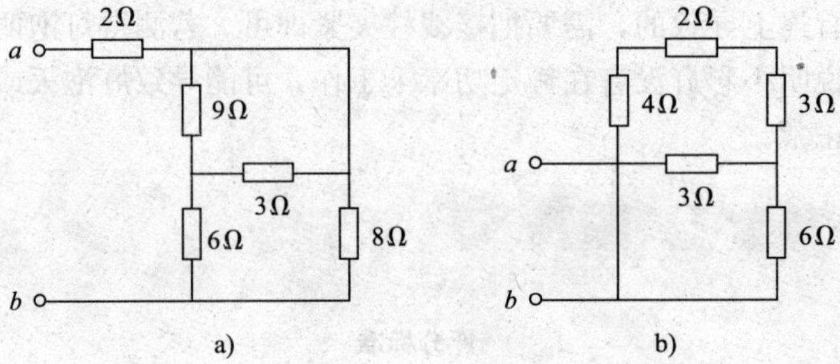

图 1—1—27　题 5 图

任务 2　复杂直流电路装调与诊断

◆ **技能点**

◎ 会使用仪表验证基尔霍夫定律

◎ 能正确应用支路电流法和节点电位法分析电路

◎ 会根据不同电路结构选择不同的分析方法

◎ 复杂直流电路故障诊断与检测

◆ **知识点**

◎ 基尔霍夫电流定律、基尔霍夫电压定律

◎ 掌握支路电流法、节点电位法分析电路的方法和步骤

任务提出

在实际电路中，电路的结构形式很多。任务 1 中的各种电路都是比较简单的直流电路，只要运用欧姆定律和电阻连接形式的变换，就能对它们进行分析和计算。然而，很多电路无法用电阻的串、并联关系进行简化，更不能直接用欧姆定律来求解。这种不能用电阻串、并联化简求解的电路称为复杂电路。

如图 1—2—1 所示电路只有 3 个电阻，2 个电源，看似很简单，但不能直接用电阻串、并联化简，以及用欧姆定律求解。在验证基尔霍夫定律实验中，某组学生获得的实验数据如下：流过节点 A 的电流为 $I_2=0$ A，$I_3=I_1=100$ mA；$ADBCA$ 回路各段电压：$U_{AD}=0$ V，$U_{DB}=5$ V，$U_{BC}=3$ V，$U_{CA}=2$ V，$ABCA$ 回路各段电压：$U_{AB}=1$ V，$U_{BC}=3$ V，$U_{CA}=2$ V，实验结果不满足基尔霍夫电压定律，验证失败。那么是什么原因导致这种结果的呢？本任务要求学会用多种方法求解复杂直流电路中的各条支路的电流和各元件的电压，同时能正确连接电路，通过测试相应数据来验证常用的分析方法，并能针对数据分析电路的故障。

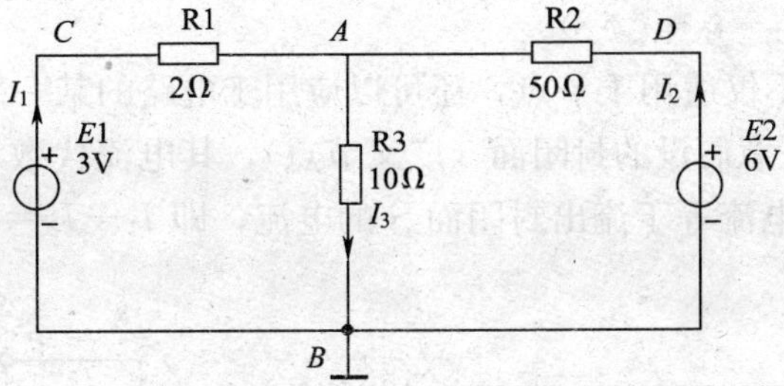

图 1—2—1 复杂直流电路

任务分析

分析复杂电路的基本思路是对电路中的连接点和回路进行分析，找出规律，并进行计算。常用的复杂直流电路的分析方法有支路电流法、节点电位法。通过典型电路的分析计算，掌握不同电路结构的分析方法。

根据所学的电路知识，电流表读数为零，说明流过电阻 $R2$ 的电流为零，而流过 $R1$、$R3$ 电流表读数相等，同时各段电压相加的代数和不满足基尔霍夫电压定律。说明该支路有可能短路，也有可能断路。因此，在排除故障时可重点对 $R2$ 这条支路进行排除检查。

相关知识

一、电路分析基本定律

1. 基尔霍夫定律

(1) 电路相关术语

1) 支路。由一个或几个电阻或电源等元件串联组成的无分支的电路叫支路，如图 1—2—1 所示中有三条支路，包括 ADB、AB、ACB。

2) 节点。三条或三条以上支路的连接点叫节点，如图 1—2—1 所示中的 A、B。

3) 回路。电路中任一闭合路径叫回路，如图 1—2—1 所示中有三个回路，分别是 $ABDA$、$ABCA$、$ADBCA$。

4) 网孔。回路内部不含有跨接支路的回路叫网孔，如图 1—2—1 所示中有两个网孔，分别是 $ABDA$、$ABCA$。

(2) 基尔霍夫电流定律（KCL） 又称基尔霍夫第一定律。定义是电路中任一瞬间，流出任一节点电流之和恒等于流入节点的电流之和。流入、流出指的是参考方向是指向还是背向节点。指向为流入，背向为流出。数学表达式为

$$\sum i_{出} = \sum i_{入} \quad (1—2—1)$$

基尔霍夫电流定律的另一种定义形式是电路中任一瞬间，任意节点上电流代数和恒等于零。正负由参考方向决定，一般流入为正，流出为负。数学表达式为

$$\sum i = 0 \quad (1—2—2)$$

如图 1—2—2 所示电路，电路中的节点 A 相连的三条支路电流分别为 i_1、i_2、i_3，对于节点 A 有 $i_1=i_2+i_3$ 或 $i_1-i_2-i_3=0$。

基尔霍夫电流定律不仅适用于节点，还可以应用于电路的某一部分。基尔霍夫电流定律扩展应用定义为电路中任意假设的封闭面（广义节点），其电流代数和等于零。如图 1—2—3 所示，流入封闭面 S 的电流等于流出封闭面 S 的电流，即 $I_1+I_2=I_3$。

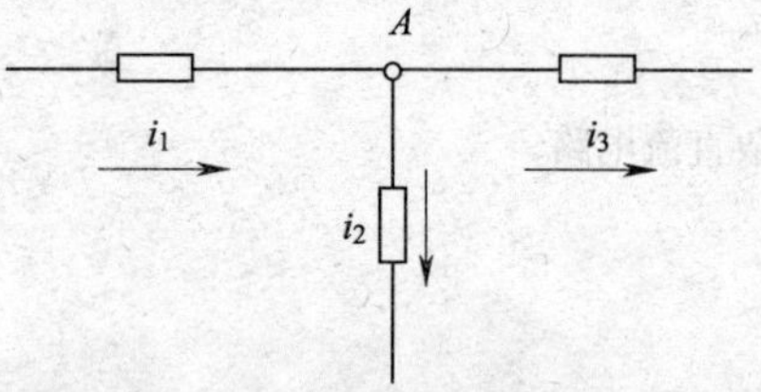

图 1—2—2　基尔霍夫电流定律

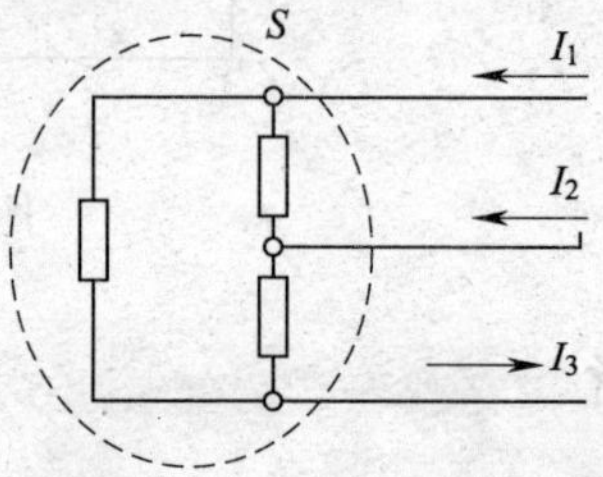

图 1—2—3　基尔霍夫电流定律

列写基尔霍夫电流定律 KCL 方程的步骤为：

1）选定节点。

2）标出各支路电流的参考方向。

3）针对节点应用基尔霍夫电流定律 KCL 列出方程。

【例 1—2—1】 在图 1—2—4 所示电路中，已知 $I_1=2$ A，$I_2=4$ A，$I_3=1$ A，$I_4=5$ A，求 I_5。

解： 由基尔霍夫电流定律对 A 节点列方程

$$I_1+I_2+I_3=I_4+I_5$$

或

$$I_1+I_2+I_3-I_4-I_5=0$$

代入数据得

$$I_5=2\text{ A}$$

（3）基尔霍夫电压定律（KVL）　又称基尔霍夫第二定律。基尔霍夫电压定律是确定一个回路内部各段电压之间关系的定律。

1）电路中任一瞬间，沿任一回路各段电压的代数和恒等于零。数学表达式为

$$\sum u=0 \qquad (1—2—3)$$

2）在任意闭合回路中，电动势代数和等于电阻压降的代数和。数学表达式为

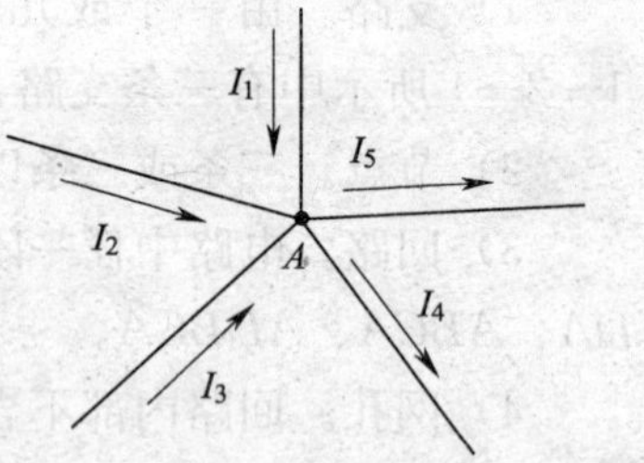

图 1—2—4　例 1—2—1 题图

$$\sum u_{升}=\sum u_{降} \qquad (1—2—4)$$

如图 1—2—5 所示电路，依据式（1—2—3）可得表达式为 $I_1R_1-U_{s1}+I_3R_3=0$；依据式（1—2—4）可得表达式为 $U_{s1}=I_1R_1+I_3R_3$。

基尔霍夫电压定律不仅适用于闭合回路，还可以推广应用于电路中的假想回路（开口电路）。例如，列写出如图 1—2—6 所示假想回路的 KVL 方程，图中示出各分电压的参考方向及回路绕行方向。

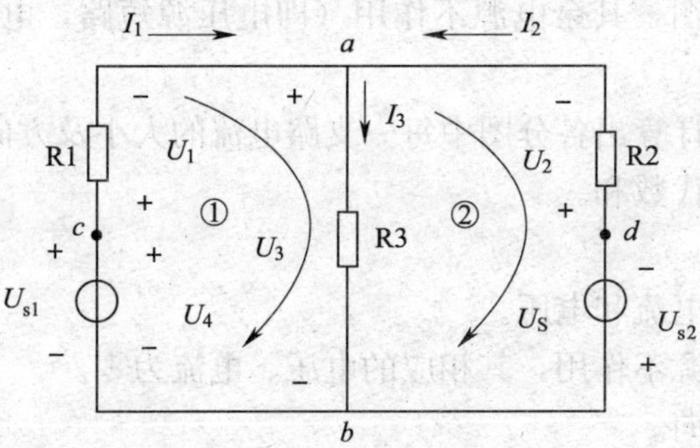

图 1—2—5　基尔霍夫电压定律

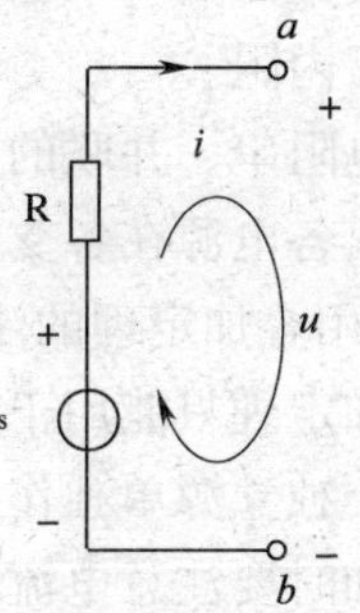

图 1—2—6　基尔霍夫电压定律

列写 KVL 方程为

$$Ri+u-u_s=0 \tag{1—2—5}$$

列写基尔霍夫电压定律的步骤为：

1）首先选定各支路电流的参考方向。

2）任意选定沿回路的绕行方向，绕行方向标注方法有以下两种：顺时针法或者逆时针法。凡是支路电流方向与回路绕行方向一致者，该电流为“＋”号，在电阻上产生的电压降也为“＋”号，反之为“－”号；凡是电动势方向与回路绕行方向一致者，该电动势为“－”号，反之为“＋”号。

3）对回路应用 KVL 定律列出方程。

【例 1—2—2】 在如图 1—2—7 所示闭合回路中，已知 $E_1=12$ V，$E_2=18$ V，$R_1=R_2=3$ Ω，$R=6$ Ω，试求电路中的电流 I。

解： 支路电流的参考方向和独立回路的绕行方向如图 1—2—7 所示。

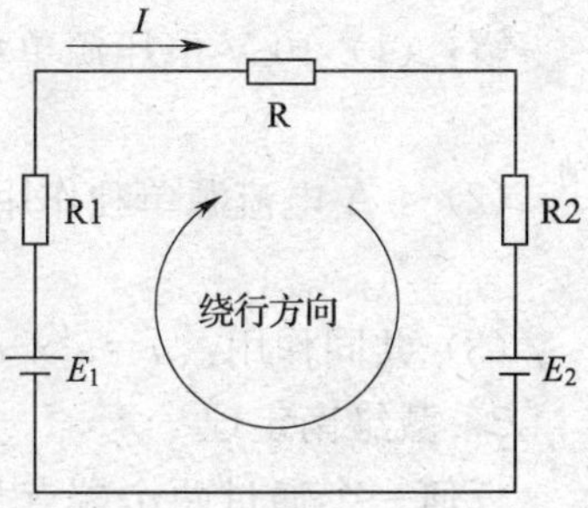

图 1—2—7　例 1—2—2 题图

由基尔霍夫电压定律列出回路电压方程

$$R_1I+RI+R_2I+E_1-E_2=0,\text{或者 } R_1I+RI+R_2I+E_1=E_2$$

代入数据得　　　$I=-0.5$ A

经过运用欧姆定律与基尔霍夫定律可知，欧姆定律表达了线性电阻元件电压与流过电阻元件电流之间的关系。而基尔霍夫定律则是从电路的全局和整体上，阐明了电路中各部分电压、电流之间所遵循的规律，在电路分析和计算方面有十分重要的作用。

2．叠加原理

在电路中，电源是提供电能的装置，当一个电路中有多个电源时，各支路上的电流和电器元件两端的电压，是这多个电源共同作用的结果。

（1）叠加原理的内容　在线性电路中，任一支路上的电流或元件两端的电压都是电路中各个电源单独作用时在该支路中产生的电流或元件两端电压的代数和。

（2）用叠加定理求解复杂电路电流的步骤

1）分别做出由一个电源单独作用的分图，其余电源不作用（即电压源短路，电流源开路），而保留内阻。

2）按电阻串、并联的计算方法，分别计算出各分图中每一支路电流的大小及方向。

3）求出各电源在各支路产生的电流的代数和。

（3）应用叠加定理的注意点

1）叠加定理只能用于求解线性电路的电流和电压。

2）每个独立源单独作用时，其余独立源不作用，其相应的电压、电流为零。

3）叠加时要注意电流和电压的参考方向。

4）不能用叠加定理直接计算功率。

【例 1—2—3】 在如图 1—2—8a 所示电路中，用叠加定理求电压 u。

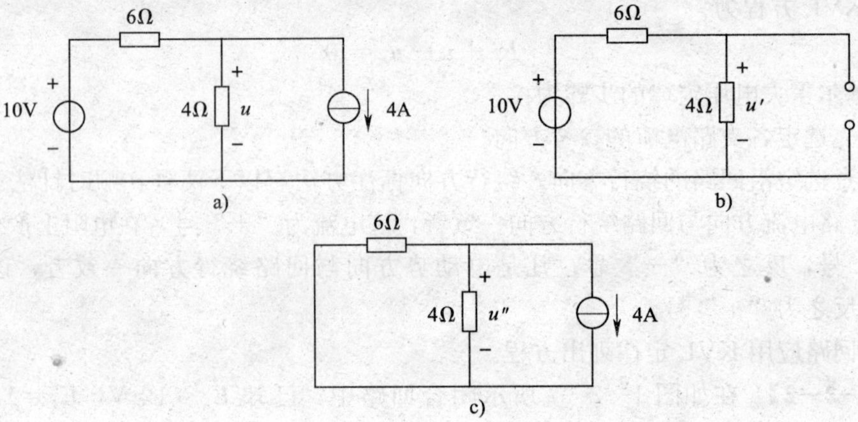

图 1—2—8 例 1—2—3 题图

解：（1）10 V 电压源单独作用，4 A 电流源开路（图例 1—2—8b）

$$u'=4\ \text{V}$$

（2）4 A 电流源单独作用，10 V 电压源短路（图例 1—2—8c）

$$u''=-4\times(6/\!/4)=-9.6\ \text{V}$$

（3）共同作用：$u=u'+u''=4+(-9.6)=-5.6\ \text{V}$

3. 戴维南定理

任何一个通过两个端点与外电路相连接的网络，不管其内部结构如何，都称为二端网络。根据二端网络内部是否包含独立的电源，二端网络可分为有源二端网络和无源二端网络，如图 1—2—9 所示。戴维南定理是一个关于线性有源二端网络等效变换的定理。

（1）戴维南定理的内容　任一线性有源二端网络（见图 1—2—10a），对外电路来说，总可以用一个电压源与电阻串联的模型来代替（见图 1—2—10b），其中电压源的电压等于该网络的开路电压 U_{oc}（见图 1—2—10c），串联电阻 R_{eq} 等于网络中所有独立源为零（即电压源短路，电流源开路）时所得的无源二端网络的等效电阻（见图 1—2—10d），R_{eq} 常称为有源二端网络的输入端电阻。

（2）戴维南定理解题步骤

1）把待求支路从电路中移开，把剩下的二端网络作为研究对象。

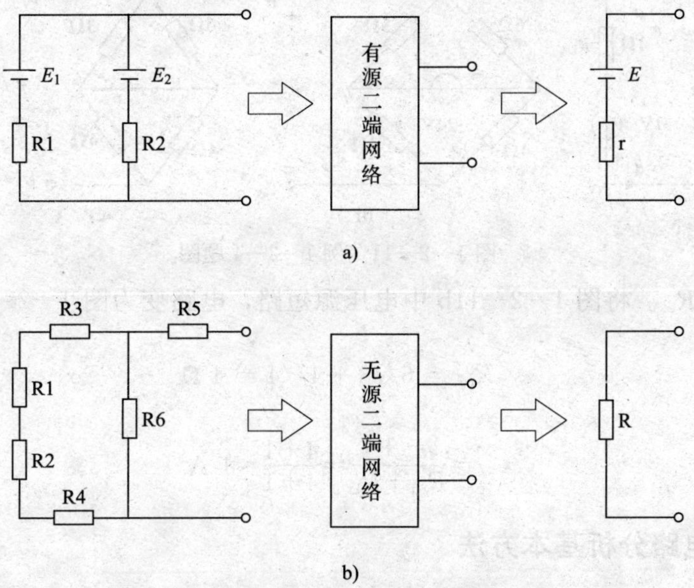

图 1—2—9　二端网络

a）有源二端网络　b）无源二端网络

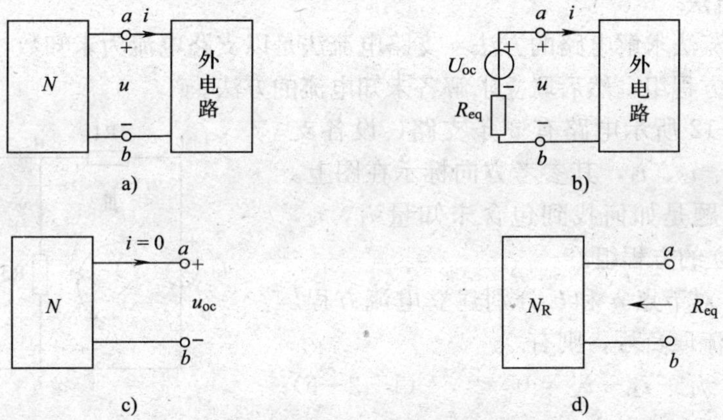

图 1—2—10　戴维南定理

2）求 U_{oc}。要注意开路电压的参考方向，同时应注意待求支路一经断开，即不存在分流问题。

3）求 R_{eq}。注意所有独立源必须为零，即电压源短路，电流源开路。

4）画出戴维南等效电路，并与待求支路相连，得到一个单回路电路，求解待求量。

【例 1—2—4】　如图 1—2—11a 所示电路，负载电阻 R_L 可以改变，求 $R_L=1\ \Omega$ 时，其上的电流 i；若 R_L 改变为 6 Ω，再求电流 i。

解：求开路电压 u_{oc}。自 a、b 处断开待求支路（待求量所在的支路），设 u_{oc} 参考方向如图 1—2—11b 所示。由分压关系求得：

$$u_{oc}=\frac{6}{6+3}\times 24-\frac{4}{4+4}\times 24=4\ \text{V}$$

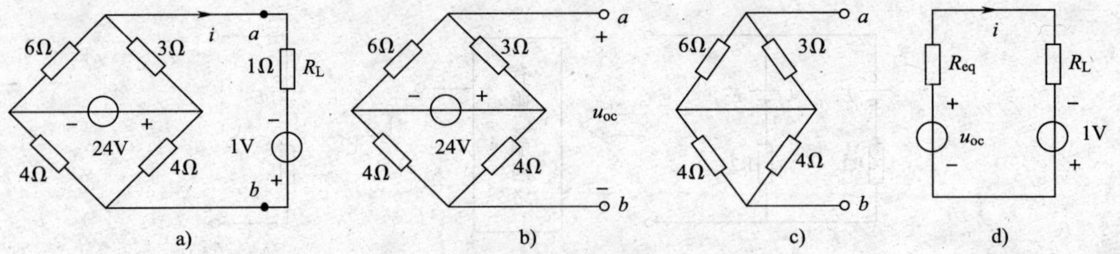

图 1—2—11　例 1—2—4 题图

求等效内阻 R_{eq}。将图 1—2—11b 中电压源短路，电路变为图 1—2—11c。应用电阻串并联等效，求得

$$R_{eq}=6//3+4//4=4\ \Omega$$

求电流 i，得：

$$i=\frac{u_{oc}+1}{R_{eq}+R_L}=\frac{4+1}{4+1}=1\ \text{A}$$

二、复杂电路分析基本方法

在求解复杂电路的电参量时，描述电路的方程不再是一个，而是要应用欧姆定律和基尔霍夫定律列出一组方程，并求解方程组。这里介绍分析复杂电路常用的支路电流法和节点电位法。

1. 支路电流法

(1) 支路电流法求解电路的方法　支路电流法是以支路电流为未知数，应用基尔霍夫定律列出所需要的方程组，然后联立求解各未知电流的方法。

如图 1—2—12 所示电路有 3 条支路，设各支路电流分别为 i_1、i_2、i_3，其参考方向标示在图上。就本例而言，问题是如何找到包含未知量 i_1，i_2，i_3 的 3 个相互独立的方程组。

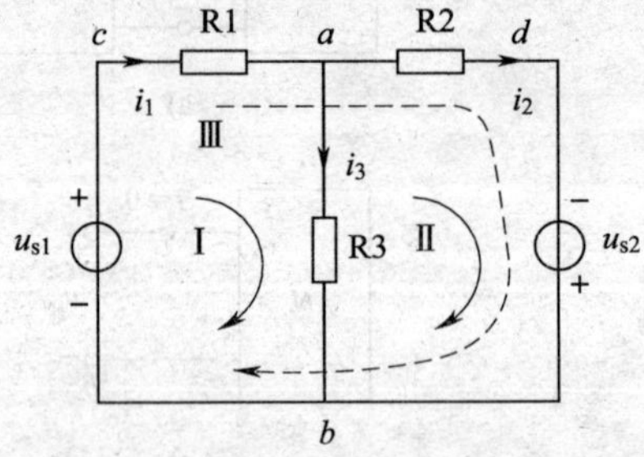

图 1—2—12　支路电流法分析图

根据 KCL，对节点 a 和 b 分别建立电流方程。设流出节点的电流取负号，则有

节点 a：　$i_1-i_2-i_3=0$　(1—2—6)

节点 b：　$-i_1+i_2+i_3=0$　(1—2—7)

根据 KVL，按图中所标巡行方向（或称绕行方向）对回路Ⅰ、Ⅱ、Ⅲ分别列写 KVL 方程（注意：在列写方程中，若遇到电阻，两端电压就应用欧姆定律表示为电阻与电流的乘积），得

回路Ⅰ：　$R_1i_1+R_3i_3=u_{s1}$　(1—2—8)

回路Ⅱ：　$R_2i_2-R_3i_3=u_{s2}$　(1—2—9)

回路Ⅲ：　$R_1i_1+R_2i_2=u_{s1}+u_{s2}$　(1—2—10)

当未知变量数目与独立方程数目相等时，未知变量才可能有唯一解。从上述 5 个方程中选取出 3 个相互独立的方程如下

$$\left.\begin{aligned}i_1-i_2-i_3&=0\\R_1i_1+R_3i_3&=u_{s1}\\R_2i_2-R_3i_3&=u_{s2}\end{aligned}\right\}\qquad(1—2—11)$$

通过联立方程组可以求解出各条支路的电流，同时可求出电阻上的电压和功率等。

（2）支路电流法求解电路的步骤

1）假定各支路电流的参考方向、网孔绕行方向。

2）根据基尔霍夫电流定律，对独立节点列电流方程［如有 n 个节点，则 $(n-1)$ 个节点是独立的］。

3）根据基尔霍夫电压定律，对独立回路列电压方程（一般选取网孔，网孔是独立回路）。

4）代入数值，联立求解方程组，从而得到各支路电流。

5）根据计算结果，确定各支路电流的实际方向。

【例 1—2—5】 如图 1—2—13 所示电路，列出节点电流方程和回路的电压方程。

解： 先设定支路电流方向、回路的绕行方向及节点代号。

根据 KCL 列出节点 a 方程：$I_1+I_3-I_2=0$

根据 KVL 列出如下方程：

网孔 $abca$：　$I_2R_2-E_1+I_1R_1=0$

网孔 $adba$：　$-I_3R_3+E_3-I_2R_2=0$

2. 节点电位法

支路电流法适用于任意电路，此方法解方程较为烦琐，所以在电路分析中此法非首选。接下来介绍应用节点电位法分析电路的方法。

（1）节点电位法

所谓节点电位法，是以节点电压为未知量，先求出节点电压，再根据部分电路的欧姆定律求出各支路电流的方法。

通常把用来求解由电压源和电阻组成的两个节点电路的节点电压法叫做弥尔曼定理。它是节点电压法的一种特殊情况。也就是在只有一个独立节点时，该节点电压的表达式的特殊形式，电路如图 1—2—14 所示。

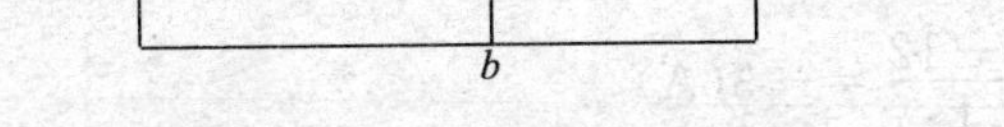

图 1—2—13　例 1—2—5 题图

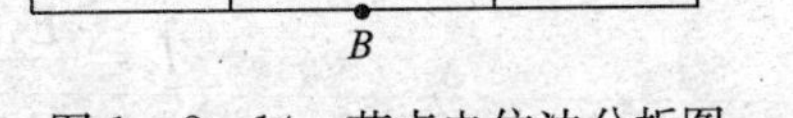

图 1—2—14　节点电位法分析图

下面介绍弥尔曼定理的推导过程。

1）各支路电流 I_1、I_2、I_3、I_4和节点电压 U_{AB}的参考方向如 1—2—14 图所示。

2）根据 KCL 列出节点 A 的节点电流方程：

$$I_1+I_2+I_3-I_4=0 \tag{1—2—12}$$

3）根据一段含源电路的欧姆定律，可得出各支路的电流：

$$I_1=\frac{E_1-U_{AB}}{R_1}=(E_1-U_{AB})G_1 \tag{1—2—13}$$

$$I_2 = \frac{E_2 - U_{AB}}{R_2} = (E_2 - U_{AB})G_2 \qquad (1—2—14)$$

$$I_3 = \frac{-E_3 - U_{AB}}{R_3} = (-E_3 - U_{AB})G_3 \qquad (1—2—15)$$

$$I_4 = \frac{U_{AB}}{R_4} = U_{AB}G_4 \qquad (1—2—16)$$

式中，G_1、G_2、G_3、G_4为各支路的电导。

4）将I_1、I_2、I_3、I_4的表达式代入节点A的节点电流方程中，得

$$(E_1 - U_{AB})G_1 + (E_2 - U_{AB})G_2 + (-E_3 - U_{AB})G_3 - U_{AB}G_4 = 0 \qquad (1—2—17)$$

整理后得

$$U_{AB}(G_1 + G_2 + G_3 + G_4) = E_1G_1 + E_2G_2 - E_3G_3$$

即

$$U_{AB} = \frac{E_1G_1 + E_2G_2 - E_3G_3}{G_1 + G_2 + G_3 + G_4} \qquad (1—2—18)$$

5）弥尔曼定理的一般计算公式

$$U_{AB} = \frac{\sum(EG)}{\sum G} \qquad (1—2—19)$$

上式说明，节点电压等于各支路电动势与该支路电导乘积的代数和除以各支路电导之和。其中分子$\sum$（EG）中各项正负号的确定原则是：凡电动势方向指向节点A时取正号，否则取负号。

【例1—2—6】 用节点电压法求图1—2—15所示复杂电路中各支路的电流。

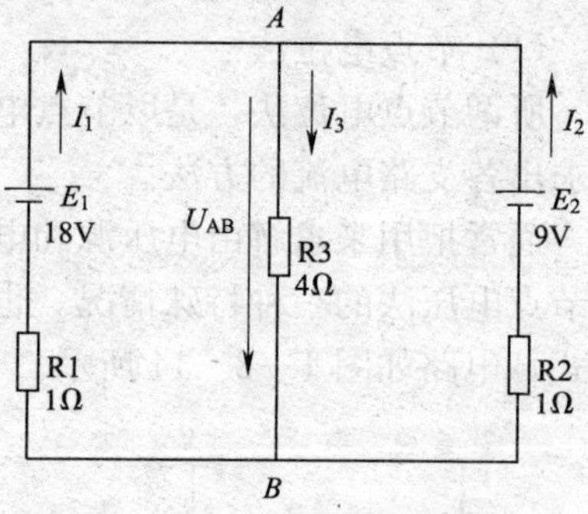

图1—2—15　例1—2—6题图

解： 选定节点电压U_{AB}的参考方向，如图1—2—15所示。由弥尔曼定理公式求出节点电压。

$$U_{AB} = \frac{E_1G_1 + E_2G_2}{G_1 + G_2 + G_3} = \frac{18 \times 1 + 9 \times 1}{1 + 1 + 1/4} = 12(\text{V})$$

标定各支路电流的参考方向，应用一段含源电路的欧姆定律求得各支路电流

$$I_1 = \frac{E_1 - U_{AB}}{R_1} = \frac{18 - 12}{1} = 6(\text{A})$$

$$I_2 = \frac{E_2 - U_{AB}}{R_2} = \frac{9 - 12}{1} = -3(\text{A})$$

$$I_3 = \frac{U_{AB}}{R_3} = \frac{12}{4} = 3(\text{A})$$

任务实施

一、工具、器材准备

1. 万用表。
2. 实验板、电阻和导线若干。

3. 直流稳压电源。

二、电路安装

1. 双路稳压电源分别调至 3 V 和 6 V。
2. 按如图 1—2—16 所示，在实验板上连接好电路。
3. 接通电路，开始测试。

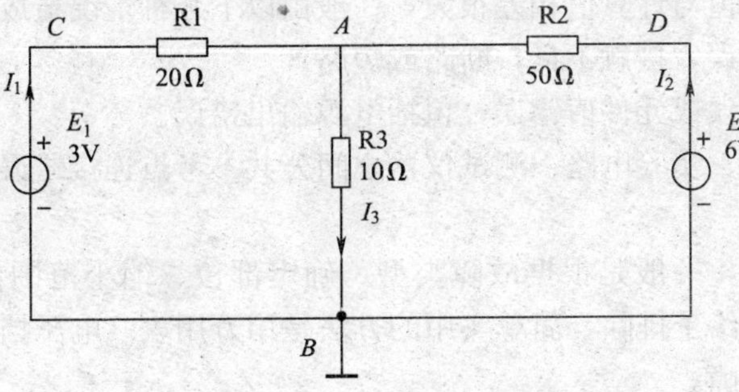

图 1—2—16　电路原理图

三、电路测量与验证

1. 基尔霍夫电流定律（KCL）验证

(1) 把万用表（电流挡）串联在各条支路中，依次测出电流 I_1、I_2、I_3（以节点 A 为例），数据记入表 1—2—1 内。

(2) 根据 KCL 定律电流方程式计算 $\sum I$，将结果填入表 1—2—1，验证 KCL。

表 1—2—1　　**验证 KCL 实验数据**

条件	$E_1=3$ V，$E_2=6$ V			
	I_1（mA）	I_2（mA）	I_3（mA）	$\sum I$
测量值				
计算值				

2. 基尔霍夫电压定律（KVL）验证

(1) 把万用表并联在各支路上，用万用表的电压挡，依次测出回路 1（绕行方向：$ADBCA$）和回路 2（绕行方向：$ABCA$）中各支路电压值，数据记入表 1—2—2 内。

表 1—2—2　　**验证 KVL 实验数据**

条件		$E_1=3$ V，$E_2=6$ V				
回路 1（$ADBCA$）		U_{AD}（V）	U_{DB}（V）	U_{BC}（V）	U_{CA}（V）	$\sum U$
	测量值					
	计算值					
回路 2（$ABCA$）		U_{AB}（V）	U_{BC}（V）	U_{CA}（V）		$\sum U$
	测量值					
	计算值					

(2) 根据 KVL 定律电压方程式，计算$\sum U$，将结果填入表 1—2—2，验证 KVL。

3. 将测量值与计算值相比较，说明误差产生的原因。

四、电路检测与诊断

1. 实验中常见故障

在实验过程中测量值与计算值相差很大，一般由以下几种情况造成：

(1) 连线　连线错误，接触不良，断路或短路。

(2) 元件　元件错误或元件值错误，包括电源输出错误。

(3) 参考点　电源、实验电路、测试仪器之间公共参考点连接错误。

2. 故障检查

故障检查方法很多，一般是根据故障类型，确定部位、缩小范围，在小范围内逐点检查，最后找出故障点并给予排除。简单实用的方法是用万用表（电压挡或电阻挡）在通电或断电状态下检查电路故障。

(1) 通电检查法　用万用表的电压挡（或电压表），在接通电源情况下，根据实验原理，电路某两点应该有电压，而万用表测不出电压；某两点不应该有电压，而万用表测出了电压；或所测电压值与电路原理不符，则故障即在此两点间。

(2) 断电检查法　用万用表的电阻挡（或欧姆表），在断开电源情况下，根据实验原理，电路某两点应该导通无电阻（或电阻极小），万用表测出开路（或电阻极大）；某两点应该开路（或电阻很大），但测得的结果为短路（或电阻极小），则故障即在此两点间。

任务评价

表 1—2—3　　评分标准

序号	考核内容	评分标准	配分	得分
1	测试仪器准备	准备好测试仪器并会使用	10	
2	元器件准备	准备好元器件并会检测元器件	15	
3	电路连接	会搭建电路	20	
4	电路调试	分析故障、排除简单故障	50	
5	总结	会根据操作进行总结	5	
		合计总分	100	

思考与练习

1. 某浮充供电电路如图 1—2—17 所示。整流器直流输出电压 $U_{S1}=250$ V，等效内阻 $R_{S1}=1\ \Omega$，浮充蓄电池组的电压值 $U_{S2}=239$ V，内阻 $R_{S2}=0.5\ \Omega$，负载电阻 $R_L=30\ \Omega$，分

别用支路电流法求解各支路电流、负载端电压及负载上获得的功率。

2. 用节点电压法求解 1—2—18 所示电路中各支路电流。

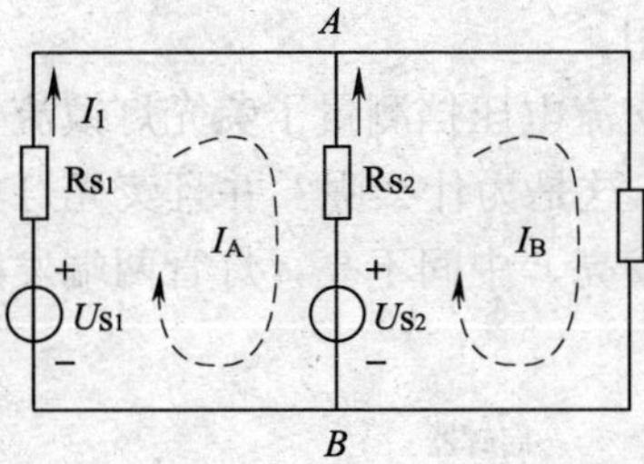

图 1—2—17 题 1 图

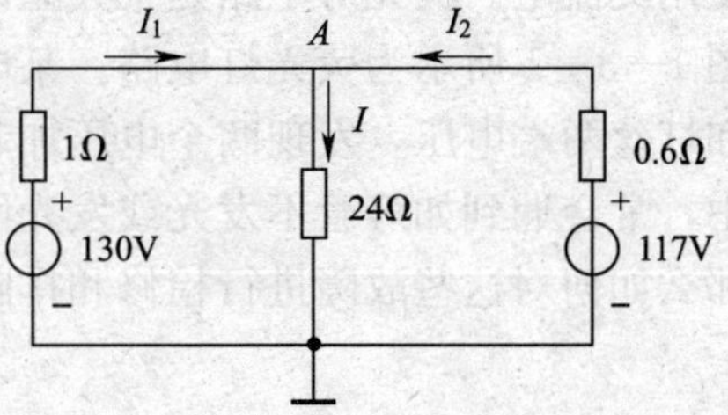

图 1—2—18 题 2 图

3. 应用叠加定理求解求图 1—2—19 所示电路中的电流 I_2。

4. 用戴维南定理求解图 1—2—20 所示电路中通过电阻 R_3 的电流 I_3。

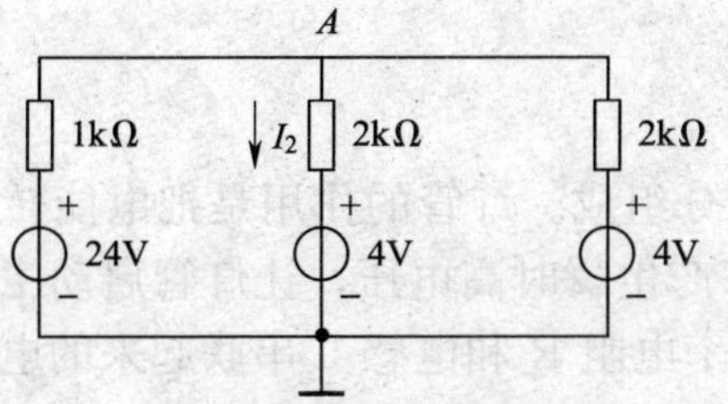

图 1—2—19 题 3 图

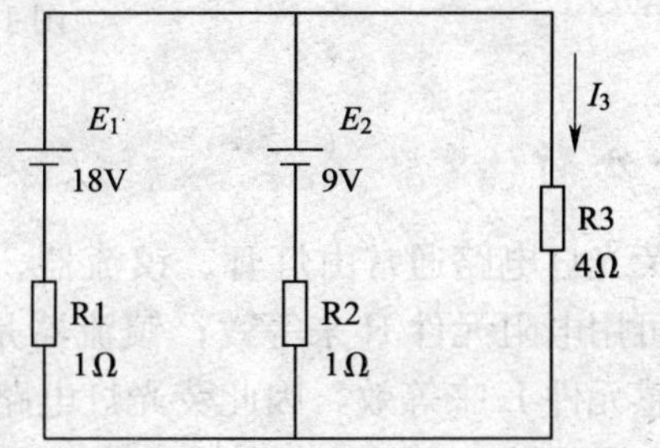

图 1—2—20 题 4 图

任务 3 单相正弦交流电路装调与诊断

◆ **技能点**

◎ 用电流表、电压表测正弦交流量的有效值

◎ 电阻、电感、电容串联电路的测量

◎ 会正确安装荧光灯电路，掌握调试、故障诊断方法

◆ **知识点**

◎ 正弦交流电的三要素

◎ 正弦交流电的相量表示法

◎ 电路基本元件的正弦交流电路

◎ 感性电路中电压与电流的关系

◎ 电路有功功率和无功功率、荧光灯功率因数的提高方法

任务提出

日常生活用电、照明用电、家用电器供电、工厂生产供电、农村用电、城市用电等，到处都使用交流电。荧光灯电路是个典型的交流电路的应用。

图 1—3—1 所示为荧光灯电路。某电工用万用表的交流电压挡测量了荧光灯镇流器两端电压和灯丝两端电压，发现两个电压加起来不是 220 V，这是为什么呢？并且荧光灯在使用过程中，常会遇到如灯管不发光或发光困难，灯管两端发亮、中间不亮，灯管两端发黑等现象，那么如何对这些故障进行检修和排除呢？

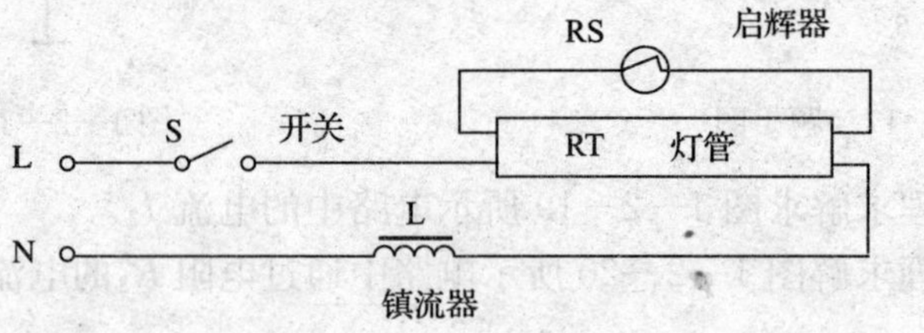

图 1—3—1　荧光灯电路

任务分析

荧光灯电路通常由灯管、镇流器、启辉器三部分组成。灯管的作用是把电能转化为光能，可用电阻元件 R 来等效；镇流器是线圈，用来产生瞬时高电压，让灯管启动工作，可用电感元件 L 来等效，因此荧光灯电路实际上是一个电阻 R 和电感 L 串联起来的电路，要解决电阻 R 和电感 L 的两个电压加起来不是 220 V 的问题，可以通过对 RL 串联电路特点的分析来实现，同时，通过掌握荧光灯的工作原理和电路结构特点，对荧光灯电路出现的各种故障进行分析和排除。

相关知识

一、正弦交流电路组成与基本物理量

1. 正弦交流电的表达式

交流电是指大小和方向随时间作周期性变化且平均值为零的电压和电流。随时间按正弦规律变化的交流电称为正弦交流电，如图 1—3—2 所示。

日常生活用电和工厂生产用电都是正弦交流电。正弦交流电是发电厂由交流发电机将其他形式的能量转变为交流电能而产生的。交流电流、电压的瞬时大小一般用小写字母 i，u 表示。表示交流量瞬时值随时间变化的数学表达式称为交流量的瞬时值表达式。表示交流量瞬时值随时间规律变化的图形称为波形图。

如图 1—3—2 所示正弦交流电的电流波形，其瞬时值表达式

$$i(t)=I_{\mathrm{m}}\sin(\omega t+\varphi_0) \tag{1—3—1}$$

式中　I_{m}、ω、φ_0——分别表征正弦量的三要素，即幅值、角频率和初相位。

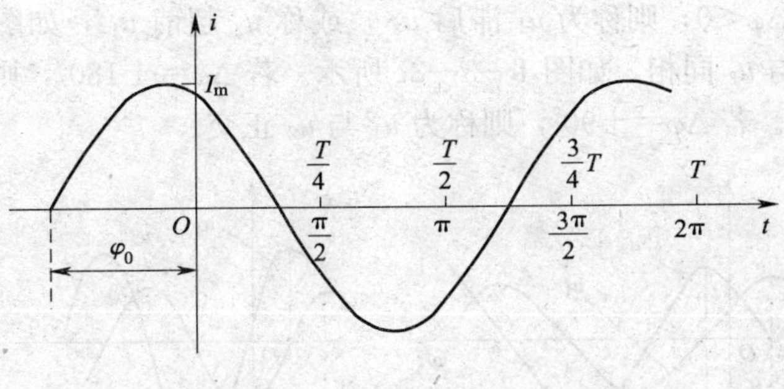

图 1—3—2　正弦电流波形

2．正弦交流电的最大值与有效值

（1）最大值　正弦交流电在一个周期所能达到的最大瞬时值，又称峰值、幅值。最大值用大写字母加下标 m 表示，如 E_m、U_m、I_m。在图 1—3—2 中可直观地看出 I_m 这一点或者从（1—3—1）表达式中也可以求出 I_m 最大值。

（2）有效值　因为交流电的大小是随时间变化的，所以在研究交流电功率时，采用最大值就不方便，通常是用有效值来表示。使交流电和直流电加在同样阻值的电阻上，在相同的时间（如一个交流周期）内产生的热量相同，就把这一直流电的数值叫做该交流电的有效值。

理论计算表明，正弦交流电的有效值与最大值的关系为

$$U=\frac{U_m}{\sqrt{2}}\approx 0.707U_m \quad 或 \quad I=\frac{I_m}{\sqrt{2}}\approx 0.707I_m \tag{1—3—2}$$

3．正弦交流电的周期、频率和角频率

（1）周期　交流电每重复变化一次所需的时间，称为交流电的周期。用符号 T 表示，单位是秒（s）。

（2）频率　交流电在 1 秒内重复变化的次数，称为交流电的频率。用符号 f 表示，单位是赫兹（Hz）。

$$f=\frac{1}{T} \tag{1—3—3}$$

我国动力和照明用电的标准频率为 50 Hz（习惯上称为工频），有些国家如美国、日本采用 60 Hz 的频率。

（3）角频率　正弦交流电 1 秒内变化的电角度，用符号 ω 表示，单位是弧/秒（rad/s）

$$\omega=\frac{2\pi}{T}=2\pi f \tag{1—3—4}$$

4．正弦交流电的相位、初相位与相位差

（1）相位　正弦量在任意时刻的电角度称为相位角，也称相位或者相角，用 $\omega t+\varphi_0$ 表示，它反映了交流电变化的进程。

（2）初相位　正弦量在 $t=0$ 时的相位叫做初相角，也称初相，用符号 φ_0 表示。

（3）相位差　两个同频率正弦交流电的初相角之差称为相位差，用 $\Delta\varphi$ 表示。

$$\Delta\varphi=(\omega t+\varphi_1)-(\omega t+\varphi_2)=\varphi_1-\varphi_2 \tag{1—3—5}$$

相位差的取值范围为$-\pi \leqslant \Delta\varphi \leqslant \pi$。若$\Delta\varphi > 0$，则称$u_1$超前$u_2$，或称$u_2$滞后$u_1$，如图1—3—3a所示。若$\Delta\varphi < 0$，则称为$u_1$滞后$u_2$，或称$u_2$超前$u_1$，如图1—3—3b所示。若$\Delta\varphi = 0$，则称为$u_1$与$u_2$同相，如图1—3—3c所示。若$\Delta\varphi = \pm 180°$，则称为$u_1$与$u_2$反相，如图1—3—3d所示。若$\Delta\varphi = \pm 90°$，则称为$u_1$与$u_2$正交。

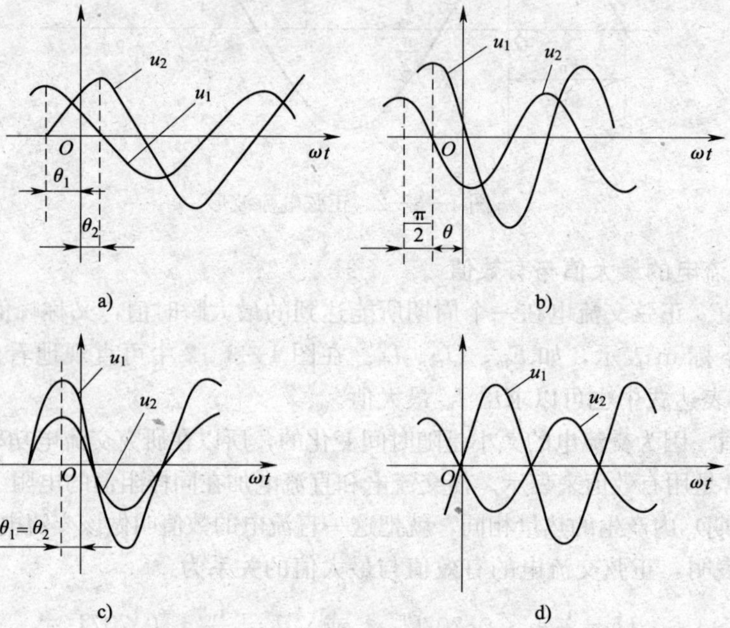

图1—3—3　正弦交流电的相位关系

a）u_1超前u_2　b）u_2超前u_1　c）同相　d）反相

【例1—3—1】　已知交流电压为$u = 220\sqrt{2}\sin(314t + 30°)\text{V}$，求该交流电的周期、频率、角频率、最大值、有效值和初相位。

解：角频率$\omega = 314 \text{ rad/s}$

周期：$T = \dfrac{2\pi}{\omega} = \dfrac{2 \times 3.14}{314} = 0.02 \text{ s}$

频率：$f = \dfrac{1}{T} = \dfrac{1}{0.02} = 50 \text{ Hz}$

最大值：$U_m = 220\sqrt{2} = 311 \text{ V}$

有效值：$U = \dfrac{U_m}{\sqrt{2}} = \dfrac{220\sqrt{2}}{\sqrt{2}} = 220 \text{ V}$

初相位：$\varphi = 30°$

5．正弦量的相量表示法

正弦交流电用三角函数式及其波形图表示很直观，是基本表示法，但不便于分析计算。对电路进行分析与计算时经常采用相量表示法，即用复数符号式与相量图来表示正弦交流电。

（1）函数表达式　也称为瞬时值表达式，即式（1—3—1）。

（2）波形图　正弦量随时间变化的波形。如图1—3—4所示表示了正弦量的三要素。其中从O点到离O点最近的正半波零值处的角度为正弦量的初相，其大小与计时起点有关。

(3) 相量及相量图表示法　用复数的模表示正弦量交流电的有效值，用复数的幅角表示正弦交流电的初相角，就可得到正弦交流电的复数符号表示形式，又称为相量表达式。上述三种正弦交流电的表示法可以互换，给出任何一种，就可以写成其他两种。

相量及复数符号形式主要用于两个以上同频率的正弦量的合成。如果用瞬时值表达式进行运算，过程很复杂，用图形法求解，不但作图烦琐，而且不准确。较好的办法则是用相量图定性分析，即用复数符号进行定量运算。

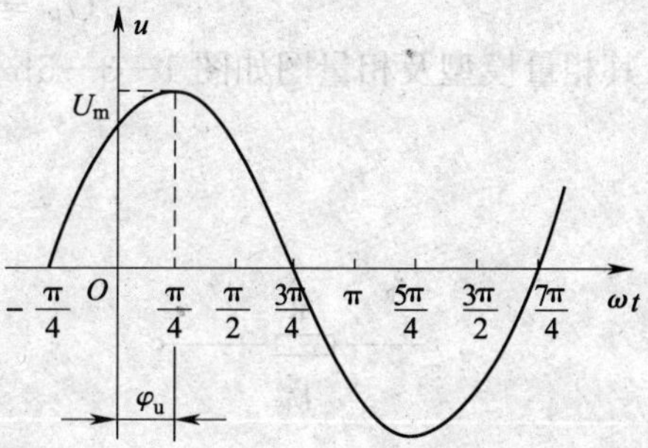

图 1—3—4　正弦量波形图

【例 1—3—2】 设 $i_1 = 10\sqrt{2}\sin(\omega t + 30°)$ A，$i_2 = 5\sqrt{2}\sin(\omega t - 45°)$ A，求 (1) $i_1 + i_2$。

解：设　$i = i_1 + i_2 = \sqrt{2}I\sin(\omega t + \varphi_i)$ A

其相量为　$\dot{I} = I\angle\varphi_i$　则

$$\dot{I} = \dot{I}_1 + \dot{I}_2$$

$$\dot{I} = 10\angle 30° + 5\angle -45° = 10\left(0.866 + \mathrm{j}\frac{1}{2}\right) + 5(1 - \mathrm{j}) = 8.66 + \mathrm{j}5 + 5 - \mathrm{j}5 = 13.66\angle 0°\ \mathrm{A}$$

所以　$i = 13.66\sqrt{2}\sin\omega t$ A

二、交流电路分析的基本方法

1. 电路基本元件的电压、电流相量关系

电阻元件、电感元件、电容元件是正弦交流电路中的三种基本理想元件，分别用 R、L、C 来表示电阻、电感和电容元件。

(1) 纯电阻电路　交流电路如果只有电阻，这种电路称为纯电阻电路，如电热炉、白炽灯等都可以近似地看成是纯电阻电路。

1) 电阻元件的电压、电流的关系。如图 1—3—5a 所示的电阻电路中，假设电阻 R 两端的电压与电流采用关联参考方向，设流过电阻的电流为

$$i(t) = \sqrt{2}I_R\sin(\omega t + \varphi_i) \tag{1—3—6}$$

对电阻元件而言，在任何瞬间，电流和电压之间满足欧姆定律，即

$$u(t) = Ri(t) = \sqrt{2}RI_R\sin(\omega t + \varphi_i) = \sqrt{2}U_R\sin(\omega t + \varphi_u) \tag{1—3—7}$$

上式说明，电阻元件的电压和电流是同频率的正弦量，它们的关系为

$$\left.\begin{array}{ll}\text{有效值关系：} & U_R = RI_R \\ \text{相位关系：} & \varphi_u = \varphi_i(\text{电压、电流同相位})\end{array}\right\} \tag{1—3—8}$$

电压、电流的相量关系为

$$\dot{U}_R = U_R\angle\varphi_u, \dot{I}_R = I_R\angle\varphi_i$$

$$\dot{U}_R = R\dot{I}_R = RI_R\angle\varphi_i \qquad (1—3—9)$$

其相量模型及相量图如图 1—3—5b 所示。

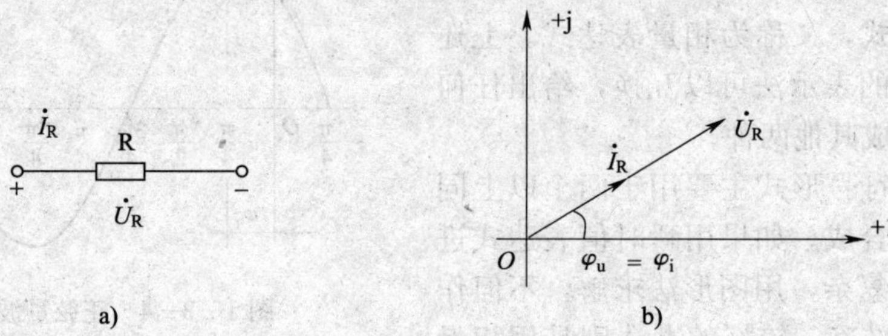

图 1—3—5　电阻元件的电压、电流相量

2）电阻元件的功率。在正弦交流电路中，电阻元件的电压、电流随时间按正弦规律变化，电阻 R 上每一瞬间所消耗的功率称为瞬时功率，用 P 表示。电阻元件的瞬时功率等于电压瞬时值和电流瞬时值的乘积，即

$$P_R = u_R i_R \qquad (1—3—10)$$

设电阻元件的电压为　$u_R = \sqrt{2}U_R\sin\omega t$　(1—3—11)

电阻元件流过的电流为　$i_R = \sqrt{2}I_R\sin\omega t$　(1—3—12)

电阻元件的瞬时功率为

$$P_R = u_R i_R = 2U_R I_R\sin^2\omega t = U_R I_R(1-\cos 2\omega t) \qquad (1—3—13)$$

从式（1—3—13）可得，电阻元件的瞬时功率是以电压、电流的两倍频率变化，且 $P\geqslant 0$，说明电阻元件是消耗能量的元件。

由于瞬时功率时刻都在变化，不便计算，因而通常都是计算瞬时功率在一个周期内的平均值，即平均功率，又称有功功率，单位为瓦（W）。用 P 表示，即

$$P = U_R I_R = I_R^2 R = \frac{U_R^2}{R} \qquad (1—3—14)$$

电阻元件消耗的能量表示为

$$W_R = Pt = U_R I_R t = I_R^2 R t \qquad (1—3—15)$$

【例 1—3—3】　一只“220 V，2 000 W”电炉接在电压 $u = 220\sqrt{2}\sin(314t+60°)$ V 的交流电源上，试求流过电炉的电流 I 和该电炉的电阻 R 是多少？

解：　根据　$P = U_R I_R$

得　$$I = \frac{P}{U_R} = \frac{2\ 000}{220} = 9\ \text{A}$$

$$R = \frac{U_R}{I_R} = \frac{220}{9} = 24.4\ \Omega$$

（2）纯电容电路　电容器在电工、电子技术中应用非常广泛。任何两个彼此绝缘又相互靠近的导体都可以构成一个电容器。电容器在实际生活中大量存在，在工程实际中使用的电容器种类繁多，形状各异，但是基本结构是相同的。如果忽略中间绝缘物质的漏电流，电容电路用电容元件作为电路模型。

电容元件最重要的特性是存储电荷。电容元件存储电荷的能力用电容量来表征。电容器所带电荷量 Q 与其两极板间的电压 U 的比值，叫做电容器的电容量，用 C 表示，即

$$C=\frac{Q}{U} \tag{1—3—16}$$

电容的单位为法拉（法，F），实际中常用较小的单位：微法（μF）和皮法（pF）（1 F=10^6 μF=10^{12} pF）。

1）电容元件的电压、电流关系。当电容元件两端电压发生变化时，两个极板上的电荷也会发生相应的变化，从而在电容元件中产生电流。如图 1—3—6a 所示，设有一电容 C，其电压、电流采用关联参考方向，电容元件中某一瞬间的电流与该瞬间的电压的变化率成正比，表达式如下

$$i_C(t)=C\frac{\mathrm{d}u_C(t)}{\mathrm{d}t} \tag{1—3—17}$$

式（1—3—17）说明，电容元件中某一瞬间的电流由该瞬间的电压的变化率确定。当电压不发生变化时，电容元件中的电流为零，电容元件等效为开路。如在直流电路中，电容元件作开路处理。

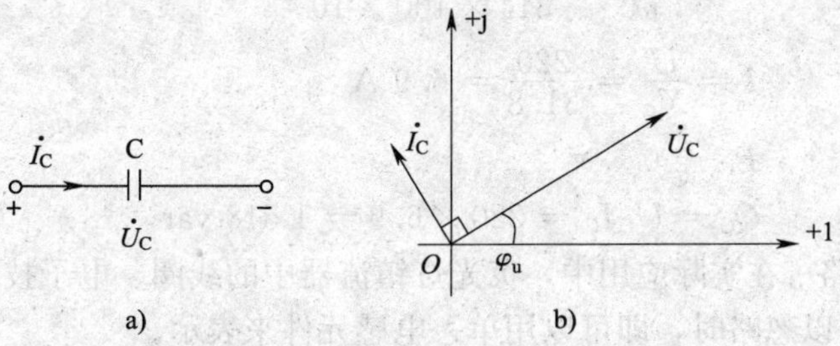

图 1—3—6 电容元件的电压、电流相量

a）电容元件 b）电容元件电压、电流相量

如图 1—3—6a 所示，设电容元件两端的电压为

$$u_C(t)=\sqrt{2}U_C\sin(\omega t+\varphi_u) \tag{1—3—18}$$

由式（1—3—17）可得电流

$$i_C(t)=C\frac{\mathrm{d}u_C(t)}{\mathrm{d}t}=\sqrt{2}\omega CU_C\sin(\omega t+\varphi_u+90°)=\sqrt{2}I_C\sin(\omega t+\varphi_i) \tag{1—3—19}$$

式（1—3—19）说明电容元件的电压、电流是同频率的正弦量，电流超前电压 90°。它们的关系如下所示。

$$\left.\begin{aligned}&\text{有效值关系：}I_C=\omega CU_C=2\pi fCU_C=X_CU_C\\&\text{相位关系：}\varphi_i=\varphi_u+90°\text{（电流超前电压 }90°\text{）}\end{aligned}\right\} \tag{1—3—20}$$

$X_C=\frac{1}{\omega C}=\frac{1}{2\pi fC}$称为是电容元件的电抗，简称容抗，单位为欧姆。容抗反映了电容元件对正弦交流电流的阻碍能力。当 C 一定时，容抗与频率成反比。当 $\omega\to\infty, X_C\to 0$，电容相当于短路。当，$\omega\to 0, X_C\to\infty$，电容相当于开路。对高频信号，电容作短路处理，对低频或者直流信号，电容作开路处理。因此，电容在电路中具有隔直通交的作用。

电容元件电压、电流的相量关系式

$$\dot{U}_C = U_C \angle \varphi_u , \dot{I}_C = I_C \angle \varphi_i$$

$$\dot{U}_C = X_C I_C \angle (\varphi_i - 90°) = -jX_C \dot{I}_C \tag{1—3—21}$$

电容元件的相量模型及相量图如图 1—3—6b 所示。

2）电容元件的功率。电容元件是一种储能元件，不消耗能量。在一段时间内从电源吸收电能转化成电场能量储存，在一段时间内又会把储存的电场能量转化为电能返送回电源，即电容元件和电源之间进行着能量交换。在交换能量的过程中不损耗能量，其平均功率为零，即 $P_C=0$。描述电容元件与电源进行能量交换的规模，用 Q_C 表示，称为无功功率。

$$Q_C = U_C I_C = I_C^2 X_C = \frac{U_C^2}{X_C} \tag{1—3—22}$$

无功功率的单位为乏（var）或者千乏（kvar）。

【例 1—3—4】 一个 100 μF 的电容器，接在 $u = 220\sqrt{2}\sin(314t + 60°)$V 的电源上，试求电容元件上通过的电流 I、平均功率 P_C、无功功率 Q_C 是多少？

解：

$$X_C = \frac{1}{\omega C} = \frac{1}{314 \times 100 \times 10^{-6}} = 31.8\ \Omega$$

$$I = \frac{U}{X_C} = \frac{220}{31.8} = 6.9\ \text{A}$$

$$P_C = 0$$

$$Q_C = U_C I_C = 220 \times 6.9 = 1\ 518\ \text{var}$$

（3）纯电感电路　在实际应用中，荧光灯镇流器中的线圈、电子技术中的扼流线圈等，通常在其电阻很小可以忽略时，即可以用单一电感元件来表示。

当电感元件中通过电流时，在它的周围会产生磁场，并把电能转化成磁场能量存储起来。如果电感元件中通过的是交流电流，产生的磁场也会随电流发生变化，在电感元件两端会产生变化的电压。

1）电感元件的电压、电流关系。如图 1—3—7a 所示，设有一电感 L，其电压、电流采用关联参考方向，电感元件两端的电压与其流过的电流之间的关系可用下式表示：

$$u_L(t) = L\frac{di_L(t)}{dt} \tag{1—3—23}$$

式（1—3—23）说明，电感元件中某一瞬间的电压由该瞬间的电流的变化率确定。当电流不发生变化时，电感元件中的电压为零，电感元件相当于短路。如在直流电路中，电感元件作短路处理。

如图 1—3—7a 所示，设电感元件流过的电流为

$$i(t) = \sqrt{2} I_L \sin(\omega t + \varphi_i) \tag{1—3—24}$$

由式（1—3—23）可得电压

$$u_L(t) = L\frac{di_L(t)}{dt} = \sqrt{2}\omega L I_L \sin(\omega t + \varphi_i + 90°) = \sqrt{2} U_L \sin(\omega t + \varphi_u) \tag{1—3—25}$$

式（1—3—25）说明电感元件的电压、电流是同频率的正弦量，电压超前电流 90°。它们的关系如下所示。

有效值关系：　　　　$U_L=\omega LI_L=2\pi fLI_L$

相位关系：　　　　$\varphi_u=\varphi_i+90°$（电压超前电流 90°）　　（1—3—26）

$X_L=\omega L=2\pi fL$ 称为是电感元件的电抗，简称感抗，单位为欧姆。感抗反映了电感元件对正弦交流电流的阻碍能力。当 L 一定时，感抗与频率成正比。当 $\omega\to\infty, X_L\to\infty$，电感相当于开路。当 $\omega\to 0, X_L\to 0$，电感相当于短路。

电感元件电压、电流的相量关系式：

$$\dot{U}_L=U_L\angle\varphi_u, \dot{I}_L=I_L\angle\varphi_i$$

$$\dot{U}_L=X_LI_L\angle(\varphi_i+90°)=jX_L\dot{I}_L \qquad (1—3—27)$$

电感元件的相量模型及相量图如图 1—3—7b 所示。

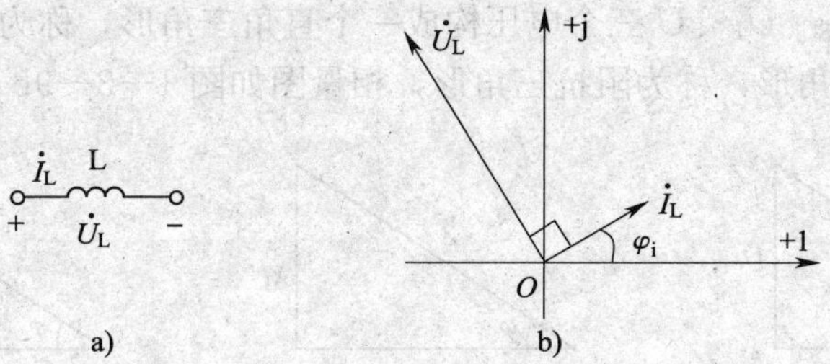

图 1—3—7　电感元件的电压、电流相量

a）电感元件　b）电感元件电压、电流相量

2）电感元件的功率。电感元件也是一种储能元件，不消耗能量。在交换能量的过程中不损耗能量，其平均功率为零，即 $P_L=0$。描述电感元件与电源进行能量交换的规模，用 Q_L 表示，同样称为无功功率。

$$Q_L=U_LI_L=I_L^2X_L=\frac{U_L^2}{X_L} \qquad (1—3—28)$$

2. RL 串联电路

很多电气设备的器件都可以用电阻、电感串联电路来等效，作为电路模型。例如，前面提到的荧光灯电路可以用一个电阻和电感元件串联模型来等效。下面来分析电阻和电感串联电路具有的特点。

（1）电压与电流的关系　电阻 R 与电感 L 串联电路如图 1—3—8 所示，流经 R 和 L 的电流相同，均为电路端口电流 i。端口电压 u，u_R 为电阻电压，u_L 为电感电压，由 KVL 定律可得

$$u=u_R+u_L \qquad (1—3—29)$$

相量形式　　　　$\dot{U}=\dot{U}_R+\dot{U}_L$　　　　（1—3—30）

又因为　　　$\dot{U}_R=R\dot{I}$，$\dot{U}_L=jX_L\dot{I}$　　　（1—3—31）

将式（1—3—31）代入式（1—3—30）得

$$\dot{U}=R\dot{I}+jX_L\dot{I}=(R+jX_L)\dot{I}=Z\dot{I} \qquad (1—3—32)$$

式（1—3—32）中，$Z=R+jX_L$，称为电路的复阻抗，单位为欧姆。实部为串联电路中的电阻 R，虚部为串联电路中的电感

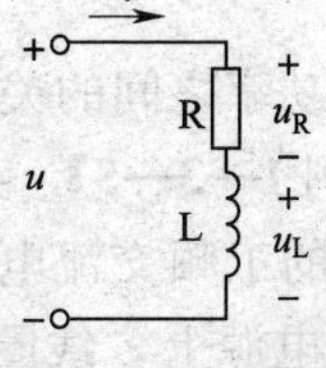

图 1—3—8　RL 串联电路

元件的感抗 X_L 。其极坐标式为

$$Z=\frac{\dot{U}}{\dot{I}}=\frac{U\angle\varphi_u}{I\angle\varphi_i}=|Z|\angle\varphi$$

$$|Z|=\frac{U}{I}=\sqrt{R^2+X_L^2} \qquad (1—3—33)$$

$$\varphi=\varphi_u-\varphi_i=\arctan\frac{X_L}{R}$$

$|Z|$ 是复阻抗的模，简称阻抗，单位是欧姆。φ 是复阻抗的幅角，称为阻抗角。阻抗的大小反映了端口电压与端口电流的有效值关系。阻抗角反映了端口电压与端口电流的相位关系，等于端口电压与端口电流的相位差，$\varphi>0$，说明电压超前电流。电压、电流的相量图如图 1—3—9a 所示。$\dot{U}_R$ 、$\dot{U}_L$ 、$\dot{U}$ 三个电压构成一个直角三角形，称为电压三角形。R 、X_L 、Z 三个阻抗构成一个三角形，称为阻抗三角形，相量图如图 1—3—9b 所示。

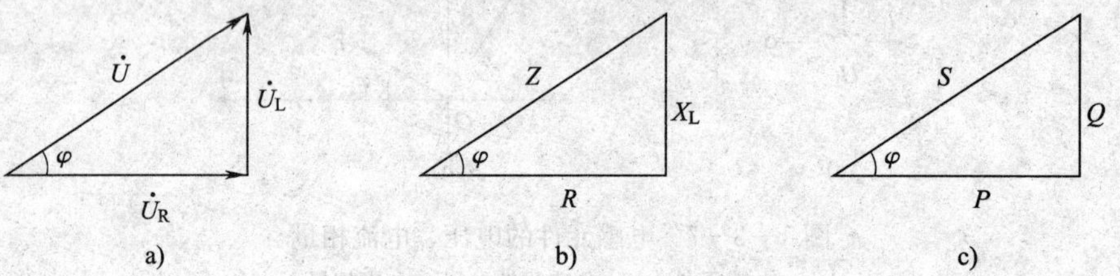

图 1—3—9 电压、阻抗、功率三角形
a）电压三角形 b）阻抗三角形 c）功率三角形

由相量图可得到电阻、电感串联电路中各电压有效值之间的关系为

$$U=\sqrt{U_R^2+U_L^2}=\sqrt{(IR)^2+(IX_L)^2}=I\sqrt{R^2+X_L^2}=I|Z| \qquad (1—3—34)$$

（2）RL 串联电路的功率　电阻元件是消耗能量的元件，电感元件只与电源进行能量交换而不消耗能量。所以电阻、电感串联的电路吸收的平均功率就是电阻元件吸收的平均功率，即为有功功率。整个电路吸收的无功功率即是电感元件吸收的无功功率。通常把端口电压、电流的乘积称为电路的视在功率，用字母 S 表示，单位为伏安（V·A）或千伏安（kV·A）。

电阻、电感串联电路各功率表达式为

$$\left.\begin{aligned}&\text{有功功率}:P=U_RI=I^2R=UI\cos\varphi\\&\text{无功功率}:Q=U_LI=I^2X_L=UI\sin\varphi\\&\text{视在功率}:S=UI=\sqrt{P^2+Q^2}\\&\text{功率因素}:\lambda=\cos\varphi\end{aligned}\right\} \qquad (1—3—35)$$

各功率之间的关系可以用一个三角形来表示，称为功率三角形，如图 1—3—9c 表示。

【例 1—3—5】 某交流接触器线圈的电阻 R=200 Ω，电感 L=1.25 H，接到电压 U=220 V 的工频交流电源上，试问电流 I 的值是多少？如果将此接触器接到电压 U=220 V 的直流电源上，线圈中电流 I 的值是多少？会出现什么结果（线圈允许通过的电流为 0.6 A)？

解：

$$X_L = 2\pi fL = 2\pi \times 50 \times 1.25 = 392.5\ \Omega$$

$$Z = \sqrt{R^2 + X_L^2} = \sqrt{200^2 + (392.5)^2} = 440\ \Omega$$

若将该接触器接入交流电源，则

$$I = \frac{U}{Z} = \frac{220}{440} = 0.5\ \text{A}$$

若将该接触器接入直流电源，则接触器线圈的感抗为零，只有电阻值，则

$$I = \frac{U}{R} = \frac{220}{200} = 1.1\ \text{A} > 0.6\ \text{A}$$

此时流过线圈电流已超过其额定电流，会将其烧掉。

3. RLC 串联电路

由电阻、电感、电容依次连接而成的电路，称为 RLC 串联电路。

（1）电压与电流的关系　电阻 R、电感 L 与电容 C 串联电路如图 1—3—10 所示，流经 R 和 L、C 的电流相同，均为电路端口电流 i。端口电压 u，u_R 为电阻电压，u_L 为电感电压，u_C为电容电压，由 KVL 定律可得

$$u = u_R + u_L + u_c \qquad (1—3—36)$$

对应的相量形式

$$\dot{U} = \dot{U}_R + \dot{U}_L + \dot{U}_C \qquad (1—3—37)$$

又因为

$$\dot{U}_R = R\dot{I},\dot{U}_L = jX_L\dot{I},\dot{U}_C = -jX_C\dot{I} \qquad (1—3—38)$$

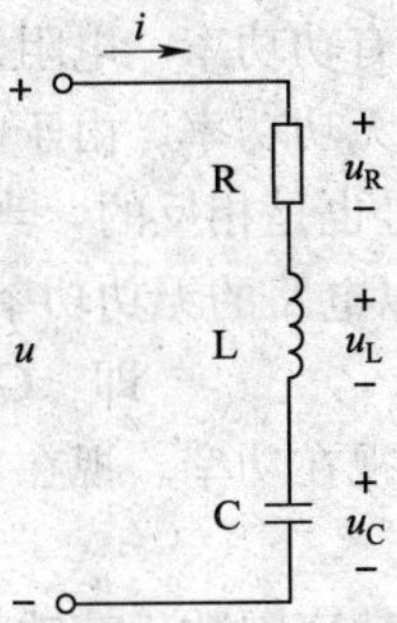

图 1—3—10　RLC 串联电路

将式（1—3—38）代入式（1—3—37）得

$$\dot{U} = R\dot{I} + jX_L\dot{I} - jX_C\dot{I} = [R + j(X_L - X_C)]\dot{I} = Z\dot{I} \qquad (1—3—39)$$

复阻抗

$$Z = R + j(X_L - X_C) = R + jX = |Z|\angle\varphi \qquad (1—3—40)$$

其中

$$|Z| = \sqrt{R^2 + (X_L - X_C)^2}$$

$$\varphi = \arctan\frac{X_L - X_C}{R}$$

式中　φ——幅角，表示电压 u、电流 i 的相位关系。

当 R、L、C 参数不同时，RLC 串联电路可能出现以下三种情况：

1）电感性电路。当 $X_L > X_C$ 时，则 $U_L > U_C$，阻抗角 $\varphi > 0$，电路呈电感性，电压超前电流 φ 角。

2）电容性电路。当 $X_L < X_C$ 时，则 $U_L < U_C$，阻抗角 $\varphi < 0$，电路呈电容性，电压滞后电流 φ 角。

3）电阻性电路。当 $X_L = X_C$ 时，则 $U_L = U_C$，阻抗角 $\varphi = 0$，电路呈电阻性，且总阻抗最小，电压和电流同相。电感和电容的无功功率正好互相补偿，这种电路状态称为串联谐振。

以上三种情况的相量图如图 1—3—11 所示。

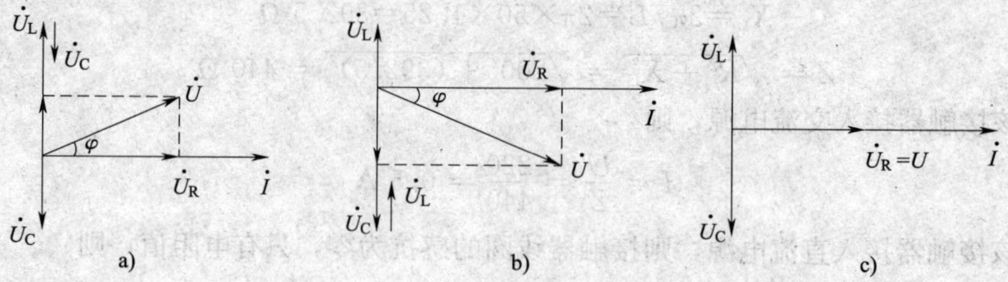

图 1—3—11　RLC 串联电路相量图

a) $U_L>U_C$　b) $U_L<U_C$　c) $U_L=U_C$

现在应该明白为什么在荧光灯电路中，电工用万用表的交流电压挡测量了荧光灯镇流器两端电压和灯丝两端电压，发现两个电压加起来不是 220 V 的原因了吧。

（2）功率

1）有功功率。电阻消耗的有功功率，即：$P=U_R I=UI\cos\varphi$。

2）无功功率。由于电感和电容两端的电压任何时刻都是反相的，所以电感和电容瞬时功率符号也是相反的，当电感吸收能量时，电容释放能量；电容吸收能量时，电感放出能量，所以电路的无功功率为电感和电容上的无功功率之差。

即　$Q=Q_L-Q_C=U_L I-U_C I=I^2(X_L-X_C)=UI\sin\varphi$

3）视在功率。视在功率等于端口电压、电流的乘积，即

$$S=UI \tag{1—3—41}$$

4）功率因数。有功功率与视在功率之比。

S 与有功功率 P 和无功功率 Q 的关系为：

$$S=\sqrt{P^2+Q^2} \tag{1—3—42}$$

【例 1—3—6】　RLC 串联交流电路如图 1—3—12 所示。已知 $R=30\ \Omega$、$L=254$ mH、$C=80\ \mu$F，$u=220\sqrt{2}\sin(314t+20°)$ V。求：电路有功功率、无功功率、视在功率、功率因数。

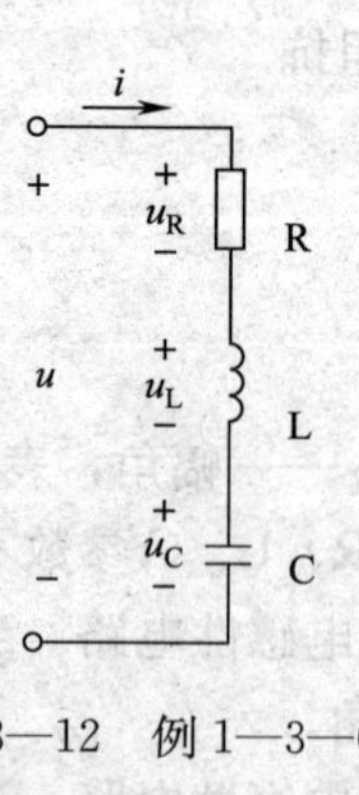

图 1—3—12　例 1—3—6 题图

解：　$\dot{U}=220\angle 20°$ V

$Z=R+j(X_L-X_C)=30+j(79.8-39.8)=(30+j40)=50\angle 53.1°\ \Omega$

$\dot{I}=\dfrac{\dot{U}}{Z}=\dfrac{220\angle 20°}{50\angle 53.1°}=4.4\angle -33.1°$ A

视在功率：$S=UI=220\times 4.4=968$ V · A

有功功率：$P=UI\cos\varphi=968\times\cos[20°-(-33.1°)]=581.2$ W

无功功率 $Q=UI\sin\varphi=968\times\sin[20°-(-33.1°)]=774.1$ var

功率因数：$\lambda=\cos\varphi=\cos[20°-(-33.1°)]=0.6$

三、功率因数的提高

1. 提高功率因数的意义

功率因数低的危害主要表现为两个方面：首先电源设备的容量不能充分利用。在电源设备容量 $S_N=U_N I_N$ 一定的情况下，功率因数越低，P 越小，设备越得不到充分利用。其次功

率因数低会增加输电线路的功率损耗。由于 $P=UI\cos\varphi$，在 P、U 一定的情况下，$\cos\varphi$ 越低，I 越大，线路损耗越大，同时降低末端电压，所以电路的功率因数尽可能大些好。但在实践中，大量的用电设备为感性负载，如日常生活中用的照明电路，工业生产领域广泛使用的异步电动机等，功率因数都比较低，对整个供电系统是不利的，必须设法提高功率。

2. 提高功率因数的方法

提高功率因数 $\cos\varphi$ 的办法是必须减小用电网络的阻抗角，即减小用电网络的无功功率。常用的办法之一是减少负载的轻、空载运行，以提高线路的自然功率因数；二是在感性负载两端并联电容器，电路如图 1—3—13 所示，这是提高 $\cos\varphi$ 的主要措施。

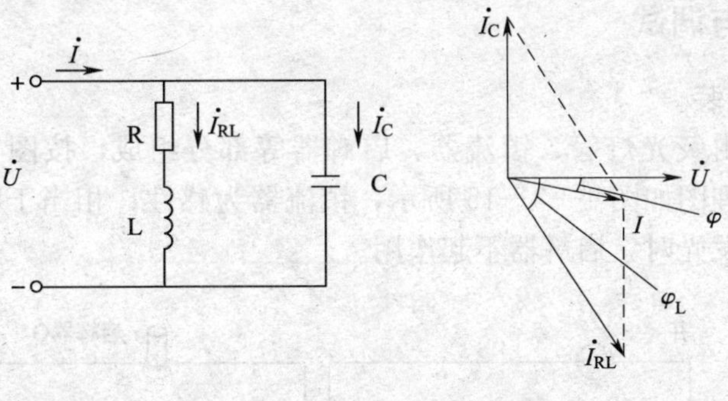

图 1—3—13　RL 串联电路两端并联电容器提高功率因素

RL 串联电路功率因数低，是因 $\dot{I}$ 滞后 $\dot{U}$ 相位角相差很大。并上电容后，增加了一个 $\dot{I}_C$，此时总电流 $\dot{I}=\dot{I}_{RL}+\dot{I}_C$，由于电感上的电流滞后于电压一阻抗角 φ_L，而电容上的电流超前于电压 90°，这两个电流方向相反，叠加后使总电流滞后总电压的相位角减小，从而提高了功率因数。并联电容后大部分无功功率就会在电感与电容间就地交换，避免了输电线路的损耗。

3. 荧光灯电路功率因数的提高分析

在如图 1—3—1 所示的荧光灯电路中，串入了电感量较大的镇流器，电路中除了消耗电能的电阻灯管外，还存在一个存储电能的电感元件。如图 1—3—1 所示电路的等效电路就是一个 RL 电路，由 RL 串联电路可知，L 越大，电感就要与电源不停地交换能量，占用电源的能量越多，不能使电源提供的能量得到有效利用。这种情况下电路的功率因数很低。如果电路的功率因数过低，电源的能量得不到充分利用，传输线上的功率损耗增大，电压降增加，负载电压降低。

对于这种功率因数较低，负载为电感性负载的电路，提高电路功率因数的方法是给电感性负载并联电容器。并联电容器后，电容与电感之间交换部分能量，不足的部分能量再与电源进行交换，从而减小了用电电路与电源之间进行能量交换的规模，使电源发出有功功率的能量增加，提高了电路的功率因数。

任务实施

一、工具器材准备

1. 荧光灯、镇流器、启辉器、电容器。

2. 电压表、电流表、万用表。
3. 单相交流电源（220 V）。
4. 双刀开关、单刀开关、导线若干。

二、电路分析

荧光灯在使用时，常会出现一些比如荧光灯不发光或发光困难，灯管两端发亮、中间不亮，灯管两端发黑等故障。其原因可能是电压太低，启辉器损坏或灯管老化等原因造成。这些故障可以用万用表等工具来查找具体的原因。

三、电路安装与调试

1. 荧光灯电路安装

荧光灯电路主要由荧光灯管、镇流器、启辉器等部分组成，按图 1—3—14 进行接线。荧光灯的等效电路原理图如图 1—3—15 所示，镇流器为感性，相当于电阻和电感串联，灯管为阻性。灯管正常发光时，启辉器不起作用。

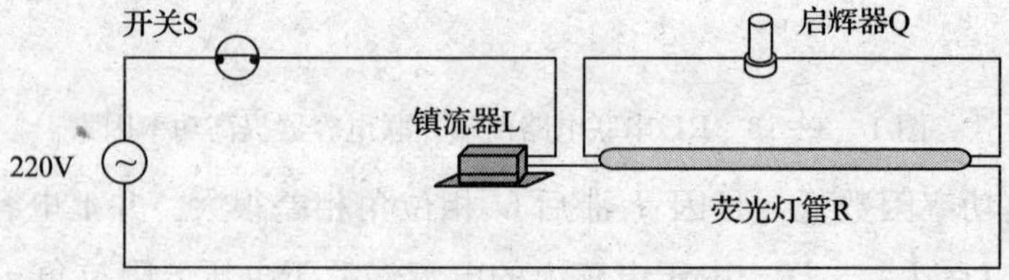

图 1—3—14　荧光灯电路接线图

2. 荧光灯电路测试、故障维修

(1) 合上电源开关后观察荧光灯的工作过程。

(2) 若电路不正常，分析故障原因。

(3) 切断电源，排除故障（以开灯后灯管两端发光、中间不亮为例）常用的故障维修方法有：

1）替代法。即用一个好的启辉器或者一个好的灯管，替代原电路中的启辉器或者灯管。如果替代后荧光灯正常发光，那么被替代的部件就是故障部件。

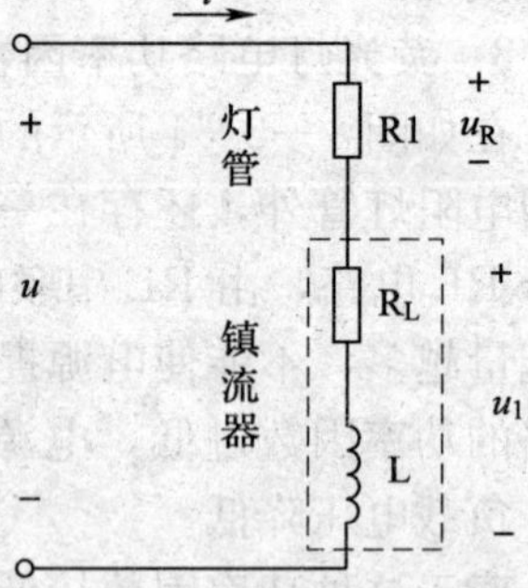

图 1—3—15　荧光灯电路原理图

2）测量法。用万用表测量电路电压是否正常。在排除电压太低的可能后，仔细观察故障现象，若灯管两端发光、中间不亮，没有闪动现象，可进一步观察启辉器。如果启辉器的氖泡不亮，则可断定启辉器的电容器被击穿；如果启辉器的氖泡亮，则可断定启辉器的双金属片失效。此外，判断启辉器是否故障的最简单方法是：在开灯后发现灯管两端发光、中间不亮的情况下，快速旋下启辉器，这时如果灯管发光正常，在旋上启辉器后故障又出现，则可断定启辉器有故障。若灯管两端发光、中间不亮，有闪动现象，说明启辉器有故障；当灯管无法发亮时，基本上可以断定是灯管老化所致，更换灯管后故障即可排除。

（4）故障排除后，重新通电，检查是否正确。

（5）电路正常工作，即完成测试及故障维修，否则重复（3）、（4）步。找出故障原因并加以排除。表1—3—1是荧光灯照明电路的常见故障与维修。

表1—3—1　　荧光灯照明电路的常见故障与维修

故障现象	故障原因	维修方法
荧光灯不发光或发光困难	1. 电源电压过低 2. 镇流器与灯管规格不配套或镇流器内部短路 3. 灯管已损坏或灯管漏气 4. 启辉器或电容器已损坏 5. 灯管与灯脚或启辉器接触不良 6. 气温较低难以启辉	1. 调节电源电压 2. 更换镇流器 3. 更换灯管 4. 更换启辉器或电容器 5. 检查灯管，启辉器是否接触不良 6. 进行灯管加热，或换用低温灯管
荧光灯在关闭后，夜晚有时会有微弱发光	1. 线路潮湿，开关有漏电现象 2. 开关不是接在火线上，而是错接在零线上	1. 开关烘干和绝缘处理 2. 把开关接在火线上
灯管两端发亮、中间不亮	启辉器接触不良；内部小电容击穿；基座线头脱落；启辉器已损坏	按不发光或发光困难维修方法检查；小电容击穿，可剪去后换用
灯光闪烁或管内有螺旋形滚动光带	1. 启辉器或镇流器接触不良 2. 镇流器不配套（工作电流过大） 3. 新灯管的暂时现象 4. 灯管质量不佳	1. 接好连接点 2. 换上配套的镇流器 3. 使用一段时间，会自行消失 4. 无法修理，更换灯管
镇流器过热	1. 镇流器质量不佳 2. 启辉器情况不佳，连续不断地长时间产生触发，增加整流器负担 3. 镇流器不配套 4. 电源电压过高	1. 正常温度以不超过65℃为限，严重过热的应更换 2. 排除启辉系统故障 3. 换上配套的镇流器 4. 调整电压
镇流器异声	1. 铁心叠片松片 2. 铁心硅钢片质量不佳 3. 线圈内部短路（伴随过热现象） 4. 电源电压过高	1. 紧固铁心 2. 更换硅钢片（需校正工作电流，即调节铁心间隙） 3. 更换线圈或整个镇流器 4. 调整电压
灯管两端发黑	1. 灯管老化 2. 启辉不佳 3. 电压过高 4. 镇流器不配套	1. 更换灯管 2. 排除启辉系统故障 3. 调整电压 4. 换上配套的镇流器
灯管光通量下降	1. 灯管老化 2. 电压过低 3. 灯管处于冷风直吹场合	1. 更换灯管 2. 调整电压，或缩短电源线路 3. 采取遮风措施

任务评价

表 1—3—2 评分标准

序号	考核内容	评分标准	配分	得分
1	测试仪器准备	准备好测试仪器并会使用	10	
2	元器件准备	准备好元器件并会检测元器件	15	
3	电路连接	会搭建电路	20	
4	电路调试	分析故障、排除简单故障	50	
5	总结	会根据操作进行总结	5	
		合计总分	100	

思考与练习

1. 家用照明电路中，各个负载的连接是串联还是并联？

2. 荧光灯电路的组成是什么？并简单说明各部分的作用。

3. 一个 110 V、60 W 的白炽灯接到 50 Hz、220 V 正弦电源上，可以用一个电阻器、或一个电感器、或一个电容器和它串联。试分别求所需的 R、L、C 的值。如果换接到 220 V直流电源上，这三种情况的后果分别如何？

4. 已知一线圈在工频 50 V 情况下测得通过它的电流为 1 A，在 100 Hz、50 V 下测得电流为 0.8 A，求线圈的参数 R 和 L 各为多少？

5. 已知 RL 串联电路的端电压 $u=220\sqrt{2}\sin(314t+30°)$ V，通过它的电流 $I=5$ A 且滞后电压 45°，求电路的参数 R 和 L 各为多少？

6. 已知图 1—3—16a 中电压表读数 PV1 为 30 V；PV2 为 60 V。图 1—3—16b 中电压表读数 PV1 为 15 V；PV2 为 80 V；PV3 为 100 V。求图中电压 U_S。

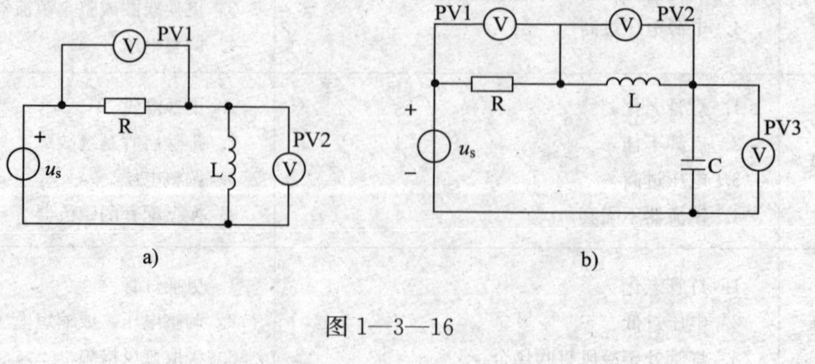

图 1—3—16

任务 4　三相正弦交流电路装调与诊断

◆ **技能点**

◎ 会进行三相交流电动势三种表示方法的互换

◎ 会进行对称三相电路的计算

◎ 会对三相交流负载的电压、电流、功率和电能进行测量

◆ **知识点**

◎ 三相交流电电动势的表示方法

◎ 三相电源的连接方式

◎ 三相负载星形联结时电压、电流的关系

◎ 三相负载三角形联结时电压、电流的关系

◎ 电力系统基本知识

◎ 安全用电

任务提出

在电力系统中，电能的生产、传输和分配几乎都是采用三相制。三相制就是由三个同频率、等幅值、相位依次相差 120°的正弦电压源作为电源供电的体系。

图 1—4—1 所示为三相对称负载星形和三角形联结电路。你知道流过灯泡的电流和流经电源的电流以及灯泡两端的电压和电源两端线之间的电压有什么关系吗？同时，在工作过程中经常会出现灯泡亮度不同或者有其中一个灯泡不亮或者都不能正常工作等现象，那么是什么原因造成以上现象的出现呢？

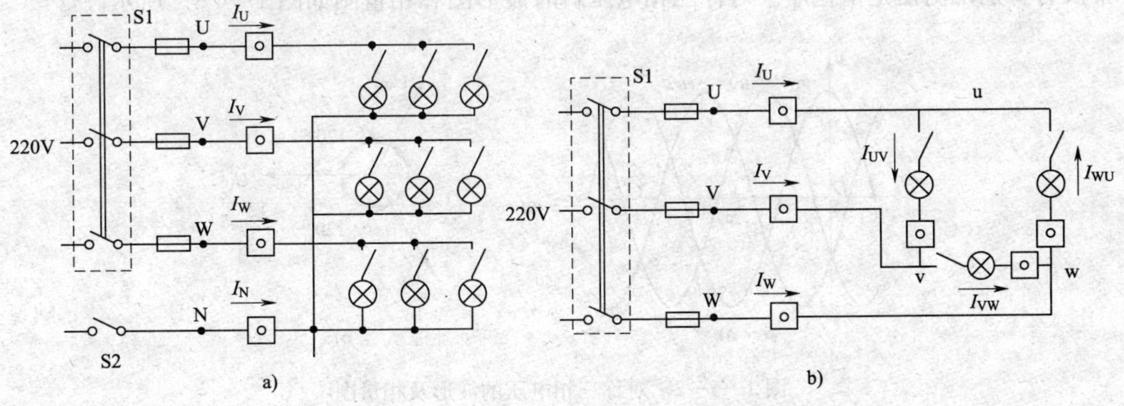

图 1—4—1　三相对称负载星形和三角形联结电路图

a）三相对称负载星形联结　b）三相对称负三角形联结

任务分析

在一个完全对称的三相电路中，每相上获得的电压和流过负载的电流应该相等。因此，灯泡的亮度应该一样。但在实际电路中，可能出现灯泡亮度不一的现象，造成这种现象的原因有多种：一是三相绕组接错，二是一相负载开路或者短路等。本任务的目的就是要对三相对称负载星形联结电路和三相对称负载三角形联结电路进行分析、计算及电路测量，要能排除电路中出现的故障。

相关知识

一、三相交流电源的产生及连接

1. 三相交流电源的产生

三相交流电是由三相发电机产生的。发电机主要由定子和转子两大部分构成。三相定子绕组对称嵌放在定子铁心槽中，转子绕组通电后产生磁场，原动机带动转子绕轴旋转，形成气隙旋转磁场。当电枢由原动机拖动以角频率 ω 匀速旋转时，每组绕组分别产生大小相同、频率相同、相位相差 120°的三个正弦交流电压。

对称三相交流电源电压用瞬时值和相量值表示分别为

$$\left.\begin{aligned} u_{\mathrm{U}} &= U_{\mathrm{m}} \sin \omega t \\ u_{\mathrm{V}} &= U_{\mathrm{m}} \sin(\omega t - 120^\circ) \\ u_{\mathrm{W}} &= U_{\mathrm{m}} \sin(\omega t + 120^\circ) \end{aligned}\right\} \qquad (1—4—1)$$

$$\dot{U}_{\mathrm{U}} = U_{\mathrm{P}}\angle 120^\circ \qquad \dot{U}_{\mathrm{V}} = U_{\mathrm{P}}\angle -120^\circ \qquad \dot{U}_{\mathrm{W}} = U_{\mathrm{P}}\angle 120^\circ \qquad (1—4—2)$$

式中 U_{P} 为每相电源电压的有效值。三相电源依次称为 U 相、V 相和 W 相。三相电压相位依次落后 120°的相序（次序），U、V、W 称为正序或顺序，表示为 U－V－W。与此相反，若相位依次超前 120°，即 V 超前于 U，W 超前于 V，这种相序称为负序或逆序。通常没有特别说明便是指正序。对称三相电压瞬时波形图和相量图如图 1—4—2 所示。

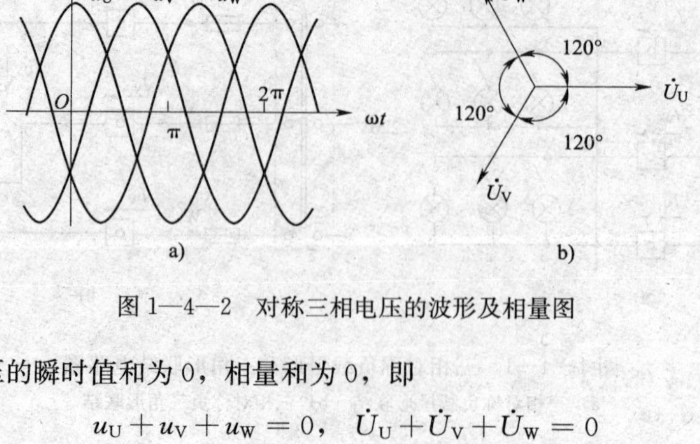

图 1—4—2　对称三相电压的波形及相量图

对称三相电压的瞬时值和为 0，相量和为 0，即

$$u_{\mathrm{U}} + u_{\mathrm{V}} + u_{\mathrm{W}} = 0, \quad \dot{U}_{\mathrm{U}} + \dot{U}_{\mathrm{V}} + \dot{U}_{\mathrm{W}} = 0 \qquad (1—4—3)$$

2. 三相交流电源的连接

对称三相电源有两种连接方式，星形和三角形，分别如图 1—4—3a、b 所示。图 1—4—3a 是把三相电源的负极接在一起，形成一个中（性）点 N，从三个正极端子引出三条导线，这种星形联结方式的三相电源，简称星形电源。从中点引出的导线称为中线，由于中线通常与大地相接（大地的电位为零），所以又把接地的中线称为零线。从端点 U、V、W 引出的三根导线称为端线或火线。端线之间的电压称为线电压，分别用 $\dot{U}_{UV}$、$\dot{U}_{VW}$、$\dot{U}_{WU}$ 表示。每一相电源的电压称为相电压，分别用 $\dot{U}_U$、$\dot{U}_V$、$\dot{U}_W$ 表示。端线中的电流称为线电流，分别为 $\dot{I}_U$、$\dot{I}_V$、$\dot{I}_W$。各相电源中的电流称为相电流。图 1—4—3b 是把三相电源依次按正负极连接成一个回路，再从端子 U、V、W 引出导线，称其为三角形电源。三角形电源的相、线电压，相、线电流的定义与星形电源相同。显然，三角形电源的相电压与线电压相等。

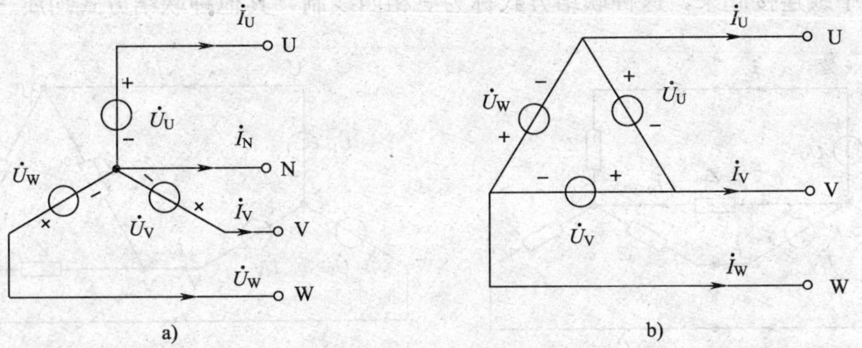

图 1—4—3 三相电源连接方式

a）星形联结 b）三角形联结

由上述可知，在星形电源中，线电流等于相电流。线电压等于对应的两个相电压之差，如图 1—4—3 所示：

$$\left.\begin{aligned} u_{UV} &= u_U - u_V \\ u_{VW} &= u_V - u_W \\ u_{WU} &= u_W - u_U \end{aligned}\right\} \qquad (1—4—4)$$

相量形式

$$\left.\begin{aligned} \dot{U}_{UV} &= \dot{U}_U - \dot{U}_V \\ \dot{U}_{VW} &= \dot{U}_V - \dot{U}_W \\ \dot{U}_{WU} &= \dot{U}_W - \dot{U}_U \end{aligned}\right\} \qquad (1—4—5)$$

将 $\dot{U}_U = U_p\angle 0°$ $\dot{U}_V = U_p\angle -120°$ $\dot{U}_W = U_p\angle 120°$代入式（1—4—5）可得

$$\left.\begin{aligned} \dot{U}_{UV} &= \sqrt{3}\dot{U}_U\angle 30° \\ \dot{U}_{VW} &= \sqrt{3}\dot{U}_V\angle 30° \\ \dot{U}_{WU} &= \sqrt{3}\dot{U}_W\angle 30° \end{aligned}\right\} \qquad (1—4—6)$$

因此，Y联结的对称三相电源线电压与相电压的关系为：线电压是相电压的$\sqrt{3}$倍，相位上超前相应的相电压 30°。

二、三相负载的联结

三相电路的负载也是由三个阻抗联结成星形（Y）或三角形（△）组成的。当这三个阻抗相等时，称为对称三相负载。将对称三相电源与对称三相负载进行适当的联结就形成了对称三相电路。根据三相电源与负载的不同联结方式可以组成Y—Y、Y—△、△—Y、△—△连接的三相电路。如图 1—4—4a、b 所示为Y—Y联结方式和Y—△联结方式。

三相负载中的相、线电压，相、线电流的定义为：相电压、相电流是指各相负载阻抗的电压、电流。三相负载的三个端子 U′、V′、W′向外引出的导线中的电流称为负载的线电流，任意两个端子之间的电压称为负载的线电压。

如图 1—4—4a 所示Y—Y联结的对称三相电路中，电源中点 N 和负载中点 N′用一条阻抗为 Z_N的中线连接起来，这种联结方式称为三相四线制，其他种联结方式均属三相三线制。

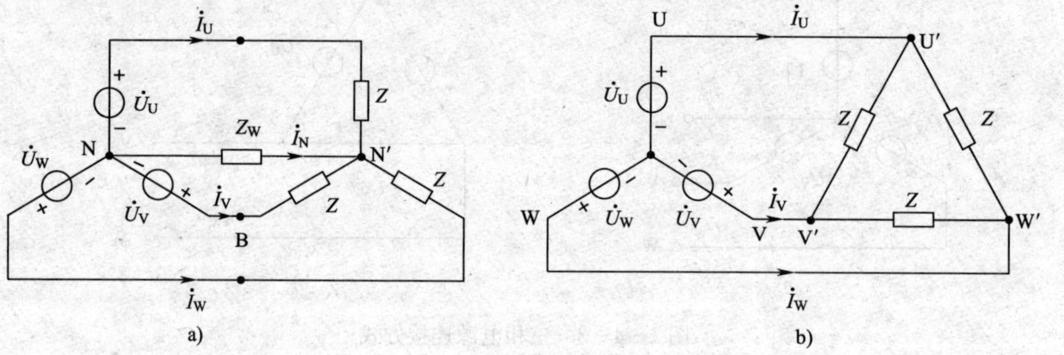

图 1—4—4　对称三相电路

a) Y—Y联结方式　b) Y—△联结方式

1. 线电压与相电压的关系

每相负载两端的电压称为负载的相电压，两端线之间的电压称为线电压。

（1）星形联结负载的线电压与相电压的关系与三相电源的线电压与相电压的关系相同，如式（1—4—6）。星形联结负载的线电压是相电压的$\sqrt{3}$倍，线电压超前相应的相电压 30°。

（2）三角形联结负载的相电压与线电压是相等的。每相负载的相电压即为线电压。

2. 线电流与相电流的关系

端线上流过的电流称为线电流。流过每相负载的电流称为相电流。

（1）如图 1—4—5a 所示的对称星形联结，线电流等于相电流。

（2）如图 1—4—6a 所示的三角形联结，设每相负载中的电流分别为 $\dot{I}_{UV}$、$\dot{I}_{VW}$、$\dot{I}_{WU}$且为对称的，线电流为 $\dot{I}_U$、$\dot{I}_V$、$\dot{I}_W$，由 KCL 定律得

$$\left.\begin{aligned}\dot{I}_U &= \dot{I}_{UV} - \dot{I}_{WU} = \sqrt{3}\dot{I}_{UV}\angle -30^\circ \\ \dot{I}_V &= \dot{I}_{VW} - \dot{I}_{UV} = \sqrt{3}\dot{I}_{VW}\angle -30^\circ \\ \dot{I}_W &= \dot{I}_{WU} - \dot{I}_{VW} = \sqrt{3}\dot{I}_{WU}\angle -30^\circ\end{aligned}\right\} \qquad (1—4—7)$$

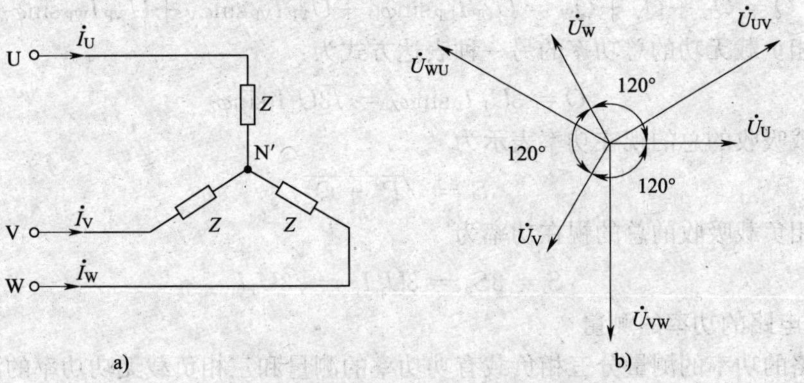

图 1—4—5 对称星形联结负载及相、线电压相量图

三角形联结相、线电流的相量图如图 1—4—6b 所示。由于相电流是对称的，所以线电流也是对称的，即 $\dot{I}_U+\dot{I}_V+\dot{I}_W=0$。只要求出一个线电流，其他两个可以依次写出。线电流有效值是相电流有效值的$\sqrt{3}$倍，线电流滞后相应的相电流 30°。

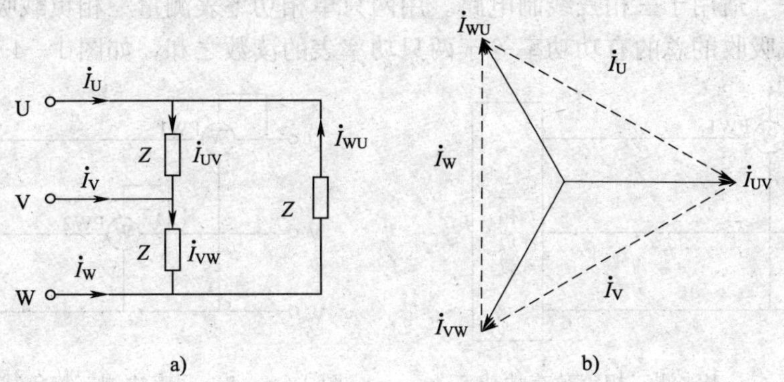

图 1—4—6 对称三角形联结负载及相、线电压相量图

三、三相电路功率测量

1. 三相电路的功率

三相负载所吸收的总的有功功率等于各相负载吸收的有功功率之和，即

$$P=P_U+P_V+P_W=U_{UP}I_{UP}\cos\varphi_U+U_{VP}I_{VP}\cos\varphi_V+U_{WP}I_{WP}\cos\varphi_W \quad (1—4—8)$$

在对称三相电路中，显然各相功率相等，且为

$$P_U=P_V=P_W=U_PI_P\cos\varphi_Z=P_P$$

$$P=3P_P=3U_PI_P\cos\varphi_Z \quad (1—4—9)$$

式中，U_P、I_P为相电压、相电流，φ_Z为相电压和相电流的相位差。

对称三相负载所吸收的总功率的另一种表达方式为

$$P=\sqrt{3}U_lI_l\cos\varphi_Z \quad (1—4—10)$$

同理，三相负载所吸收的总的无功功率等于各相负载吸收的无功率之和，即

$$Q = Q_U + Q_V + Q_W = U_{UP} I_{UP} \sin\varphi_U + U_{VP} I_{VP} \sin\varphi_V + U_{WP} I_{WP} \sin\varphi_W \quad (1—4—11)$$

对称三相负载无功的总功率的另一种表达方式为：

$$Q = 3U_P I_P \sin\varphi_Z = \sqrt{3} U_l I_l \sin\varphi_Z \quad (1—4—12)$$

三相负载吸收的总的视在功率表示为

$$S = \sqrt{P^2 + Q^2} \quad (1—4—13)$$

对称三相负载吸收的总的视在功率为

$$S = 3S_p = 3U_p I_p = \sqrt{3} U_l I_l \quad (1—4—14)$$

2. 三相电路的功率的测量

三相电路的功率的测量分三相负载有功功率的测量和三相负载无功功率的测量。但一般说的功率测量指三相负载有功功率的测量。三相电路的有功功率的测量通常有四种方法。

(1) 一表法　这种方法适用于对称三相电路。用一只单相功率表测量出一相负载吸收的有功功率，读数乘以 3 即是三相负载吸收的总的有功功率，如图 1—4—7 所示。

$$P = 3P_1 \quad (1—4—15)$$

式中，P_1表示功率表的读数。

(2) 两表法　适用于三相三线制电路。用两只单相功率表测量三相负载吸收的总的有功功率。三相负载吸收的总的有功功率等于两只功率表的读数之和，如图 1—4—8 所示。

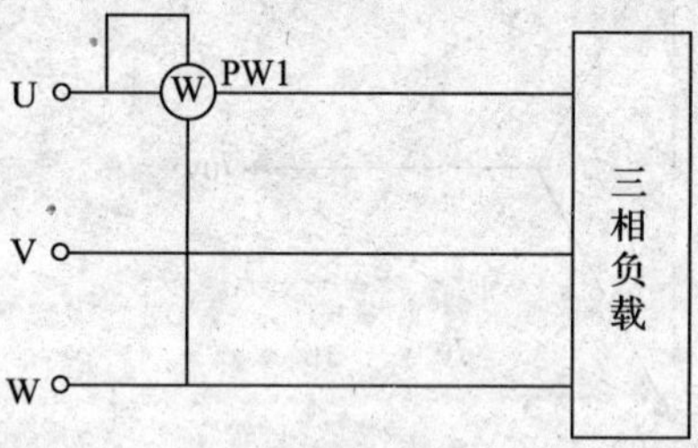

图 1—4—7　一表法测三相负载有功功率

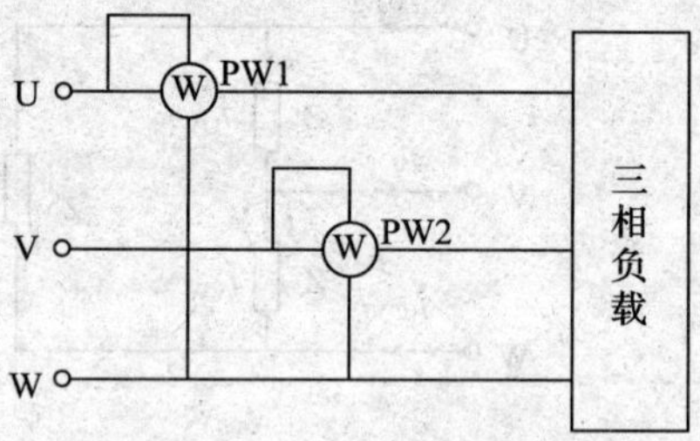

图 1—4—8　两表法测三相负载有功功率

$$P = P_1 + P_2 \quad (1—4—16)$$

式中，P_1、P_2分别是两只功率表的读数。

(3) 三表法　适用于三相四线制不对称电路。用三只单相功率表测量每相负载吸收的有功功率。三相负载吸收的总的有功功率等于三只功率表的读数之和，如图 1—4—9 所示。

$$P = P_1 + P_2 + P_3 \quad (1—4—16)$$

式中，P_1、P_2、P_3分别是三只功率表的读数。

(4) 用三相有功功率表测量三相负载的有功功率

适用于所有三相电路。用一只三相有功功率表测量三相负载吸收的总的有功功率。

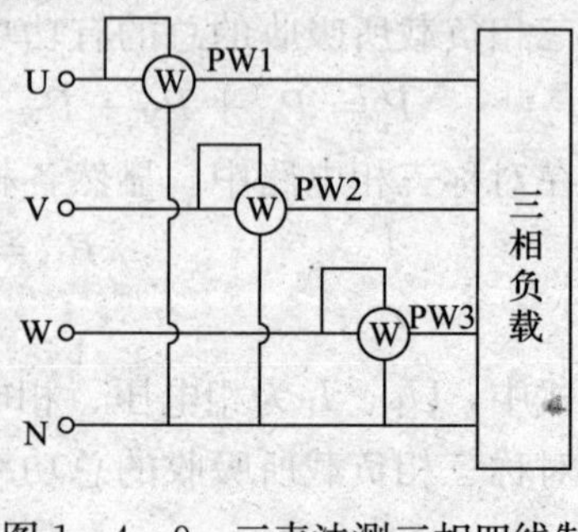

图 1—4—9　三表法测三相四线制负载有功功率

四、电力供电系统

1. IT 系统

IT 系统就是电源系统的带电部分不直接接地或通

过高阻抗接地，电气设备的外露导电部分接地的系统。第一个大写字母“I”表示电源侧没有工作接地或经高阻抗接地。第二个字母“T”表示负载侧电气设备进行接地保护，如图1—4—10所示。

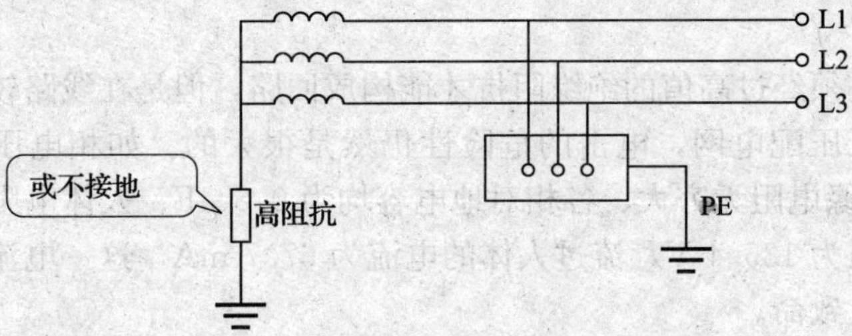

图 1—4—10 IT 电源系统

(1) IT 系统的安全原理

1) 不接地配电网电击的危险性。如图 1—4—11 所示，在不接地配电网中，如电气设备金属外壳未采用任何安全措施，则当外壳故障带电时，通过人体的电流经线路对地绝缘阻抗构成回路。绝缘阻抗就是绝缘电阻与分布电容的并联构成。

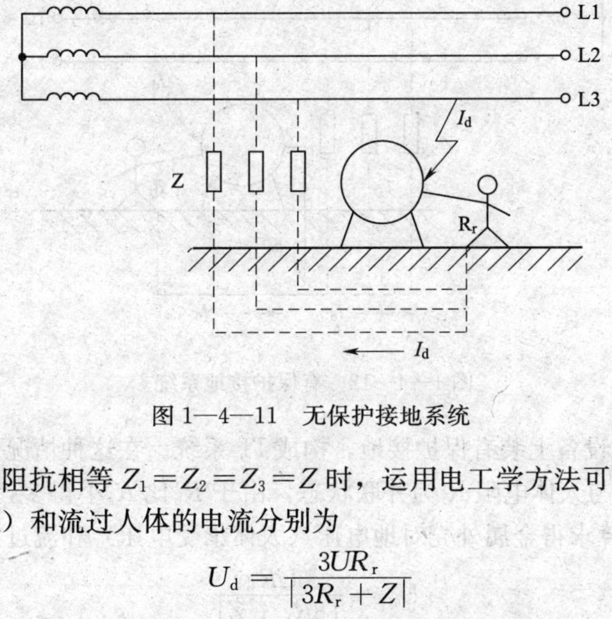

图 1—4—11 无保护接地系统

当各项对地绝缘阻抗相等 $Z_1=Z_2=Z_3=Z$ 时，运用电工学方法可求得漏电设备对地电压（即人体承受电压）和流过人体的电流分别为

$$U_d=\frac{3UR_r}{|3R_r+Z|} \tag{1—4—17}$$

$$I_d=\frac{U_d}{R_r}=\frac{3U}{|3R_r+Z|} \tag{1—4—18}$$

式中，U_d 是漏电设备对地电压 V；I_d 是流过人体的电流 A；U 是电源相电压 V；R_r 是人体电阻 Ω；Z 是电网每相对地绝缘复阻抗 Ω。

如电网对地绝缘良好，可将对地绝缘电阻看做无限大，则以上两式可变换为

$$U_d=\frac{3UR_r}{|3R_r+X_c|}=\frac{3UR_r}{\sqrt{9R_r^2+\frac{1}{\omega^2C^2}}} \tag{1—4—19}$$

$$I_d = \frac{3U}{\sqrt{9R_r^2 + \frac{1}{\omega^2 C^2}}} \tag{1—4—20}$$

式中，C 是每相对地分布电容，μF；X_C 是每相对地容抗，Ω；ω 是电源角频率，$\omega = 2\pi f$。

尽管故障电流必须经过高值的绝缘阻抗才能构成回路，但是在线路较长、绝缘水平较低的情况下，即使是低压配电网，电击的危险性仍然是很大的。如相电压为 230 V，频率为 50 Hz、各项对地绝缘电阻无穷大、各相对地电容均为 0.5 μF、人体电阻为 2 000 Ω 时，求得漏电设备对地电压为 135.4 V，流过人体的电流为 67.7 mA，这一电流远远超过人的心室颤动电流，足以使人致命。

2）对地电压限制

①保护接地。根据以上分析，中性点不接地电网的绝缘性能显著下降时的危险性很大，即使在低压不接地配电网中，也必须采取防止间接接触电击的措施，这种情况下最常用的安全措施是保护接地，即把在故障情况下可能出现危险的对地电压的导电部分同大地紧密地连接起来的接地。如图 1—4—12 所示。

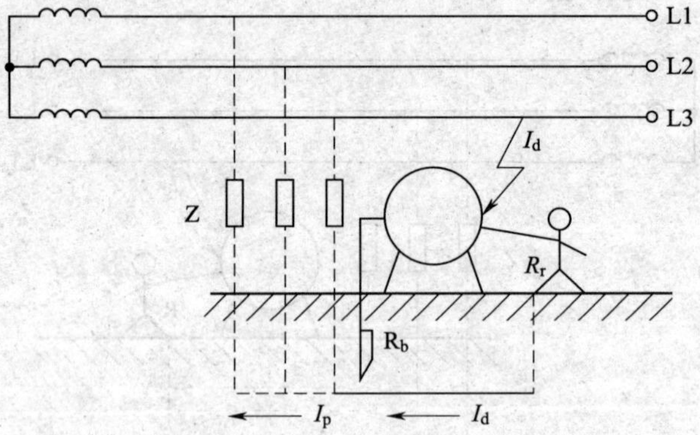

图 1—4—12　有保护接地系统

图 1—4—12 表示设备上装有保护接地，构成 IT 系统。在这种情况下，当外壳故障带电时，保护接地电阻 R_b 与人体电阻 R_r 为并联状态，由于 R_b 比 R_r 小得多，故并联阻抗值与 R_b 近似，用同样方法计算求得金属外壳对地电压（人体承受电压）和流过人体的电流为

$$U_d = \frac{3UR_b}{|3R_b + Z|} \tag{1—4—21}$$

$$I_d = \frac{U_d}{R_x} = \frac{3UR_b}{|3R_b + Z|} R_x \tag{1—4—22}$$

如对地绝缘电阻看做无穷大，则简化为

$$U_d = 3UR_b\omega C \tag{1—4—23}$$

$$I_d = \frac{3UR_b\omega C}{R_x} \tag{1—4—24}$$

因为 $R_b \ll |Z|$，所以设备金属外壳对地电压大大降低。例如，如果保护电阻 $R_b = 4\ \Omega$，

其他条件不变，可求得漏电设备对地电压为 0.44 V，流过人体的电流为 0.22 mA，显然这一电流对人体不构成危险。因此，保护接地的作用是当金属设备外壳意外带电时，将其对地电压限制在规定的安全范围以内，消除或减少电击的危险。保护接地还能消除感应电的危险。

②等电位连接。在中性点不接地系统中，即使每台设备都有合格的保护接地，但是各自的接地装置是互相独立的，当发生双重故障时，即两台设备的不同相漏电时，两台设备间的电压为线电压，两台设备对地电压分别为：

$$U_{E1}=\frac{\sqrt{3}UR_{A1}}{R_{A1}+R_{A2}} \tag{1—4—25}$$

$$U_{E2}=\frac{\sqrt{3}UR_{A2}}{R_{A1}+R_{A2}} \tag{1—4—26}$$

其中，U 为相电压；R_{A1}、R_{A2} 分别为两台设备的保护接地电阻。这两个电压都能给人以致命的电击！这种状况是非常危险的。

鉴于以上原因，将两台设备连接在一起（或将两台设备的接地连成整体），如图 1—4—13 所示。进行等电位处理，防止导体间产生危险的电位差；在双重故障的情况下，短路电流能促使短路保护装置（熔断器等）动作，迅速切断其中一台设备的电源，以保证安全。

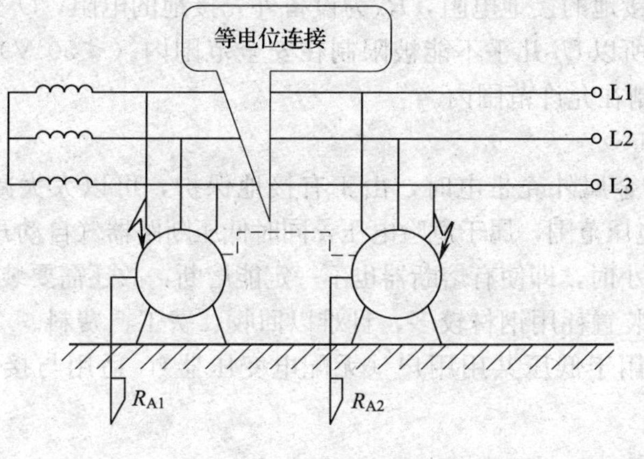

图 1—4—13 IT 系统等电位连接

③漏电保护装置。如果不能实现等电位连接，则可安装漏电保护装置。在出现漏电时，可迅速切断电源，消除电击危险。

(2) IT 系统的应用范围 IT 方式供电系统在供电距离不是很长时，供电的可靠性高、安全性好。一般用于不允许停电的场所，或是要求严格地连续供电的地方。例如，连续生产装置、大医院的手术室、地下矿井等。但是如果供电线路很长时，供电系统对地的分布电容就不能忽视了，当发生负载短路或漏电使设备外壳带电时，漏电电流经大地形成回路，此时，保护设备不一定动作，相当危险，所以只有在供电距离不太长时才比较安全。

2. TT 系统

TT 系统是将电气设备的金属外壳直接接地的保护系统，称为保护接地系统。第一个“T”表示电力系统的中性点直接接地；第二个“T”表示负载设备外壳的金属部分与大地直接连接。在 TT 系统中负载的所有接地均称为保护接地，如图 1—4—14 所示。

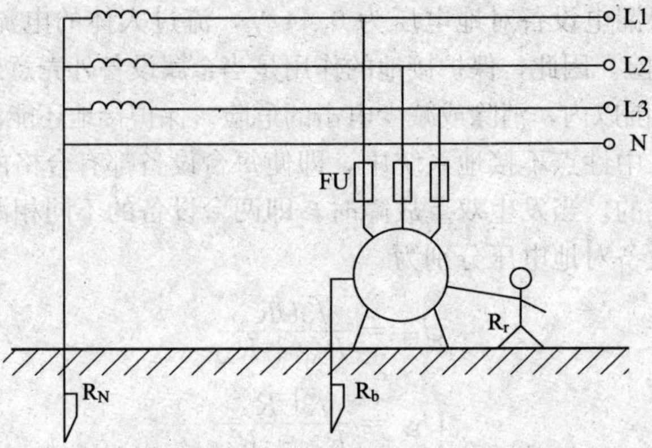

图 1—4—14　TT 电源系统

(1) TT 系统的限压原理　TT 系统低压配电形式就是俗称三相四线制配电网，如图 1—4—14 所示，当 TT 系统中某一相线直接连接到设备金属外壳时，其对地电压为：

$$U_E = \frac{R_A}{R_N + R_A}U \quad (1—4—27)$$

式中，R_N为工作接地的接地电阻，R_A为设备外壳接地的电阻，U 为相电压。由于 R_N和 R_A同在一个数量级，所以 U_E几乎不能被限制在安全范围内（$<$50 V）。故在使用 TT 系统时必须将故障时间限制在允许范围内。

(2) TT 系统特点

1) 当电气设备的金属外壳带电时，由于有接地保护，可以大大减少外壳的对地电压，但还是远远高于安全电压范围，属于危险电压，同时低压断路器（自动开关）不一定能跳闸。

2) 当漏电电流较小时，即使有熔断器也不一定能熔断，故还需要装设漏电保护器作保护。

3) TT 系统接地装置耗用钢材较多，且难以回收、费工、费料。

4) TT 系统主要用于低压共用用户（无配电变压器），适用与接地保护比较分散的地方。如家庭用电等。

3. TN 系统

中性点直接接地的三相四线制配线电网是我国现在普遍采用的低压配电形式，在这种电网中，TN 系统是应用最多的配电及防护方式。TN 系统是将电气设备的金属外壳与工作零线相接的保护系统，称为接零保护系统。字母“T”表示电网的中性点直接接地，字母 N 表示电器设备的金属外壳接零。设备的金属外壳接零称保护接零。

(1) TN 系统的安全原理　当某一相线直接与设备金属外壳相连时，形成单相短路（相、零短路），短路瞬时电流较大，在较短的时间内短路保护装置（熔断器）迅速动作，切断电源，消除电击的危险。

(2) TN 系统的分类与应用　TN 供电方式中，根据其保护零线是否与工作零线分开而划分为 TN—S 系统、TN—C—S 系统、TN—C 系统三类。

1) TN—S 系统。这是一种有专用保护零线（PE 线），即保护零线与工作零线（N 线）完全分开的系统，爆炸危险性较大或安全要求较高的场合应采用 TN—S 系统；有独立附设变电站的车间宜采用 TN—S 系统。如图 1—4—15 所示。

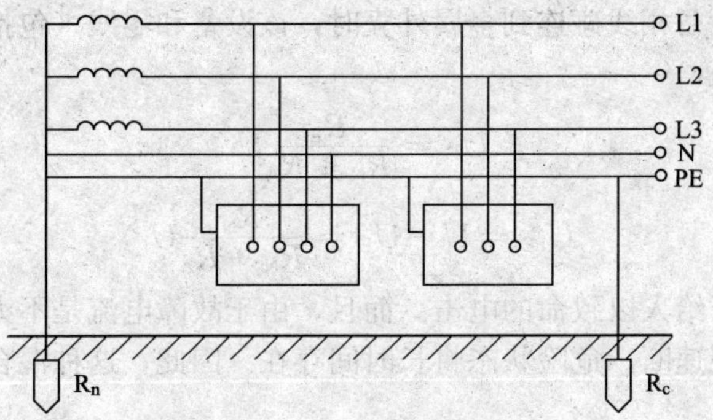

图 1—4—15 TN－S 电源系统

2）TN－C－S 系统。这是一种部分保护零线与工作零线前部公用构成（PNE 线），后部分开的系统。厂区设有变电站、低压进线的车间以及民用楼房可采用 TN－C－S 系统。如图 1—4—16 所示。

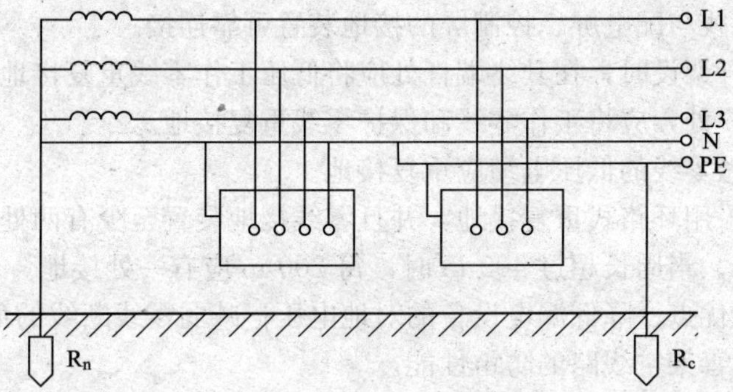

图 1—4—16 TN－C－S 电源系统

3）TN－C 系统。是一种保护零线与工作零线完全公用的系统，用于无爆炸危险和安全条件较好的场所。如图 1—4—17 所示。

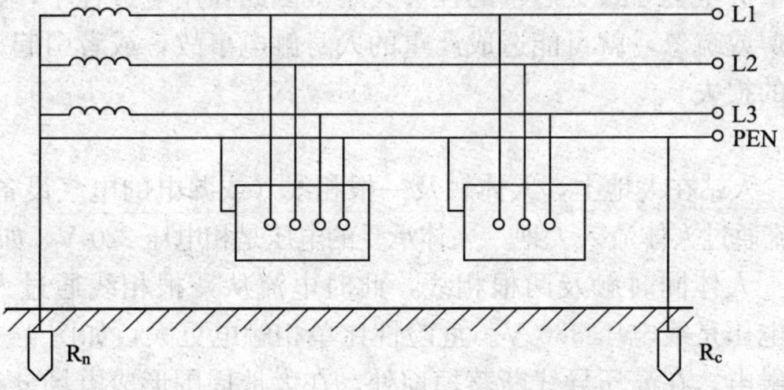

图 1—4—17 TN－C 电源系统

（3）注意事项　在同一变压器供电的配电网中，不允许一部分电气设备采用保护接地而另一部分电气设备采用保护接零，即不能同时采用 TT 系统和 TN 系统混合运行方式。在这种情况下，当接地的设备相线碰连到金属外壳时，该设备和零线（包括所有接零设备）将带有如下危险的对地电压：

$$U_E = \frac{R_A}{R_N + R_A}U \tag{1—4—28}$$

$$U_{PE} = U - U_E = \frac{R_N}{R_N + R_A}U \tag{1—4—29}$$

这两个电压都可以给人以致命的电击。而且，由于故障电流是不太大的接地电流，一般的过电流保护不能实现速断，危险状态将长时间存在。因此，这种混合运行方式一般是不允许的。

（4）重复接地及要求

1）TN 系统中保护中性线导体上一处或多处通过接地装置与大地再次连接的接地，称为重复接地。见前 TN 系统各图中的 R_c。

2）一般在架空线的干线、分支终端及沿线的工作零线每隔 1 km 处重复接地。

3）电缆线或架空线在引入车间或大型建筑物处，如距接地点超过 50 m，应将零线重复接地，或在室内将零线与配电屏、控制屏的接地装置可靠连接。

4）高、低压同杆架设时，在其终端杆处应将低压工作零线重复接地。

5）低压电源进户处，应将工作零线和保护零线重复接地。

6）用金属外皮做零线的低压电缆应重复接地。

7）车间内部宜采用环路式重复接地，并且零线接地装置至少有两处连接，进线点一处，离进线点最远点一处。当周长超过 400 m 时，每 200 m 应有一处接地。

（5）重复接地的优点　降低漏电设备的对地电压；减弱零线断线的危险性；缩短切断漏电故障持续时间；改善架空线路的防雷性能。

五、安全用电常识

安全用电包括供电系统的安全、用电设备的安全及人身安全三个方面，它们之间又是紧密联系的。供电系统的故障可能导致用电设备的损坏或人身伤亡事故，用电事故也可能导致局部或大范围停电，甚至会导致更严重的社会灾难。因此在用电过程中，必须特别注意电气安全，如果稍有麻痹或疏忽，就可能造成严重的人身触电事故，或者引起火灾或爆炸，给国家和人民带来极大的损失。

1. 触电类型

（1）单相触电　人站在大地上，人体触及一根相线（或漏电的电气设备），而电源中性点是接地的，此时电流通过人体流入大地，人体承受的电压是相电压 220 V，如图 1—4—18 所示。

（2）两相触电　人体同时触及两根相线，此时电流从一根相线通过人体流到另一相相线，作用于人体的电压是线电压 380 V。危险性比单相触电更大，如图 1—4—19 所示。

（3）跨步电压触电。在高压导线断落掉地处，在大地周围形成电场分布，当人走进这个区域，两脚踩在 A、B 两点，由于 A、B 两点的电场强度不同，因此形成跨步电压。由此造成的触电称为跨步电压触电，如图 1—4—20 所示。发现高压线掉落地面应尽量不要靠近；若人误入这个区域，应双脚并拢或单脚跳离（避免形成跨步电压）。

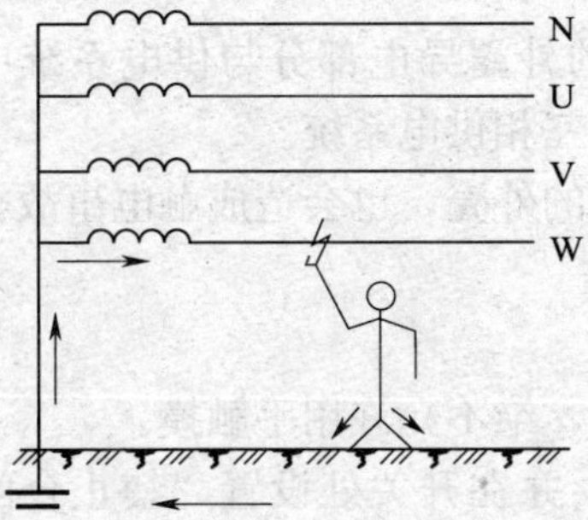

图 1—4—18　单相触电

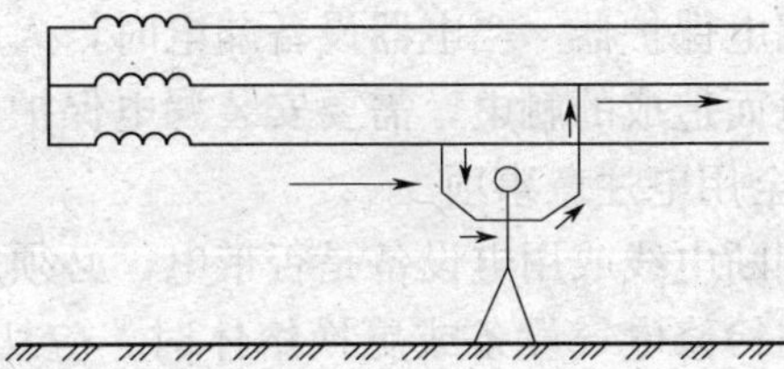

图 1—4—19　两相触电

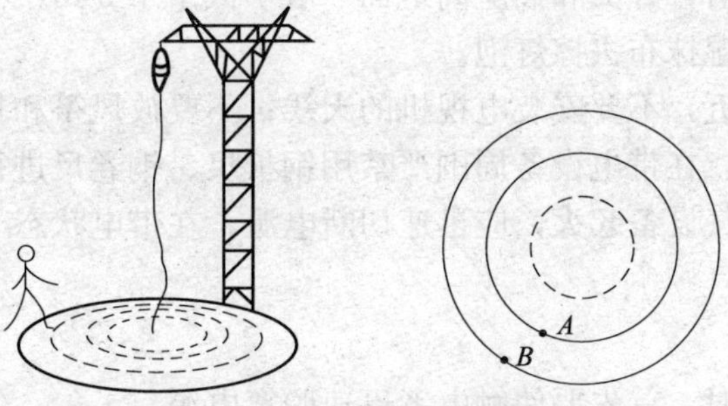

图 1—4—20　跨步电压触电

2. 安全电流与电压

触电给人造成的伤害程度不尽相同，有时候只是感觉手麻了一下，有时候却是致命的，下面介绍影响人体触电受伤害程度的因素。

（1）影响人体触电受伤害程度的因素

1）电流的大小和持续的时间。触电电流越大，持续的时间越长对人伤害的程度越严重。安全电流为交流电 30 mA 及以下，直流电 50 mA 及以下。

2）触电路径。人体的心脏对电流是最敏感的，因此最危险的触电路径是从左手到脚。

3）电流种类。50 Hz 的工频交流电流对人体的伤害最大。直流电、高频和超高频交流电流对人体的伤害程度较小。

4）人体电阻。触电时流过人体的电流取决于作用于人体的电压和人体的电阻。皮肤越潮湿，人体电阻越小。

（2）安全电压　加在人体上一定时间内不致造成伤害的电压称为安全电压。通常规定交流 36 V 及以下、直流 48 V 及以下为安全电压。要求在有较多触电危险的场合全部使用安全电压，例如：机床的照明灯、小型手持电动工具、普通移动式照明灯具使用 36 V 电压，在潮湿、高温、有导电尘埃环境中应使用 12 V 电压。

3. 防止触电的技术措施

防止触电的技术措施有采用保护接地、保护接零和漏电保护器。

（1）保护接地　将电气设备的金属外壳与大地可靠地连接，称为保护接地。它适用于1 kV以下中性点不接地的三相供电系统。

（2）保护接零　将电气设备在正常情况下不带电的外露导电部分与供电系统中零线相接，称为保护接零。保护接零适用于中性点直接接地的三相供电系统。

（3）漏电保护器　当电器设备漏电时，人触及漏电的外壳，也会造成触电事故。为了防止设备漏电而造成的触电，需要安装漏电保护器。

4. 安全用电注意事项

（1）判断电线或用电设备是否带电，必须用验电器，绝不允许用手触摸。

（2）在检修电气设备或更换熔体时，应切断电源，并在开关处设置“禁止合闸”的标志。

（3）根据需要选择熔断器的熔丝粗细，严禁用铜丝代替熔丝。

（4）安装照明线路时，开关和插座离地面一般不低于1.3 m。不要用湿手去摸开关、插座、灯头等，也不要用湿抹布去擦灯泡。

（5）在电力线路附近，不要安装电视机的天线；不要放风筝和打鸟；更不能向电线、绝缘子和变压器上扔物品。在带电设备周围严禁用钢板尺、钢卷尺进行测量工作。

（6）发现电线或电气设备起火，应迅速切断电源，在带电状态下，绝不能用水或泡沫灭火。

5. 触电急救

（1）发生触电事故时，首先要使触电者迅速脱离电源。

（2）若电线压在触电者身上，可以利用干燥木棍、竹竿、橡胶制品等绝缘物挑开触电者身上的电线。

（3）人工呼吸救护　通常情况下，当触电者无呼吸，但是仍有心跳时，应采用口对口人工呼吸救护法进行救治。

1）首先使触电者仰卧，头部尽量后仰并迅速解开触电者的衣服、腰带等，使触电者的胸部和腹部能够自由扩张。

2）除去口腔中的黏液、食物、假牙等杂物。

3）救护者深吸一口气，紧贴触电者的嘴巴大口吹气，然后救护者换气，放开触电者的嘴鼻，使触电者自动呼气。如此反复进行上述操作，吹气时间为2～3 s。

（4）胸外心脏按压法进行急救

对有呼吸而心脏跳动停止的触电者，应采用胸外心脏按压进行救治。

1）按压位置。右手的食指和中指沿触电伤员的右侧肋弓下缘向上，找到肋骨和胸骨接合处的中点。

2）两手指并齐，中指放在切迹中点（剑突底部），食指平放在胸骨下部。另一只手的掌根紧挨食指上缘，置上胸骨上，即为正确按压位置。

对呼吸和心跳都已停止的触电者，应同时采用胸外按压与口对口（鼻）人工呼吸同时进行，其节奏为：单人抢救时，每按压15次后吹气2次（15：2），反复进行；双人抢救时，每按压5次后另一人吹气1次（5：1），反复进行。

任务实施

一、工具器材准备

1. 三相电源（三相调压器）。
2. 220 V，15 W 灯泡若干只。
3. 交流电流表、交流电压表、万用表、单相有功功率表、三相有功功率表。
4. 三相开关、单刀开关、导线若干。

二、电路分析

在一个完全对称的三相电路中，每相上获得的电压和流过负载的电流应该是相等的，因此灯泡的功率应该是一样的。若在实际应用或测量过程中，出现灯泡功率不一样或者灯泡亮度不一样的现象，其原因有多种：一是三相绕组接错，二是一相负载开路或者短路等。

三、电路安装与调试

1. 三相负载星形联结

(1) 电压、电流测量

1) 按图 1—4—1 所示的三相负载星形联结实验线路图，将对称的三相灯负载接入电路，并合上中线上的开关 S2。

2) 检查无误后，合上电源开关 S1，观察白炽灯工作情况。然后用交流电压表分别测量线电压 U_{UV}、U_{VW}、U_{WU}和负载的相电压 U_U、U_V、U_W。

3) 用交流电流表测量线电流（也即各相电流）以及中线电流 I_U、I_V、I_W和 I_N。

4) 断开中线开关 S2，观察各相灯光的亮度有无变化，再测量各线电压、相电压、线电流。

5) 将以上所测数据填入表 1—4—1 中，并切断电源开关 S1。

表 1—4—1　　星形联结三相电压、电流数据

测量值 / 电路状况		相电压			线电压			线电流			灯泡亮度			中线电流	中点间电压
		U_U	U_V	U_W	U_{UV}	U_{VW}	U_{WU}	I_U	I_V	I_W	U相	V相	W相		
对称负载	有中线														
	无中线														
不对称负载	有中线														
	无中线														

6) 变三相对称负载为不对称负载（可将 U 相减少 1 盏灯，V 相减少 2 盏灯），并闭合中线开关 S2。

7) 合上电源开关 S1，观察各相灯光变化情况，再测量各线电压、相电压、各线电流及中线电流，并将数据填入表 1—4—1 中。

8）断开电源开关 S1，并保持上述不对称负载。再合上开关 S1，并将中线开关 S2 断开，观察各相负载的灯光变化情况，再测量各线电压、相电压、线电流，并将所测结果填入表 1—4—1 中。最后断开三相电源。

（2）功率测量

1）按图 1—4—21 所示的三相负载星形联结实验线路图，将对称的三相灯负载接入电路，并合上中线上的开关 S2。

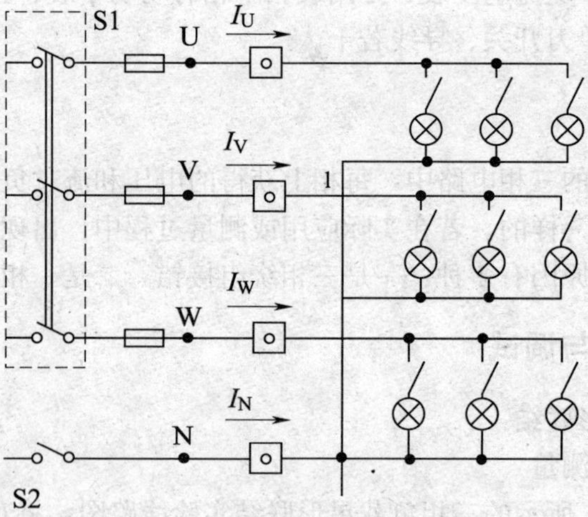

图 1—4—21　三相负载的星形联结线路图

2）合上电源开关 S1，用“一表法”测量。只要测出一相（例如 U 相）有功功率 P_U，三相总功率 $P=3P_U$。

3）按图 1—4—21 所示的三相负载星形联结实验线路图，将不对称的三相灯负载接入电路，并合上中线上的开关 S2。

4）检查无误后，合上电源开关 S1，也用“一表法”测量。先测 U 相，再测 V 相和 W 相，三相总功率 $P=P_U+P_V+P_W$。

5）将以上所测数据填入表 1—4—2 中，并切断电源开关 S1。

表 1—4—2　　**三相功率数据**

电源	负载	U 相	V 相	W 相	
三相四线制	星形联结法 对称电灯负载	灯泡功率	灯泡功率	灯泡功率	功率表读数
					P_U　P_V　P_W　P
		数量	数量	数量	
	星形联结法 不对称电灯负载	灯泡功率	灯泡功率	灯泡功率	功率表读数

2. 三相负载三角形联结

（1）电压电流测量

1）按图 1—4—22 所示的三相对称负载三角形连接线路将对称的三相负载作三角形联结

接入电路。

2）先用调压器将三相电源电压降到 220 V，然后闭合电源开关 S1。观察各相电路工作情况。随后测量电路的线电压 U_{UV}、U_{VW}、U_{WU}和各相负载的相电压 U_{UV}、U_{VW}、U_{WU}。

3）用交流电流表测量各线电流 I_U、I_V、I_W和相电流 I_{UV}、I_{VW}、I_{WU}。

4）将上述所测数据填入表 1—4—3 中，并断开三相电源。

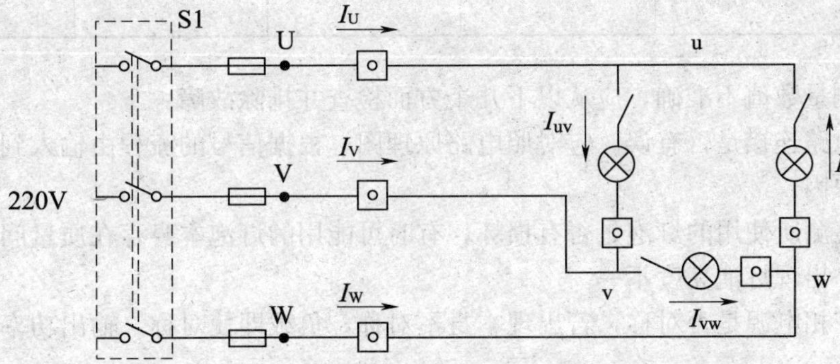

图 1—4—22　三相负载的三角形联结电压、电流测量线路

表 1—4—3　　　　负载三角形联结时的三相电压、电流

测量值 / 电路状况	线电压			相电压			线电流			相电流		
	U_{UV}	U_{VW}	U_{WU}	U_{UV}	U_{VW}	U_{WU}	I_U	I_V	I_W	I_{UV}	I_{VW}	I_{WU}
三角形联结法对称电灯负载												

（2）功率测量

1）按图 1—4—23 所示的三相负载三角形联结实验线路图，将对称的三相灯负载接入电路。

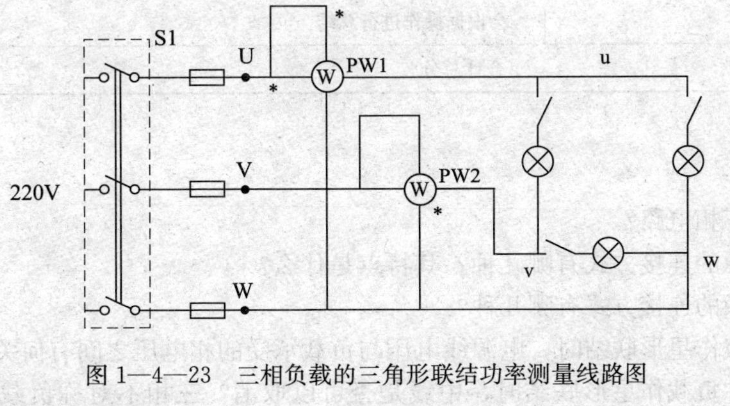

图 1—4—23　三相负载的三角形联结功率测量线路图

2）检查无误后，合上电源开关 S1，用“二表法”测量。分别测出二只功率表的有功功率 P_1和 P_2，三相总功率 $P= P_1+ P_2$（注意：三相总功率等于二只功率表读数的代数和）。

3）将以上所测数据填入表 1—4—4 中，并切断电源开关 S1。

表 1—4—4　　负载三角形联结时的三相功率

电源	负载	U 相	V 相	W 相	
三相三线制	三角形联结法 对称电灯负载	灯泡功率	灯泡功率	灯泡功率	功率表读数
					P_1　P_2　P
		数量	数量	数量	

如果电路测量数值不准确，应从以下几个方面检查并排除故障：

（1）检查电路连接是否有误。应对照电路原理图，根据信号的流程由输入到输出逐级检查，找出故障原因。

（2）重新检测所使用的灯泡是否有损坏，有时可能用的灯泡本身存在质量问题，造成负载信号不相等，出现灯泡亮度不一。

（3）检查三相电源是否对称，若出现本身不对称，负载即使对称，输出功率也不可能相等。

（4）三相电源有无断相或者缺相，若存在这种情况，输出功率也不可能相等。

任务评价

表 1—4—5　　评分标准

序号	考核内容	评分标准	配分	得分
1	测试仪器准备	准备好测试仪器并会使用	10	
2	元器件准备	准备好元器件并会检测元器件	15	
3	电路连接	会搭建电路	20	
4	电路调试	分析故障、排除简单故障	50	
5	总结	会根据操作进行总结	5	
		合计总分	100	

思考与练习

1. 什么是三相电路？
2. 三相电源的连接方式有哪几种？其特点是什么？
3. 三相负载的连接方式有哪几种？
4. 三相负载作星形联结时，电源线电压与负载承受的相电压之间有何关系？
5. 三相对称负载作星形联结时，中线是否可以取消？三相不对称负载作星形联结时，中线是否可以取消？为什么？
6. 某三角形联结对称负载每相电阻为 40 Ω，接于电压有效值为 120 V 的对称三相电源上，求线电流的有效值。

7. 对称三角形联结负载，每相阻抗为 $100\angle 20^\circ\ \Omega$，由对称三相电源供电，已知线电压 $\dot{U}_{UV}=220\angle 30^\circ$ V，求线电流。

8. 对称三角形联结负载，每相阻抗为（$8+j6$），接至对称三相电源，设电压 $\dot{U}_{UV}=380\angle 0^\circ$ V。(1) 求线电流 $\dot{I}_U$；(2) 求三相负载总的有功功率。

9. 对称三角形联结负载，每相阻抗 $Z=5\angle 45^\circ$ W，线电压有效值为 100 V，(1) 求线电流；(2) 求三相负载的有功功率、无功功率和视在功率。

任务 5　交流铁心线圈电路测量

◆ **技能点**

◎ 会测定变压器绕组的同名端

◆ **知识点**

◎ 磁场的基本物理量

◎ 磁性材料的磁性能

◎ 磁路及其基本定律

◎ 交流铁心线圈电路

◎ 变压器的结构以及特点

任务提出

如图 1—5—1 所示，电磁炉是现代家庭烹饪食物的先进电子炊具之一，它使用起来非常方便，可用来进行煮、炸、煎、蒸、炒等各种烹调操作。特点是效率高、体积小、质量轻、噪音小、省电节能、不污染环境、安全卫生，烹饪时加热均匀，能较好地保持食物的色、香、味和营养素，是实现厨房现代化不可缺少的新型电子炊具。其工作原理是利用电磁感应原理，将电能通过交流铁心线圈转化成热能。

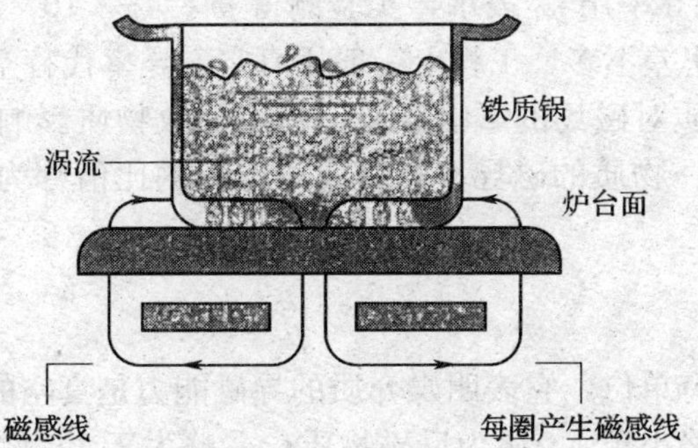

图 1—5—1　电磁炉工作原理图

本任务要求了解交流铁心线圈的工作原理，并对交流铁心线圈电路进行测量。

任务分析

电流产生磁场，磁场变化或运动又产生感应电动势，这是电和磁紧密联系的两个方面。许多电气设备都是根据电和磁之间相互作用的原理制作的。电磁炉就是应用电磁感应原理制成的，能够实现电能到热能的转化。通电后，电流通过内置的线圈时产生磁场，磁场内的磁力线感应到铁制器皿，产生无数高速的小涡流，涡流产生的巨大循环能量转换成有效热能，使其自行高速加热。

相关知识

一、磁场的主要物理量和基本性质

1. 磁场的主要物理量

（1）磁感应强度 B　磁感应强度 B 是表征磁场中某点的磁场强弱和方向的物理量，可用磁感线的疏密程度来表示。磁感线的密集度称为磁通密度。在磁感线密的地方磁感应强度大，在磁感线疏的地方磁感应强度小。磁感应强度也可用通以单位电流的导线的电流方向与磁场垂直时，导线所受的磁场力的大小来表示。B 是矢量，其方向与产生它的电流方向之间成右手螺旋关系，其大小定义为

$$B=\frac{F}{IL} \tag{1—5—1}$$

磁感应强度 B 的单位是特斯拉（T），$1\ \text{T}=1\ \text{Wb/m}^2$。

（2）磁通量 Φ　磁通量即磁感应强度矢量的通量，简称磁通。磁通可以用通过与磁感线相垂直的某一截面 S 的磁感线总数来表示。若磁场中各点的磁感应强度相等（大小与方向都相同），则为均匀磁场。在均匀磁场中，磁感应强度 B 与垂直于磁场方向的面积 S 的乘积，称为通过该面积的磁通量 Φ，即

$$\Phi=BS \tag{1—5—2}$$

磁通量 Φ 的单位为韦伯（Wb）。

（3）磁导率 μ　磁导率 μ 是用来衡量磁介质导磁性能的物理量，单位是亨利/米，用符号 H/m 表示。真空的磁导率用 μ_0 表示，实验测得 $\mu_0=4\pi\times10^{-7}$ H/m，为一个常数。空气的磁导率与真空的磁导率差不多，工程上一般用真空磁导率代替空气磁导率。

自然界中大多数物质对磁场的影响甚微，只有少数物质影响明显。为了比较媒介质对磁场的影响程度，把任一物质的磁导率与真空磁导率的比值称为相对磁导率，用 μ_r 表示，即

$$\mu_r=\frac{\mu}{\mu_0} \tag{1—5—3}$$

μ_r 是一个比值，没有单位，它表明媒介质的导磁能力是真空的多少倍。根据 μ_r 的大小，可把物质分为三类。μ_r 略小于 1，称为反磁物质；μ_r 略大于 1，称为顺磁物质；μ_r 远大于 1，称为铁磁物质。前两类物质对磁场影响较小，统称为非铁磁性物质。铁磁物质对磁场影响极大，被广泛应用于各种电气设备中。

(4) 磁场强度 H　磁场强度 H 表征磁介质中某点的磁感应强度 B 与介质磁导率 μ 之比，即

$$H=\frac{B}{\mu} \tag{1—5—4}$$

磁场强度 H 的单位为安培/米（A/m）。

2. 磁场的基本性质

(1) 磁通的连续性　磁通的连续性表征磁场中磁感线通过任一闭合面的总磁通量恒等于零，即

$$\Phi=\oint_S B\cdot dS=0 \tag{1—5—5}$$

(2) 安培环路定律　安培环路定律表征磁场强度矢量 H 沿任何路径的线积分等于穿过此路径所围成的面的电流代数和。

$$\oint_l \mathrm{H}\cdot dl=\sum I \tag{1—5—6}$$

式中　$\oint_l H\cdot dl$——磁场强度矢量沿任意闭合线（常取磁通作为闭合回线）的线积分；

$\sum I$——穿过闭合回线所围面积的电流的代数和。

安培环路定律电流正负的规定：任意选定一个闭合回线的围绕方向，凡是电流方向与闭合回线围绕方向之间符合右手螺旋定则的电流作为正，反之为负。

在均匀磁场中

$$HL=IN\text{ 或 }H=\frac{IN}{L} \tag{1—5—7}$$

二、磁性材料的磁性能

磁性材料主要指铁、镍、钴及其合金等。

1. 高导磁性

磁性材料的磁导率通常都很高，即 $\mu_r>>1$（如坡莫合金，其 μ_r 可达 2×10^5）。磁性材料能被强烈地磁化，具有很高的导磁性能。

磁性物质的高导磁性被广泛地应用于电工设备中，如电动机、变压器及各种铁磁元件的线圈中都放有铁心。在这种具有铁心的线圈中通入不太大的励磁电流，便可以产生较大的磁通和磁感应强度。

2. 磁饱和性

磁性物质由于磁化所产生的磁化磁场不会随着外磁场的增强而无限地增强。当外磁场增大到一定程度时，磁性物质的全部磁畴的磁场方向都转向与外部磁场方向一致，磁化磁场的磁感应强度将趋向某一定值。如图 1—5—2 所示。

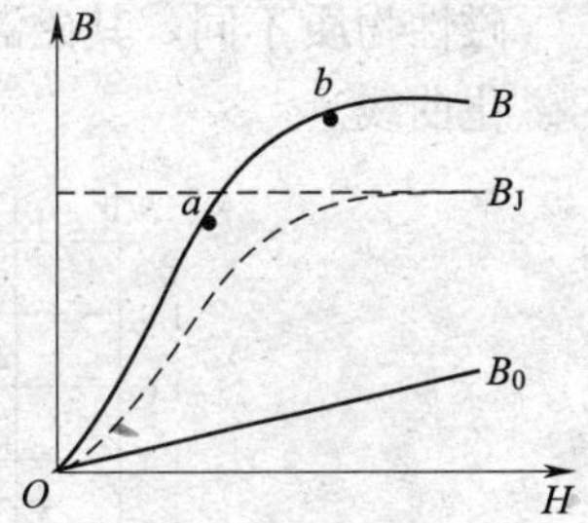

图中：

B_J——磁场内磁性物质的磁化磁场的磁感应强度曲线；

B_0——磁场内不存在磁性物质时的磁感应强度直线；

B——B_J 曲线和 B_0 直线的纵坐标相加，即磁场的 $B-H$ 磁化曲线。

图 1—5—2　磁化曲线

该磁化曲线 $B-H$ 的特征如下：Oa 段，B 与 H 几乎成正比地增加；ab 段，B 的增加缓慢下来；b 点以后，B 增加很少，

达到饱和。

有磁性物质存在时，B 与 H 不成正比，磁性物质的磁导率 μ 不是常数，随 H 而变。有磁性物质存在时，Φ 与 I 不成正比。磁性物质的磁化曲线在磁路计算上极为重要，其为非线性曲线，如图 1—5—3 所示。

3．磁滞性

磁滞性是指磁性材料中磁感应强度 B 的变化总是滞后于外磁场变化的性质。

磁性材料在交变磁场中反复磁化，其 $B-H$ 关系曲线是一条回形闭合曲线，称为磁滞回线。如图 1—5—4 所示。

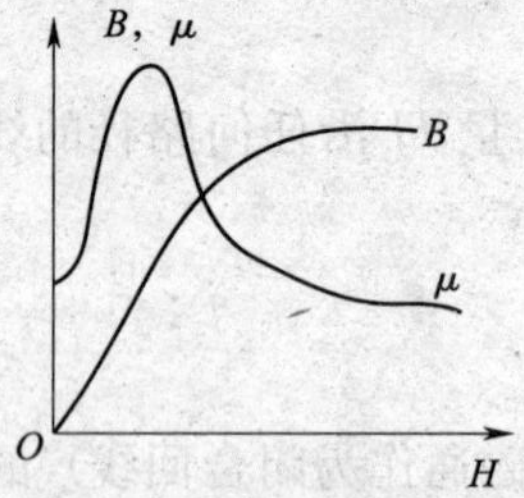

图 1—5—3　B 和 μ 与 H 的关系

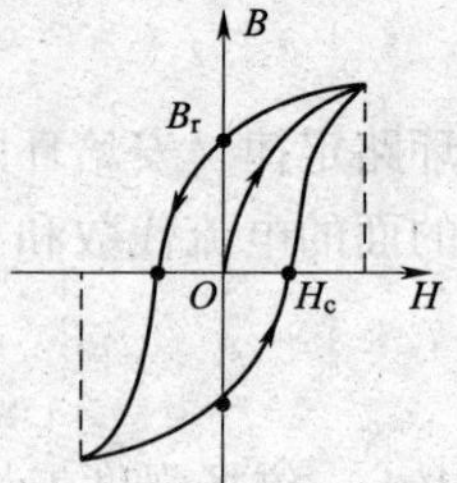

图 1—5—4　磁滞回线

在铁磁材料正、反磁化过程中，把除去外磁场后铁磁材料仍具有的磁感应强度称为剩磁（即当线圈中电流减小到零，也即 $H=0$ 时，铁心中的磁感应强度），如图 1—5—4 所示的 B_r。为了消除剩磁，则必须在线圈中通入一定数值的反向电流。使剩磁为零的反向磁场强度叫做矫顽力（即使 $B=0$ 所需的 H 值），如图所示的 H_c。

由磁滞回线可以看出，铁磁材料在反复磁化的过程中 B 的变化总是滞后于 H 的变化，这种现象称为磁滞。由于磁滞的原因，铁磁材料在反复磁化的过程中要损耗一部分能量，导致铁磁材料发热，这部分能量损耗称为磁滞损耗。

磁性物质不同，其磁滞回线和磁化曲线也不同。如图 1—5—5 所示是几种常见磁性物质的磁化曲线。

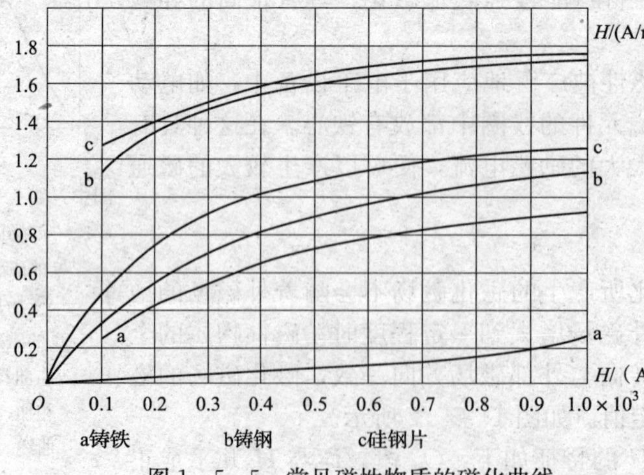

图 1—5—5　常见磁性物质的磁化曲线

按磁性物质的磁性能，磁性材料分为三种类型：

（1）软磁材料　具有较小的矫顽磁力，磁滞回线较窄。一般用来制造电动机、电器及变压器等的铁心。常用的有铸铁、硅钢、坡莫合金即铁氧体等。

（2）永磁材料　具有较大的矫顽磁力，磁滞回线较宽。具有一经磁化即能保持恒定磁性的特点，一般用来制造永久磁铁。常用的有高硬度碳钢、合金钢及镍铝钴合金等。

（3）矩磁材料　具有较小的矫顽磁力和较大的剩磁，磁滞回线接近矩形，稳定性良好。在计算机和控制系统中用做记忆元件、开关元件和逻辑元件。常用的有镁锰铁氧体等。

三、磁路及其基本定律

1. 磁路

在电动机、变压器及各种铁磁元件中，常用磁性材料做成一定形状的铁心。铁心的磁导率比周围空气或其他物质的磁导率高得多，磁通的绝大部分经过铁心形成闭合通路，磁通的闭合路径称为磁路。如图 1—5—6 所示。

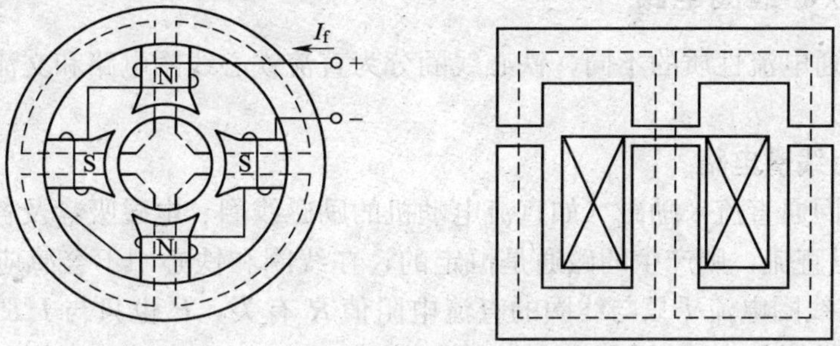

图 1—5—6　不同的磁路

2. 磁路的欧姆定律

如图 1—5—7 所示是最简单的无分支磁路，设线圈匝数为 N，流过线圈中的电流为 I，铁心截面积为 S，且处处相等，平均长度为 L。

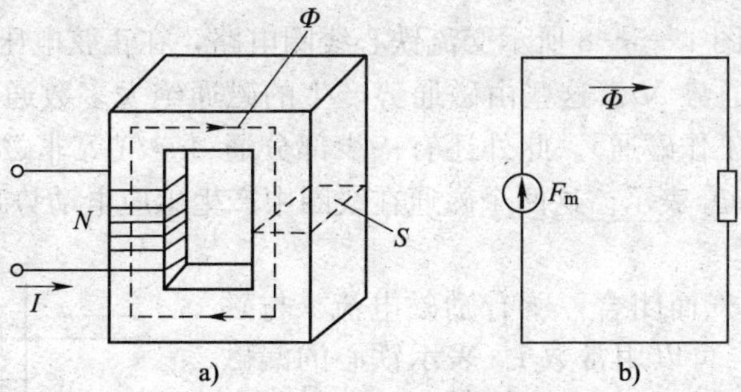

图 1—5—7　无分支磁路

铁心内磁场强度为 $$H=\frac{IN}{L}$$

铁心内为均匀磁场，有，$\Phi=BS$，而 $B=\mu H$

所以有
$$\Phi=\mu\frac{NI}{L}S=\frac{NI}{\frac{L}{\mu S}}$$

令
$$F=NI \qquad R_m=\frac{L}{\mu S}$$

可变换为
$$\Phi=\frac{F}{R_m}$$

式中 $F=NI$——为磁通势，由其产生磁通；

R_m——磁阻，表示磁路对磁通的阻碍作用；

L——磁路的平均长度；

S——磁路的截面积。

式 $\Phi=\frac{F}{R_m}$ 形式上与电路的欧姆定律相似，称为磁路欧姆定律，它表明磁路中的磁通与磁通势成正比，与磁阻成反比。其等效磁路如图 1—5—7b 所示。

四、交流铁心线圈电路

根据线圈所通电流性质的不同，铁心线圈分为直流铁心线圈电路和交流铁心线圈电路两种。

1. 直流铁心线圈电路

直流铁心线圈通直流来励磁（如直流电动机的励磁线圈、电磁吸盘及各种直流电器的线圈）。因为励磁是直流，则产生的磁通是恒定的，在线圈和铁心中不会感应出电动势，在一定的电压 U 下，线圈电流 I 只与线圈的直流电阻值 R 有关，P 也只与 I^2R 有关，所以分析直流铁心线圈比较简单。本任务不讨论。

2. 交流铁心线圈电路

变压器、交流电动机、交流电磁铁等电气设备，它的线圈都是绕制在铁磁性材料上，在工作过程中利用磁通的交变来传递或转换能量，同时由于磁通的交变在铁心中产生能量损耗，使铁心发热，增加了电路的功率损耗。下面就含有铁心的交流电路中的电磁关系、电流与电压关系、铁心损耗三个方面展开讨论。

（1）电磁关系　如图 1—5—8 所示交流铁心线圈电路，在正弦电压作用下，铁心线圈中有电流 i 通过，产生磁通势 Ni。这些由磁通势产生的磁通绝大多数通过铁心而闭合，这部分磁通称为主磁通 Φ（工作磁通）。此外还有一少部分通过空气等非磁性材料而闭合，这部分磁通称为漏磁通，用 Φ_0 表示。这两个磁通在线圈中产生感应电动势 e 和 e_0。e 为主磁电动势，e_0 为漏磁电动势。

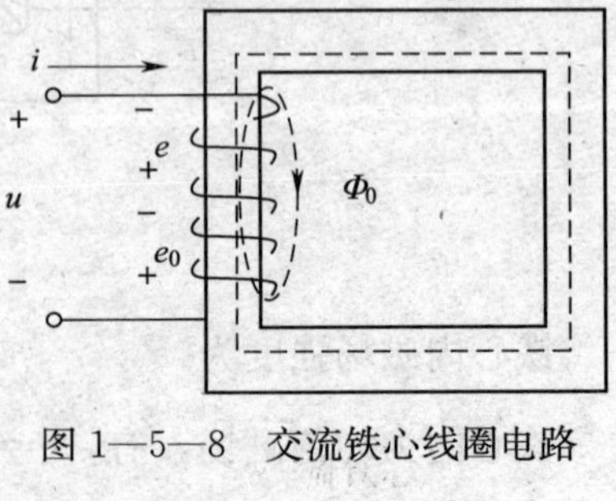

图 1—5—8　交流铁心线圈电路

由于漏磁通经过空气而闭合，所有励磁电流 i 与磁通 Φ_0 之间成线性关系，可以用常数 L_0 表示铁心的漏磁电感。由于铁心的磁导率 μ 不为常数，故励磁电流 i 与磁通 Φ 不存在线性关系，即 L 不是常数。

因此，铁心线圈是一个非线性的电感元件。

（2）电压电流关系　电压、电流与电动势的参考方向如图 1—5—8 所示，根据基尔霍夫定律得：

$$u = iR - e - e_0 \tag{1—5—8}$$

式中　R——铁心线圈的电阻；

e——主磁电动势；

e_0——漏磁电动势。

由于铁心线圈的电阻和铁心的漏磁电感 L_0 数值很小，可以忽略不计，得到

$$u = -e \tag{1—5—9}$$

设：$\Phi = \Phi_m \sin\omega t$

$$e = -N\frac{d\Phi}{dt} = -N\omega\Phi_m\cos\omega t$$

$$= 2\pi fN\Phi_m\sin(\omega t - 90°)$$

$$= E_m\sin(\omega t - 90°) \tag{1—5—10}$$

主磁通电动势 e 的有效值为

$$E = \frac{E_m}{\sqrt{2}} = \frac{2\pi fN\Phi_m}{\sqrt{2}} = 4.44fN\Phi_m \tag{1—5—11}$$

则

$$U \approx 4.44fN\Phi_m = 4.44fNB_mS \tag{1—5—12}$$

B_m 为铁心中磁感应强度的最大值，S 为铁心面积。

（3）功率损耗　在交流铁心线圈电路中有两部分功率损耗，即线圈电阻上的铜损耗 P_{Cu} 和铁心中的铁损耗 P_{Fe}。铁损包括磁滞损耗 P_h 和涡流损耗 P_e。线圈的功率损耗可写成 $P = P_{Cu} + P_{Fe}$。

其中　$P_{Cu} = I^2R$，$P_{Fe} = P_h + P_e$

1）磁滞损耗。由磁滞所产生的铁损称为磁滞损耗。可以证明，交变磁化一周期在铁心的单位体积内所产生的磁滞损耗能量与磁滞回线所包围的面积成正比。

磁滞损耗要引起铁心发热。为了减小磁滞损耗，应选用磁滞回线狭小的磁性材料制造铁心。硅钢就是变压器和电机中常用的铁心材料，其磁滞损耗较小。

2）涡流损耗。如图 1—5—9a 所示，当线圈中通有交流电时，它所产生的磁通也是交变的。因此，不仅要在线圈中产生感应电动势，而且在铁心内也要产生感应电动势和感应电流。这种感应电流称为涡流，它在垂直于磁通方向的平面内环流着。

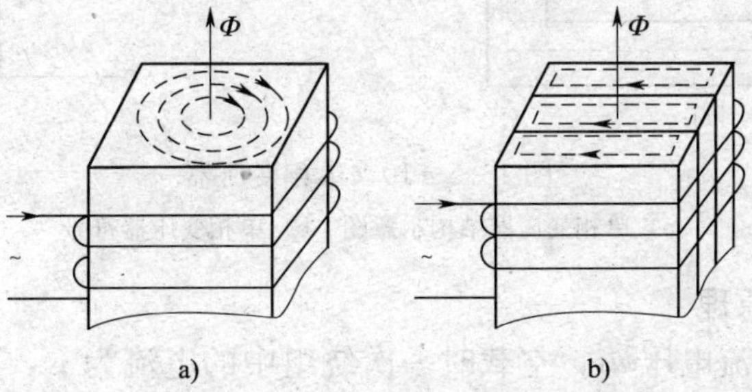

图 1—5—9　涡流损耗电路

涡流的产生对电气设备是有害的。涡流在铁心中流动时使铁心发热，引起不必要的能量损耗，这种损耗称为涡流损耗。它与磁滞损耗一起构成铁损耗。铁心的过热还会影响绕在铁

心上的线圈的绝缘寿命。此外，涡流还具有削弱原来磁场的作用，即去磁。以上这些对电气设备都是不利的。

为了减少涡流的影响，人们通常采用的方法是增大涡流回路的电阻，如在钢材中加入少量的硅，以增大铁心材料的电阻率；同时不采用整块铁心，而是采用相互绝缘的0.35 mm或者0.5 mm厚的硅钢片叠装制成铁心，如图1—5—9b所示。这样由于硅钢片的电阻率较大，各片之间又彼此绝缘，涡流的区域被分割划小，使电阻增大，达到了减小涡流的目的，即减小了铁损。如电动机、变压器、交流电磁铁等低频范围内的电气设备均采用硅钢片制成的铁心。

很多电子仪器中的电感元件、变压器，往往要在很高频率下工作，这时采用上述的方法减小涡流不足以解决问题，因此常用特制的磁性材料研成颗粒再黏合起来制成铁粉心，黏合物同时也作为颗粒之间的绝缘物。这种制成的磁心近于绝缘体，因而涡流更为减小。如天线、计算机的磁心存储器、电视机中的中周磁心等都是用铁氧体磁性材料做成的。

在某些情况下，涡流不但无害，反而大有用处。如电磁炉，炉盘下的线圈中通入交流电，使炉盘上的金属中产生涡流，从而生热。此外电能表中的阻尼装置、高频感应加热炉以及对金属进行热处理等，也都是利用涡流产生的原理而工作的。

五、单相变压器

1. 单相变压器基本结构

变压器主要由铁心和绕组两大部分组成，如图1—5—10a所示为单相变压器的结构示意图，两个匝数分别为N_1和N_2且相互绝缘的线圈（绕组）套在同一个铁心上，线圈之间没有电路上的连接，只通过磁路的耦合将两个线圈联系在一起，将接电源一侧的线圈称为一次绕组（原边或原绕组），接负载的线圈称为二次绕组（副边或副绕组）。如图1—5 10b所示为单相变压器符号示意图。

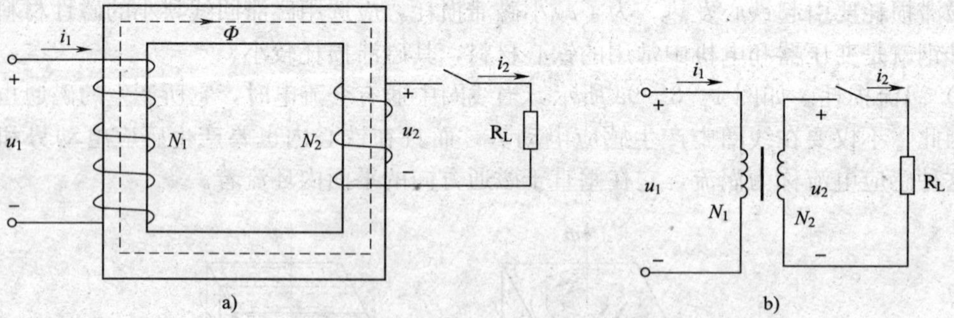

图1—5—10 单相变压器

a）单相变压器结构示意图 b）单相变压器符号

2. 变压器的工作原理

在一次绕组加上交流电压u_1，空载时一次绕组中的电流为i_1，在交变磁通势i_1N_1作用下铁心内部产生了与电流同频率的主磁通Φ，交变的磁通同时交链着一次、二次绕组。由电磁感应定律可知，在一次、二次绕组内感应出相同频率的电动势e_1和e_2。e_2在二次绕组上建立电压u_2，于是在变压器的二次侧产生了电压u_2。如接上负载R_L，在u_2的作用下产生负载电流i_2。这就是变压器完成电能传输的过程。

（1）空载时的电压比　忽略绕组电阻和各种电磁能量损耗的变压器，称为理想变压器。根据交流磁路的分析可得：理想变压器的电压比等于一次绕组和二次绕组匝数之比，即

$$K_U = \frac{N_1}{N_2} = \frac{U_1}{U_2} \tag{1—5—13}$$

当 $K>1$ 时，称为降压变压器；当 $K<1$ 时，称为升压变压器；$K=1$ 时，变压器为隔离变压器，它不改变电压，但可将电器与电网隔离，可抵制来自电网的干扰。

（2）负载时的变流比　变压器在工作过程中，不管变换后的电压是升高还是降低，电能都不会增加。根据能量守恒定律，理想变压器的输出功率 P_2 应与变压器从电源中获得的功率 P_1 相等。当变压器只有一个二次绕组时，可得

$$K_I = \frac{I_1}{I_2} = \frac{N_2}{N_1} = \frac{1}{K_U} \tag{1—5—14}$$

变压器工作时，一次、二次绕组中的电流与匝数成反比。

（3）变压器的阻抗变换　变压器除了可以变换电压、电流外，还可用于变换阻抗，如图 1—5—11a 所示。

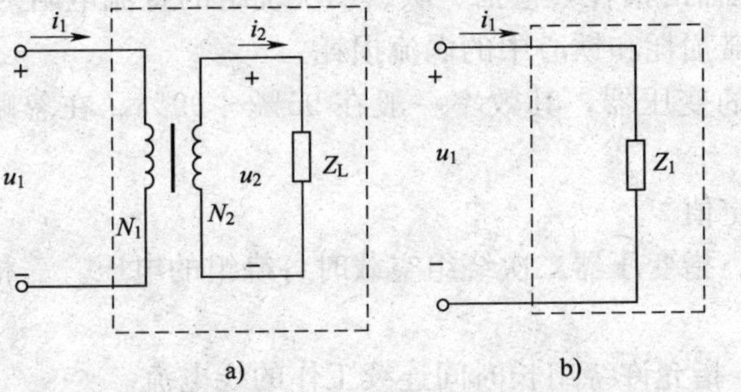

图 1—5—11　变压器的阻抗变换

a）负载时的变压器　b）变压器的等效电路

当在变压器的二次侧接上阻抗 Z_L 时有：$|Z_L| = \dfrac{U_2}{I_2}$　(1—5—15)

而从一次侧看进去的等效阻抗 Z_1 为：$|Z_1| = \dfrac{U_1}{I_1}$　(1—5—16)

将式（1—5—13）和式（1—5—14）变换后代入式（1—5—16）得

$$|Z_1| = \frac{U_1}{I_1} = \frac{K_U U_2}{I_2/K_U} = K_U^2 \cdot \frac{U_2}{I_2} = K_U^2 \cdot |Z_L| \tag{1—5—17}$$

3. 单相变压器运行特性

变压器对电网来说相当于用电设备，人们当然希望它损耗小、效率高；但对负载来说，它相当于一个电源，要求其输出电压稳定。这样，表示变压器运行特性的主要指标一是效率，二是输出电压的稳定性。

（1）变压器的外特性　变压器在实际使用过程中，由于漏阻抗的存在，其二次绕组输出的电压 U_2 将随着负载电流 I_2 的增加而发生变化。当电源电压 U_1 和负载的性质不变时，U_2 随着 I_2 的变化关系 $U_2=f（I_2）$ 称为变压器的外部特性，如图 1—5—12 所示。

对于不同性质的负载，曲线略有不同。当负载为纯阻性负载时，曲线相对平坦些。

为反映负载变化对变压器输出电压产生的影响，引入电压变化率$\triangle U$

$$\Delta U=\frac{U_{20}-U_2}{U_{20}}\times 100\% \qquad (1—5—18)$$

变压器的电压变化率是变压器的主要性能指标，其数值越小越好，通常情况下要求从空载到满载时的电压变化率在5%以内。

（2）变压器的损耗和效率

1）变压器的损耗。变压器的功率损耗主要有铁损耗和铜损耗两部分。变压器铁心中磁滞损耗和涡流损耗称为铁损耗。其值在电源电压与效率不变时固定不变，也称为不变损耗。变压器绕组有电阻，电流通过电阻时，在电阻上产生的功率损耗称为铜损耗，其值与电流的平方成正比。铜损耗的大小随负载的变化而变，称为可变损耗。

2）变压器的效率。变压器的效率是指变压器负载上获得的功率P_2与一次侧从电源吸取的功率P_1之比，即

$$\eta=\frac{P_2}{P_1}=\frac{P_2}{P_2+\Delta P} \qquad (1—5—19)$$

式中，ΔP为变压器的损耗，包括一次、二次绕组的直流电阻热损耗（铜耗）以及铁心在被磁化过程中的磁滞损耗和铁心中的涡流损耗。

电力系统中使用的变压器，其效率一般在95%～99%。在忽略变压器损耗的情况下，$P_1\approx P_2$。

（3）变压器的额定值

1）额定电压U_N。指变压器二次绕组空载时各绕组的电压。三相变压器是指线电压的额定值。

2）额定电流I_N。指允许绕组长时间连续工作的线电流。

3）额定容量S_N。在额定工作条件下变压器的视在功率。

单相变压器：$S_N=U_{2N}I_{2N}\approx U_{1N}I_{1N}$

三相变压器：$S_N=\sqrt{3}U_{2N}I_{2N}\approx\sqrt{3}U_{1N}I_{1N}$

【例1—5—1】 一台有两个二次绕组的变压器，如图1—5—13所示。一次绕组匝数$N_1=1\ 100$匝，接电压$U_1=220$ V的电路中，要求在两组二次绕组上分别得到电压$U_2=6$ V，$U_3=110$ V，它们的匝数分别为多少？

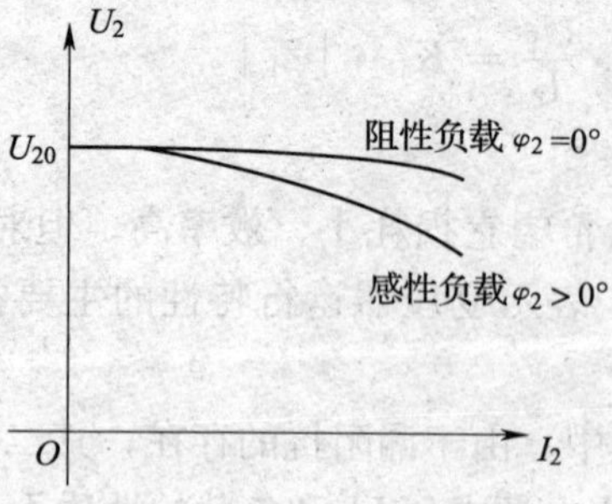

图1—5—12　变压器的外特性

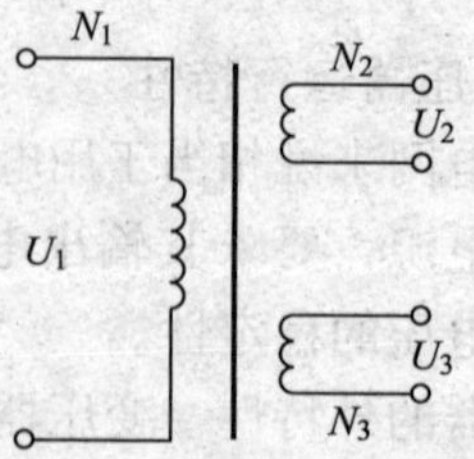

图1—5—13　例1—5—1题图

解 根据一次、二次绕组间电压与匝数的关系，由$\frac{U_1}{U_2}=\frac{N_1}{N_2}$ $\frac{U_1}{U_3}=\frac{N_1}{N_3}$

得

$$N_2=\frac{U_2}{U_1}N_1=\frac{6}{220}\times 1\ 100=30\text{ 匝}$$

$$N_3=\frac{U_3}{U_1}N_1=\frac{1\ 100}{220}\times 1\ 100=550\text{ 匝}$$

任务实施

一、工具器材准备

1. 万用表。
2. 可调直流电流、电压源。
3. 小型变压器。
4. 交流电流表。
5. 交流电压表。
6. 电源控制屏。

二、电路原理分析

电感电流（如绕组 1 中的电流 i_1）流进绕组的端子与其互感电压的正极性端总有一一对应的关系，通常把具有上述对应关系的端子称为两耦合绕组的同名端，并用相同的符号如 * 或 · 表示。如图 1—5—14 所示。

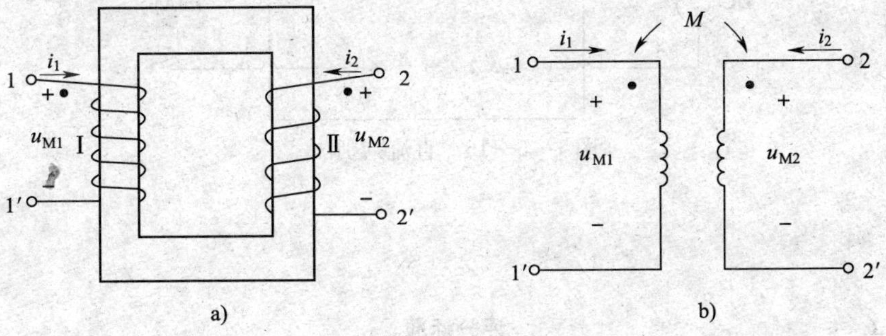

图 1—5—14 绕组的同名端

三、电路测量

1. 判别变压器同名端

(1) 用交流法

1）如图 1—5—15 所示接线，将两个绕组的端子 1、2 和 3、4 的任意两端（如 2 和 4）连接在一起，在其中一个绕组（如 1－2）两端施加一个比较低的便于测量的电压（5 V），注意流过绕组的电流应不超过0.35 A。

2）用交流电压表分别测量端子 1 和端子 3 两端的电压 U_{13} 和两绕组的电压 U_{12}、U_{34}。

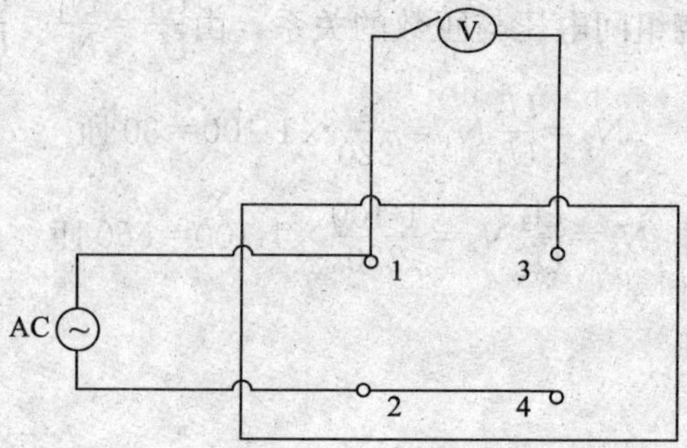

图 1—5—15　交流判别法

3）如果 U_{13} 的数值是两绕组电压之差，则端子 1 和端子 3 是同名端，如果 U_{13} 是两绕组电压之和，则端子 1 和端子 4 是同名端。将实验结果记录并进行标志。

（2）用直流法

1）接线如图 1—5—16 所示，直流电源用可调直流电压源的输出（2 V 左右），毫安表用万用表的 1 mA 直流电流挡。

2）当开关 S 闭合瞬间，如果毫安计的指针正向偏转，则端子 1 和端子 3 是同名端，反向偏转时，则端子 1 和端子 4 两端是同名端。将实验结果记录并进行标志。

2. 记录该小型变压器的型号、额定电压、额定电流、二次侧电压及测量变压比等参数

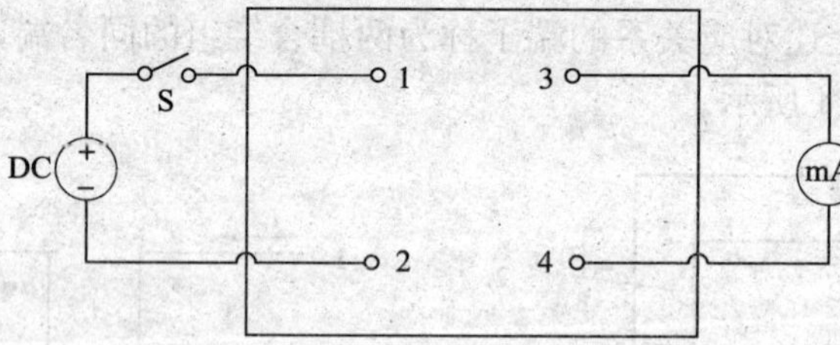

图 1—5—16　直流判别法

任务评价

表 1—5—1　　评分标准

序号	考核内容	评分标准	配分	得分
1	测试仪器准备	准备好测试仪器并会使用	10	
2	元器件准备	准备好元器件并会检测元器件	15	
3	电路连接	会搭建电路	20	
4	电路调试	分析故障、排除简单故障	50	
5	总结	会根据操作进行总结	5	
	合计总分		100	

思考与练习

1. 变压器的结构由哪些部分组成？
2. 变压器同名端是什么意思？判别同名端有哪些方法？
3. 试用交流判别法判别变压器的同名端。

2 模块二

模拟电路技术

任务1 整流器设计与装调

◆ **技能点**

◎ 能识别二极管，判断其类型，并能用万用表检测二极管的好坏

◎ 能正确选择二极管、电容器等元件

◎ 能对整流器电路进行装调与检修

◆ **知识点**

◎ 半导体的类型和 PN 结

◎ 半导体二极管的基本电路特性和识别检测方法

◎ 整流电路的构成和整流器的工作原理

任务提出

日常使用的手机、电视机等都离不开电子设备。这些电子设备要求提供不同电压等级且非常稳定的直流电压电源，所以就需要将交流电网 220 V 的电压变换成直流电压。这种把交流电变为脉动直流电的过程称为整流。

如图 2—1—1 所示进行整流的器件叫整流器，一般由整流变压器、整流电路和滤波电路三部分组成。本任务为设计一个输出 12 V 左右的整流器，将交流电转变为可作为电子设备电源的直流电。

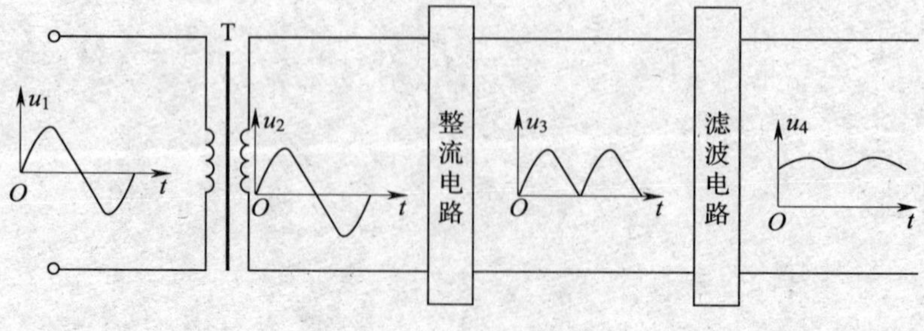

图 2—1—1 整流器结构

任务分析

将交流电转化为直流电的最简单的方法就是整流，而半导体二极管可以方便地实现这一目标。最常见的滤波方法就是用滤波元件如电容或者电感组成滤波电路。本任务就是要设计一能实现降压、整流和滤波的完整电路，满足输出 12 V 直流电压的设计要求。

二极管作为半导体器件需要重点理解其电路特性，然后掌握整流器的工作原理、功能及使用方法。学会正确连接电路，并学会正确选择电容元件以满足不同的输出电压值的要求。最后，要求能分析和排除整流电路中出现的故障。

相关知识

一、二极管元件

1. 半导体基础知识

(1) 物质导电性　根据导电性，物质可以分为导体、绝缘体以及半导体。导体一般为金属，金属中有大量的自由电子，在电场的作用下，自由电子能定向移动，这就形成电流。绝缘体如橡胶、塑料、陶瓷、云母等，这些材料中几乎没有自由电子。半导体的导电能力介于导体与绝缘体之间，如硅 Si，锗 Ge，磷化铟 InP 等。

(2) 各类物质的导电方法　载流子是运载电荷形成电流的带电粒子。载流子的多少是决定一种物质导电能力强弱的重要原因。

金属中最外层一般为 1～2 个电子，原子核对它的吸引力很弱，其很容易挣脱束缚成为自由电子。一般金属中有大量的自由电子，在电场的作用下做定向移动就形成了电流。

半导体导电能力比导体差，但比绝缘体好，原子核对价电子的束缚也比金属强，但比绝缘体弱，因此它既不是导体也不是绝缘体，而是半导体。半导体原子结构如图 2—1—2 所示，其共价键如图 2—1—3 所示。

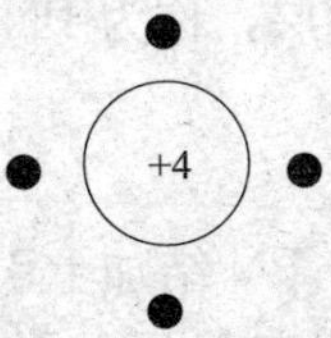

图 2—1—2　半导体原子

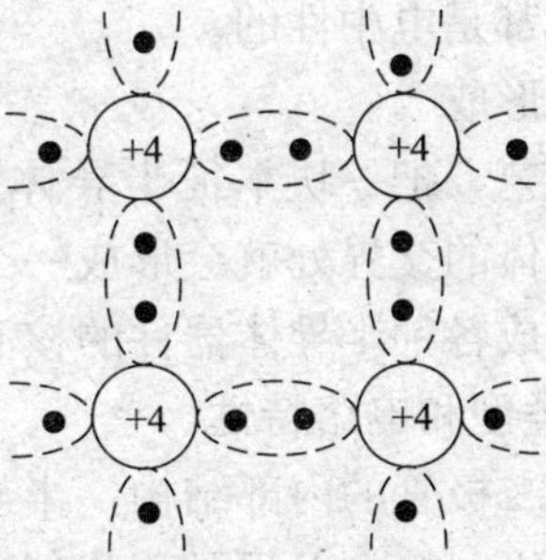

图 2—1—3　半导体共价键

1) 本征半导体。纯净晶体结构的半导体称为本征半导体。常用的元素半导体材料有硅和锗。它们都是四价元素，原子结构的最外层轨道上有 4 个价电子，当把硅或锗制成晶体时，它们是靠共价键的作用而紧密联系在一起。

2) 杂质半导体。在本征半导体中两种载流子的浓度很低，因此导电性很差。但是，如果向本征半导体晶体中有控制地掺入其他特定的元素，就能大大改善它的导电性能，这种掺入了其他元素的半导体被称为杂质半导体。制作各种电子元器件的半导体都是杂质半导体。

①N 型半导体。在本征半导体中，掺入五价元素（如砷），使晶体中某些原子被杂质原子所代替，因为杂质原子最外层有 5 个价电子，它与周围原子形成共价键后，还多余一个电子，在室温下，它就会成为自由电子，如图 2—1—4 所示。因此，掺杂半导体中就有相当数量的自由电子，使自由电子数远大于空穴数，这种半导体以自由电子导电为主，故称为电子型半导体或 N 型半导体。在 N 型半导体中，自由电子为多数载流子，简称多子，空穴为少数载流子，简称少子。

②P 型半导体。在本征半导体中，掺入三价元素，晶体中的某些原子被杂质原子代替，但是杂质原子的最外层只有 3 个价电子，它与周围的硅原子形成共价键后，还多余一个空穴，如图 2—1—5 所示，所以在这种半导体中，空穴数目远大于自由电子数目，在参与导电时以空穴导电为主，故称为空穴型半导体或 P 型半导体。在 P 型半导体中，空穴称为多子，自由电子称为少子。

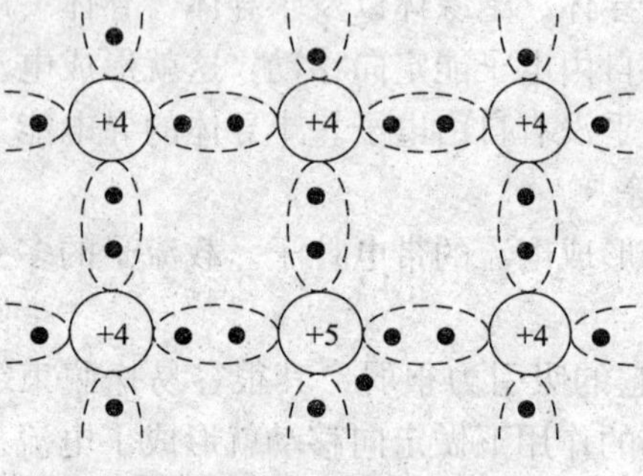

图 2—1—4　N 型半导体

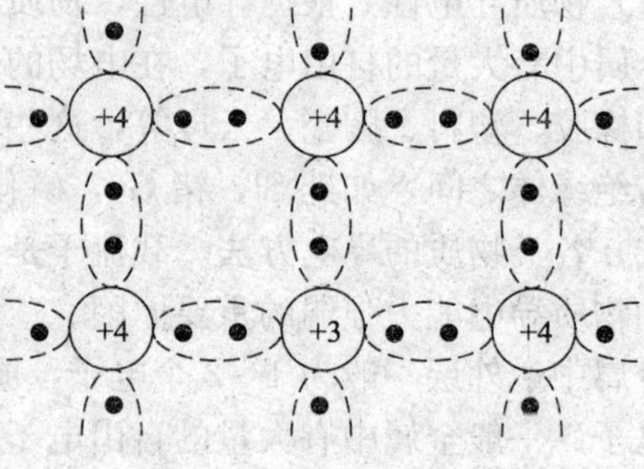

图 2—1—5　P 型半导体

必须指出，尽管 N 型半导体中有大量带负电的自由电子；P 型半导体中有大量带正电的空穴，但是由于带有相反极性电荷的杂质离子的平衡作用，无论 N 型半导体还是 P 型半导体，对外表现都是电中性的。

2. PN 结的形成

通过现代工艺，把一块本征半导体的一边形成 P 型半导体，另一边形成 N 型半导体，于是这两种半导体的交界处就会形成一个具有特殊性能的薄层，称为 PN 结。PN 结具有单向导电性，是构成各种半导体器件的核心部分。

3. 二极管类型和电路特性

（1）半导体二极管的内部结构　半导体二极管是由一个 PN 结加上引线和管壳构成的。它们都有两个电极，接在 P 区的引出线为正极（或阳极），接在 N 区的引出线为负极（或阴极），如图 2—1—6 所示。许多二极管的管壳上标有极性符号。对于玻璃外壳的二极管，有色点或有黑环的一端为负极。对于极性不明的二极管，可以用万用表的电阻挡测量正、反向电阻来判断其正、负极。

（2）半导体二极管的特性　二极管最重要的性质是具有单向导电性。这种特性可以用通过二极管的电流随其两端电压变化的来描述，这种曲线称为二极管的伏安特性曲线。由曲线可以看出其特点如下：

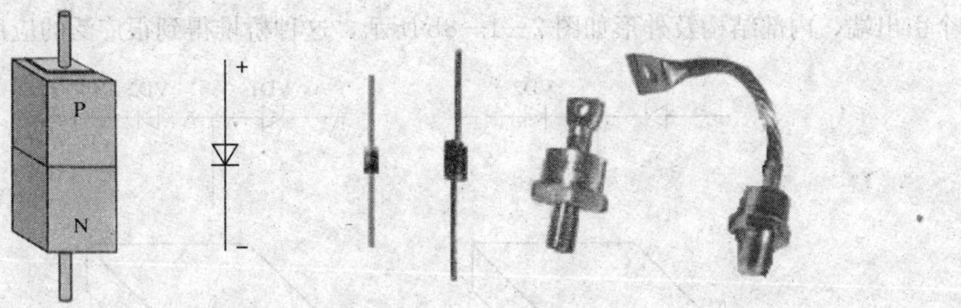

图 2—1—6　二极管的结构、符号及外形

a）内部结构　b）图形符号　c）外形

1）正向特性

①不导通区（死区）。当正向电压低于某一数值时，由于外加电压较小，不足以克服 PN 结内电场对载流子运动的阻挡作用，正向电流很小，几乎为零，二极管呈较大电阻，曲线平坦，这段称为死区。对应电压称死区电压或阈值电压，一般硅为 0.5 V，锗为 0.2 V（与掺杂浓度及温度有关），如图 2—1—7 中 *OA* 段曲线。

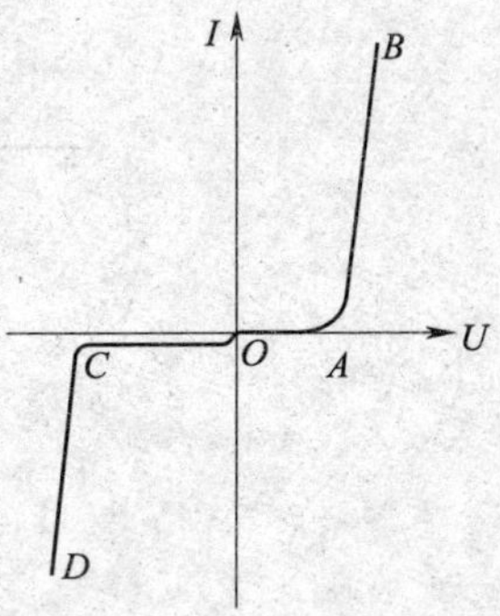

图 2—1—7　二极管伏安特性曲线

②导通区。只有当正向电压高于某一值时，二极管才有明显的正向电流，这个电压被称为导通电压。在导通区电压变化很小，电流变化很大，呈低阻。在室温下，硅管为 0.6～0.8 V，锗管为 0.1～0.3 V。一般认为当正向电压大于导通电压时，二极管才导通，否则截止。这个电压很稳定，几乎不随电流变化，如图 2—1—7 中 *AB* 段曲线。

2）反向特性

①反向截止区。二极管加反向电压，在一定的范围内，反向电流 I_R 不随电压变化，这个电流称为反向饱和电流，用 I_S 表示，该电流随 PN 结温度的升高而增大。

②反向击穿区。PN 结处于反向偏置时，在一定的电压范围内，流过 PN 结的电流很小，但电压超过某一数值时，反向电流急剧增加，这种现象称为反向击穿，如图 2—2—7 中 *CD* 段曲线。此点电压叫做反向击穿电压，用 U_{BR} 表示。

从上面的分析可知，二极管具有单向导电性，是一种非线性器件。

二、桥式整流电路

目前，最常用的整流电路是桥式整流电路，其他还有半波整流电路、全波整流电路和倍压整流电路。

生产厂家常将整流二极管集成在一起构成桥堆。桥堆有半桥堆（简称半桥）和全桥堆（简称全桥）。半桥堆内由两个二极管组成，是电桥的一半，因此有 3 个引出端，内部结构及外形如图 2—1—8a 所示；全桥堆内由 4 个二极管组成，完全按桥式整流电路连接，因此有四个引出端，内部结构及外形如图 2—1—8b 所示，这种桥堆得到很广泛的应用。

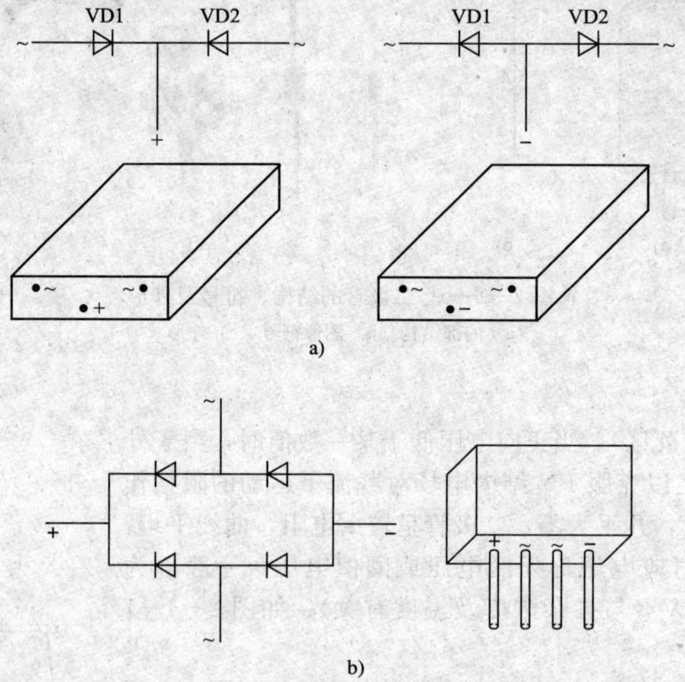

图 2—1—8　桥堆内部结构及外形图

a）半桥堆　b）全桥堆

1．桥式整流基本构成

桥式整流电路主要由四个二极管组成，如图 2—1—9 所示。四个二极管 VD1～VD4 接成电桥形式，整个电路起到整流的作用，因此称为桥式整流电路。

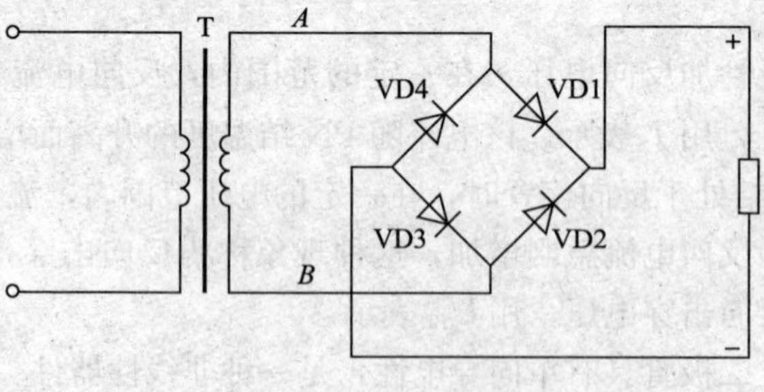

图 2—1—9　桥式整流电路

2．整流输出电压值确定

设变压器二次绕组的输出电压仍为 $u_2=\sqrt{2}U_2\sin\omega t$，其波形如图 2—1—10a 所示。当 u_2 为正半周时，u_2的极性为上正下负，二极管 VD1、VD3 因受正向电压而导通，电流自变压器的 A 端流出，经 VD1、R_L、VD3 而流进变压器的 B 端，在负载电阻 R_L上电流从上而下流动，此时，VD2 和 VD4 因受反向电压而截止。负载电压和电流波形如图 2—1—10b 第一个半波所示，负载得到半个波形。

当 u_2 为负半周时，u_2 的极性为上负下正，二极管 VD2、VD4 因受正向电压而导通，VD1 和 VD3 因受反向电压而截止。电流自变压器的 B 端流出，经 VD2、R_L、VD4 流进 A 端，在负载电阻 R_L 上电流仍然从上而下流动，如图 2—1—10b 第二个半波所示，负载又得到半个波形。在 u_2 的整个周期内负载上得到的是单一方向的全波脉动电压和电流，如图 2—1—10b、c 所示。

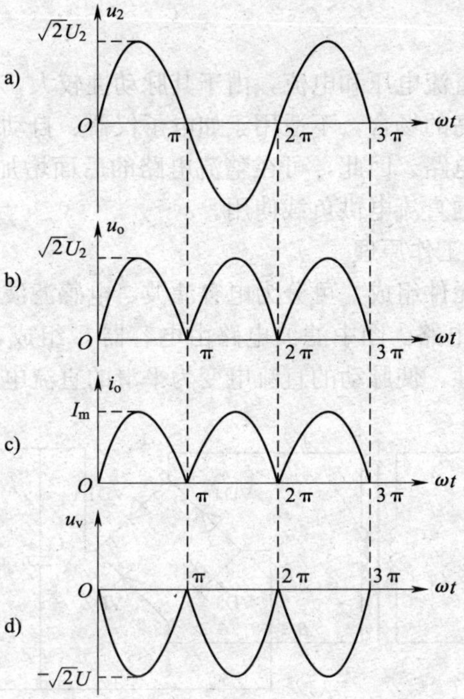

图 2—1—10 单相桥式整流电路

a）输入电压波形图 b）输出电压波形图

c）流过二极管的电流波形图 d）二极管承受的反向电压波形图

输出的直流电压是指一个周期内负载上脉动电压的平均值，即

$$U_o = \frac{2}{2\pi}\int_0^{\pi}\sqrt{2}U_2\sin\omega t\,d(\omega t) = \frac{2\sqrt{2}}{\pi}U_2 = 0.9U_2 \qquad (2—1—1)$$

输出电流即流过负载的直流电流值，I_o 为

$$I_o = I_L = \frac{U_0}{R_L} = 0.9\,\frac{U_2}{R_L} \qquad (2—1—2)$$

3. 桥式整流电路整流二极管的选择

由于整流二极管轮流工作，故二极管中的电流只有负载电流的一半，即

$$I_v = \frac{1}{2}I_o \qquad (2—1—3)$$

整流二极管所承受的反向电压波形如图 2—1—10d 所示，从图中可见其值为 u_2 电压的最大值，即

$$U_{RM}=\sqrt{2}U_2 \qquad (2—1—4)$$

为保证二极管安全可靠地工作，应选用最大整流电流和最高反向工作电压都大于实际工作值的二极管。而且考虑到电网电压的波动和其他因素，在具体选择二极管时还要留有一定的余量，因此选择二极管时要求：

$$I_F \geqslant (1.5\sim 2)I_v \qquad (2—1—5)$$

$$U_{RM} \geqslant U_{DM} \qquad (2—1—6)$$

三、滤波电路

利用整流电路得到的直流电压和电流，由于其脉动性较大，只适用于如电解、电镀、充电等对电压平滑性要求不高的场合，不适用于如电子仪器、自动控制装置及音像设备等对电压平滑性要求较高的负载电路。因此，可在整流电路的后面增加滤波电路，通过滤波作用，将脉动的直流电变为平滑的直流电供负载使用。

1. 滤波电路的组成和工作原理

滤波电路主要由储能元件组成，可分为电容滤波、电感滤波和复式滤波等不同电路。图2—1—11所示为电容滤波电路。图中滤波电路由电容器C组成，利用电容器能储存电能的功能和电容器充、放电特性，使脉动的直流电变为平滑的直流电。

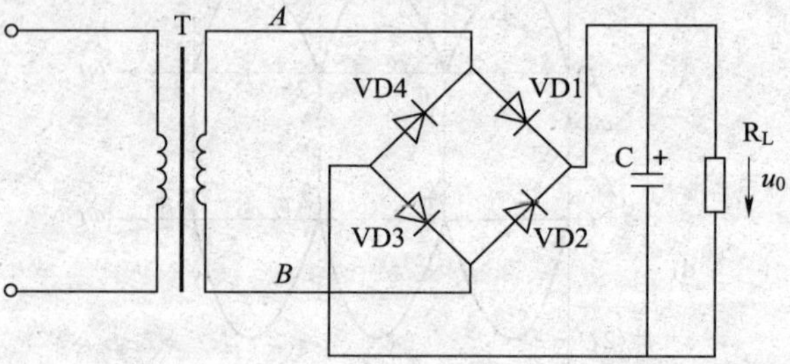

图2—1—11　桥式整流电容滤波电路

分析图2—1—11中电容滤波电路在带电阻负载后的工作情况。接通交流电源后，二极管导通，整流电源同时向电容充电和向负载提供电流，输出电压的波形是正弦半波。

在π/2时刻，即达到u_2峰值后，u_2开始以正弦规律下降，使得$u_2<u_C$时，二极管截止。滤波电容只能向负载放电，从而维持一定的负载电流，由于放电时间常数很大，放电很慢。u_2进入负半周后，另一对二极管导通，当达到$u_2>u_C$时，电容再次充电，重复上述过程。负载上的电压、电流波形如图2—1—12所示。

由图2—1—12所示的输出电压波形图可以看出：加滤波电容后二极管的导通角变小了，但输出电压变得平滑了，而且充放电时间常数R_LC越大，放电越缓慢，输出电压越平滑。

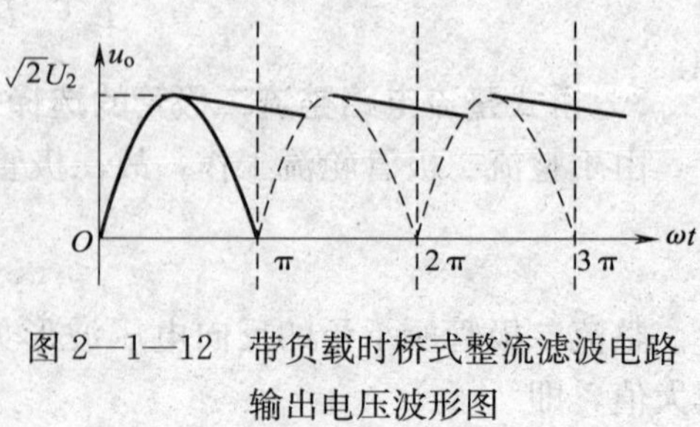

图2—1—12　带负载时桥式整流滤波电路输出电压波形图

2. 滤波输出电压值确定

以图2—1—11桥式整流电路为例，从上面的分析可知，整流电路经电容滤波后，每周时间内电压波形所包含的面积有所扩大，也即输出的电压有所提高，至于具体电压的大小，则与滤波电容的大小和负载大小直接有关。按图 2—1—11 所示电路，根据经验，一般桥式和全波整流电路的整流器的输出电压取值为

$$U_o \approx 1.2U_2 \qquad (2—1—7)$$

注意：当桥式整流电容滤波电路负载开路时，$U_o \approx 1.4U_2$。

四、整流器元件选择

1. 整流二极管的选择

正向平均电流为

$$I_F > \frac{1}{2}I_o \qquad (2—1—8)$$

最大反向工作电压为

$$U_{RM} \geqslant \sqrt{2}U_2 \qquad (2—2—9)$$

电容滤波电路中，在接通电源的瞬间，C 两端电压为零，充电电流很大，使二极管受到电流冲击，容易损坏。所以，在选择整流二极管时，要留有足够的电流余量。

从桥式整流电容滤波电路的分析可知，二极管选择时与无电容滤波的整流电路选择参数相同，半波整流和全波整流选择的结果也与前述相同。

2. 电容器的选择

滤波电容器 C 的大小取决于放电回路的时间常数，R_LC 越大，输出电压脉动就越小。通常取 R_LC 为脉动电压中最低次谐波周期的（3～5）倍，即

桥式和全波整流电容滤波电路：　$R_LC \geqslant (3\sim5)\frac{T}{2}$　(2—1—10)

半波整流电容滤波电路：　$R_LC \geqslant (3\sim5)T$　(2—1—11)

式中　T——交流电源电压的周期。

在实际使用中，也可根据负载电流大小来选取滤波电容器的电容值，见表 2—1—1。

表 2—1—1　　负载电流与滤波电容器的对应关系

输出电流（A）	2	1	0.5～1	0.1～0.5	0.05～0.1	<0.05
电容量（μF）	4 000	2 000	1 000	500	200～500	200

对滤波电容器的选择除电容量外，还有耐压值。电容器上的最大电压为$\sqrt{2}U_2$，还需考虑电源电压的波动，因此耐压值一般取（2～3）U_2。另外，滤波电容器一般为电解电容器，它是有极性的电容器，使用时极性一定不能接反。

【例 2—1—1】 在如图 2—1—11 所示的桥式整流电容滤波电路中，若要求输出电压为 18 V、电流为 100 mA，试选择滤波电容器和整流二极管。

解：（1）选择整流二极管

求出通过每个二极管的平均电流为

$$I_F = \frac{1}{2}I_o = \frac{1}{2}\times100 = 50\ \text{mA}$$

变压器二次侧有效值为

$$U_2=\frac{1}{1.2}U_o=\frac{1}{1.2}\times18=15\ \text{V}$$

二极管最大反向工作电压为

$$U_{RM}=\sqrt{2}U_2=21\ \text{V}$$

查手册知，可选整流二极管为 2CZ52B 型（$I_F=100$ mA，$U_{RM}=50$ V）

（2）选择滤波电容器

$$C\geqslant\frac{5T}{2}/R_L=\frac{5\times0.02}{2}/\frac{18}{0.1}=278\ \mu\text{F}$$

电容器的耐压值为

$$(2\sim3)\ U_2=(2\sim3)\ \times15=30\sim45\ \text{V}$$

所以可选 330 μF/50 V 的电解电容器。

五、实验电路板

实验电路板（俗称面包板）即“集成电路实验板”，就是一种插件板，此板上具有若干小型“插座(孔)”。在进行电路实验时，可以根据电路连接要求，在相应孔内插入电子元器件的引脚以及导线等，使其与孔内弹性接触簧片接触，由此连接成所需的实验电路。在面包板上进行实验，可以方便地更换元器件。

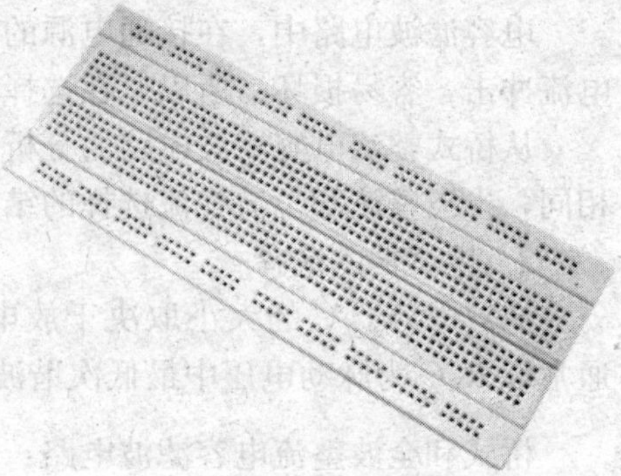

图 2—1—13　面包板

每条金属簧片上有 5 个插孔，因此插入这 5 个孔内的导线就被金属簧片连接在一起。簧片之间在电气上彼此绝缘。插孔间及簧片间的距离均与双列直插式（DIP）集成电路引脚的标准间距 2.54 mm 相同，因而适于插入各种数字集成电路。

使用面包板时需要注意事项有：插入面包板上孔内引脚或导线铜芯直径为 ϕ0.4～0.6 mm，即比大头针的直径略微细一点。元器件引脚或导线头要沿面包板的板面垂直方向插入方孔，应能感觉到有轻微、均匀的摩擦阻力；在面包板倒置时，元器件应能被簧片夹住而不脱落。面包板应该在通风、干燥处存放，特别要避免被电池漏出的电解液所腐蚀。要保持面包板清洁，焊接过的元器件不要插在面包板上。

任务实施

一、工具、器材准备

1. 元器件准备：整流二极管 1N4001 共 4 个，电解电容 CD－25 V－3 300 μF 1 个，12 Ω 电阻 1 个。

2. 数字万用表。

3. 220 V/16 V 变压器 1 个。

4．实验电路板（面包板）。

二、电路设计

12 V 输出电压整流器的基本电路结构包括降压电路、桥式整流电路和滤波电路，其电路如图 2—1—14 所示。

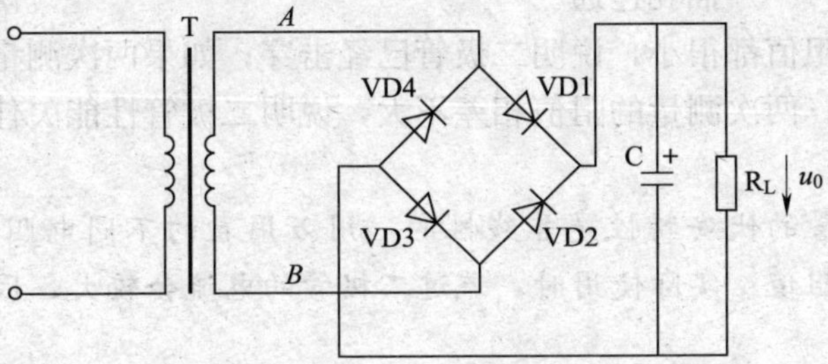

图 2—1—14　整流器电路图

1．整流二极管的选择

根据整流器的电路结构，要获得 12 V 的直流电压输出，在滤波电路的输出电压根据公式 $U_o \approx 1.2U_2$ 可得整流的输出电压为 $U_2 = 10$ V，整流二极管承受的最大反向电压为 15 V 以上。整流二极管的平均正向电流 $I_F > \frac{1}{2} I_o = 0.3$ A，所以选择普通的整流二极管 1N4001 即可。

2．电容器的选择

根据公式 $R_L C \geqslant (3\sim5)\frac{T}{2}$，而工频 50 Hz 交流电路的 $T = 0.02$ ms，取负载 $R_L = 20\ \Omega$，则 $C \approx 2\,000\ \mu$F，通常可以选择 CD—25 V—3 300 μF 的电解电容器。

3．变压器的选择

根据桥式整流的电压计算公式

$$U_o = \frac{2}{2\pi}\int_0^{\pi}\sqrt{2}U_2\sin\omega t\,\mathrm{d}(\omega t) = \frac{2\sqrt{2}}{\pi}U_2 = 0.9U_2$$

$$I_o = I_L = \frac{U_o}{R_L} = 0.9\frac{U_2}{R_L}$$

可得变压器的输出电压 U_{oT} 为 11 V，设计选用 220 V/16 V 的变压器。

三、电路安装

1．核对元器件

根据电路设计结果核对元器件数量、规格和型号。

2．二极管检测

根据二极管的单向导电性这一特点，性能良好的二极管其正向电阻小，反向电阻大；这两个数值相差越大越好。若相差不多说明二极管的性能不好或已经损坏。测量时，选用万用表的“欧姆”挡，一般用 R×100 或 R×1 k 挡，而不用 R×1 或 R×10 k 挡。因为 R×1 挡的电流太大，容易烧坏二极管，R×10 k 挡的内电源电压太大，易击穿二极管。

测量方法：将两表棒分别接在二极管的两个电极上，读出测量的阻值；然后将表棒对换再测量一次，记下第二次阻值。若两次阻值相差很大，说明该二极管性能良好，并根据测量电阻小的那次的表棒接法（称为正向连接），判断出与黑表棒连接的是二极管的正极，与红表棒连接的是二极管的负极。因为万用表的内电源的正极与万用表的“—”插孔连通，内电源的负极与万用表的“+”插孔连通。

如果两次测量的阻值都很小，说明二极管已经击穿；如果两次测量的阻值都很大，说明二极管内部已经断路；两次测量的阻值相差不大，说明二极管性能欠佳。在这些情况下，二极管就不能使用了。

注意：由于二极管的伏安特性是非线性的，用万用表的不同电阻挡测量二极管的电阻时，会得出不同的电阻值；实际使用时，流过二极管的电流会较大，因而二极管呈现的电阻值会更小些。

3. 电解电容器的检测

将数字万用表拨至合适的电阻挡，红表棒和黑表棒分别接触被测电容器 C_x 的两极，这时显示值将从“000”开始逐渐增加，直至显示溢出符号“1”。若始终显示“000”，说明电容器内部短路；若始终显示溢出，则可能是电容器内部极间开路，也可能是所选择的电阻挡不合适。检查电解电容器时需要注意，红表棒（带正电）接电容器正极，黑表棒接电容器负极。

注意：指针表与数字表的红黑表棒的正负极性正好相反。

4. 元器件引脚预加工

在电子元器件用于装配之前，对元器件的形状或者引脚进行一定处理，便于生产。最典型的莫过于直插元器件（电阻器、电容器等）的弯脚与剪脚操作。连接跳线也要事先做成一定的长度和形状，便于插件机作业。

对二极管的引脚进行预加工，一般在其两端留有 2 mm 左右的长度，将引脚弯成直角。但是在面包板上安装时，需要根据面包板上电路的整体布局来整形，在没有把握的情况下尽量不要剪短引脚，这一点是与安装在印制电路板 PCB 不同的，要特别注意。电容器的引脚要适当地掰开来，以适应面包板的安装距离要求。

5. 电路装配

本设计中的电路安装在面包板上，对简单的实验电路在面包板上进行安装调试比较方便，可以方便地更换元器件。在面包板上放置元件之前，先要将整体布局大致地设计好，不能随意乱搭电路，除了注意要尽量将电路排布得横平竖直之外，还要根据面包板的连线要求适当调整。

在整体的布局设计好之后，可以按照从前往后的顺序来安插元器件，直至将所有元器件全部放置好。

四、电路调试

1. 准备好 220 V/16 V 变压器 1 个，检查电路板，确认没有问题之后通电。

2. 用万用表的交流挡测量变压器的输出电压，看是否是 15 V 左右，如果没有读数或读数相差较大，则断电后检查变压器的通断和型号是否正确。

3. 在确认变压器输出值正确之后，再外接 20 Ω 的负载一个，用万用表的直流挡测量桥式整流的输出电压，看是否是 10 V 左右。如不是，则检查一下 4 个二极管的连接有没有问题。

4. 用万用表的直流挡测量电容滤波后的输出电压，看是否是 12 V 左右。如不是，再检查一下电容器的好坏和负载的阻值是否有误。

任务评价

表 2—1—2　　**评分标准**

序号	考核内容	评分标准	配分	得分
1	测试仪器准备	准备好测试仪器并会使用	10	
2	元器件准备	准备好元器件并会检测元器件	15	
3	电路设计	会根据整流器的电路结构及要求，设计输出电压为 12 V 的桥式整流电路	30	
4	电路连接	会根据设计的电路，搭建电路	20	
5	电路调试	会分析故障并排除简单故障	20	
6	工作总结	会根据操作进行总结	5	
合计得分				100

思考与练习

1. 如何判断一个二极管的好坏？

2. 整流器的输出电压与哪些因素有关？

3. 二极管电路如图 2—1—15 所示，试判断图中二极管是导通还是截止？并求出 A、O 两端的电压 U_{AO}。设二极管是理想二极管。

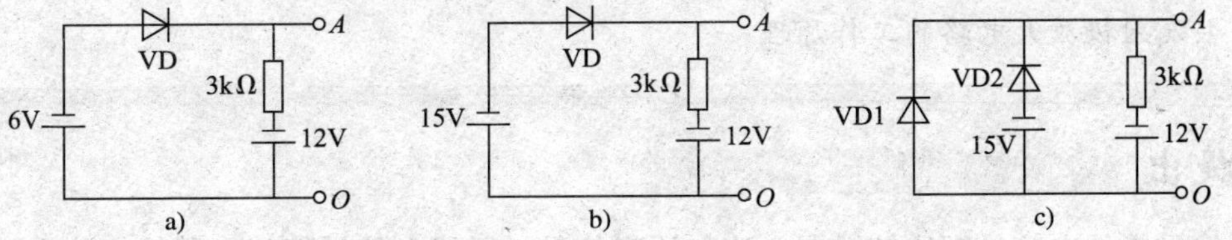

图 2—1—15　题 3 电路图

4. 在图 2—1—16 所示中，设输入电压 $u_i=20\sin\omega t$ (V)，试画出输出电压 u_o 的波形。设二极管是理想二极管。

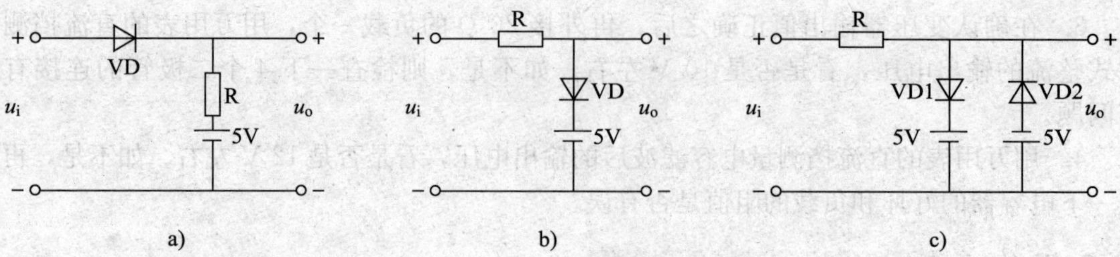

图 2—1—16　题 4 电路图

5. 思考并回答下列问题：

（1）直流稳压电源由哪几部分组成？各部分的作用是什么？

（2）硅稳压管在使用时与普通二极管有什么区别？

（3）在电容式滤波电路中，滤波电容器的容量大小能否随意选取？为什么？

（4）在整流滤波电路中，采用滤波电路的主要目的是什么？电容滤波和电感滤波各有什么特点？

任务 2　三极管放大电路设计与装调

◆ **技能点**

◎ 能识别三极管的 3 个极，并能熟练检测、判断其好坏

◎ 会正确设置基本放大电路的工作点

◎ 在电路通电后能分析、判断三极管是否正常工作

◎ 基本放大电路的安装、调试与检修

◆ **知识点**

◎ 三极管的分类和检测

◎ 三极管的基本工作状态

◎ 共发射极放大电路的工作条件

◎ 共发射极放大电路的工作原理

任务提出

自然采集的电信号都比较微弱，比如语音信号、无线电信号等，微弱的电信号不适合于后继电路的传输，故要将小信号进行放大。基本的放大电路可以由共发射极三极管放大电路构成，其原理框图如图 2—2—1 所示。图中的信号源是需要被放大的电信号，负载是接收被放大了的输出信号并使之发挥作用的装置。

图 2—2—1 放大电路组成框图

本设计任务要求设计一个电压放大电路，能将微弱的小信号放大，并且能很好地与后面的后继电路匹配。要会根据三极管放大的基本原理设计一个前置放大电路，并会对放大电路进行分析和计算，能用双踪示波器来验证信号的放大。要能排除放大电路中出现的如无输出波形和波形失真等故障，并用双踪示波器来观测波形的放大与失真现象。

任务分析

三极管是构成放大电路的核心器件，作为半导体器件需要对其电路特性充分了解。放大电路的基本组成、电路处于放大时三极管的工作条件、信号的走向与每一步的波形变化等都要详细分析，可以借助示波器来逐点观察，将抽象的理论形象化，从而理解三极管放大电路的工作原理。

共发射极放大电路通常可以放置在整个放大电路之前做前置放大，但是通常其输出电阻的阻值较大，而为了改善电路性能，一般要在后面跟一个共集电极的放大电路（即电压跟随器），将两个放大电路连接起来，即可满足这个任务设计要求。

相关知识

一、三极管类型和电路特性

1. 三极管类型

三极管的管芯由三层不同类型的掺杂半导体组合而成，按掺杂半导体的不同组合，分别称为 NPN 型和 PNP 型，两种类型的三极管的结构示意图及图形符号如图 2—2—2 所示。

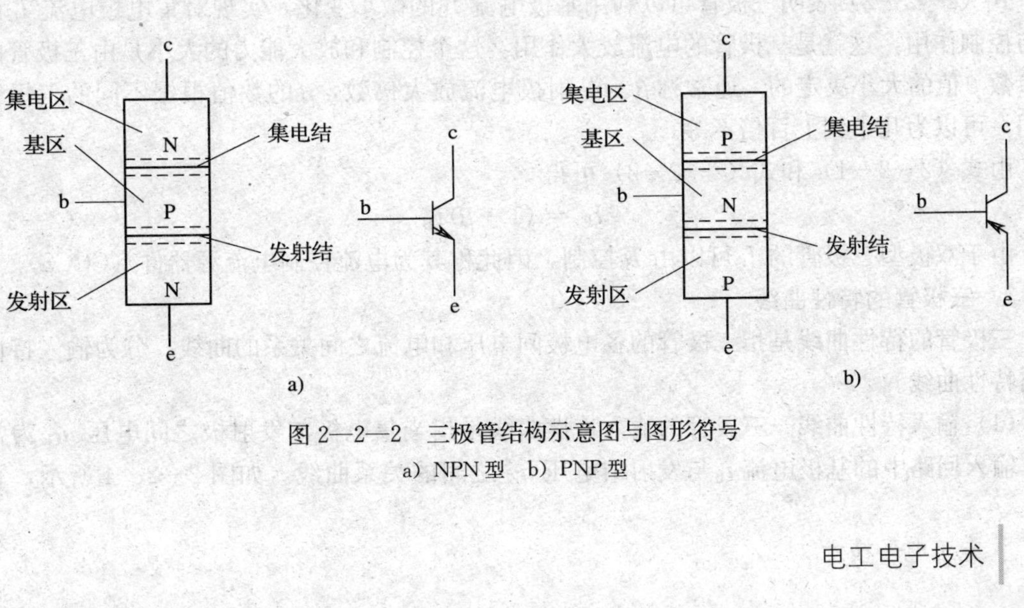

图 2—2—2 三极管结构示意图与图形符号

a) NPN 型 b) PNP 型

由图 2—2—2 可见，无论是 NPN 型管还是 PNP 型管，三极管内部均有 3 个区：发射区、基区、集电区，3 个区形成两个 PN 结，发射区与基区之间形成发射结，集电区与基区之间形成集电结。从 3 个区分别引出 3 个电极，分别称为发射极（e）、基极（b）和集电极（c）。再加上封装外壳即构成了三极管。图 2—2—2 所示三极管的图形符号中的空心箭头方向表示三极管工作时发射极的电流方向。

三极管是主要用于实现放大作用的器件，为保证其放大作用，在制作时，其结构特点为发射区掺杂浓度大，是高浓度掺杂区；基区掺杂浓度低并且很薄（其厚度一般在几个微米至几十个微米）；集电区掺杂浓度低，且集电结面积大。因此，三极管不能简单地用两个二极管反向串接来代替，也不能将集电极和发射极互换使用。图 2—2—3 所示为几种常见三极管器件的外形图。

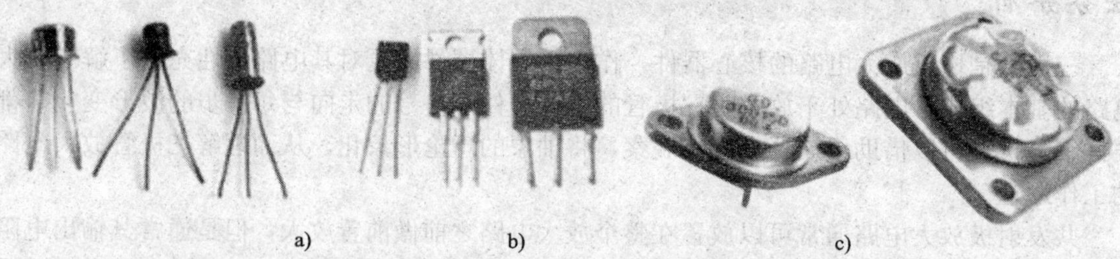

a)　　b)　　c)

图 2—2—3　常见三极管的外形

a）金属封装小功率管　b）塑封管　c）金属封装大功率管

2．三极管基本电路特性

三极管 b、c、e 3 个电极的电流关系为

$$I_E \approx I_C + I_B \tag{2—2—1}$$

集电极电流 I_C与基极电流 I_B的比值基本为定值，用 β 表示两个电流的比值，则有

$$\beta \approx \frac{I_C}{I_B}$$

即

$$I_C = \beta I_B \tag{2—2—2}$$

式（2—2—2）表明三极管可以利用基极电流 I_B的微小变化，实现对集电极电流 I_C的放大与控制作用，这就是三极管的电流放大作用。这个控制和放大能力的大小是由三极管的特性参数 β 值的大小决定的。通常称 β 为共射极电流放大倍数，β 的数值根据不同的三极管而不同，可以为几十到上百倍不等。

由式（2—2—1）和式（2—2—2）可得

$$I_E = (1+\beta) I_B \tag{2—2—3}$$

由于双极型三极管的 I_C可以由 I_B控制，因此称其为电流控制电流源器件（CCCS）。

3．三极管的特性曲线

三极管的特性曲线是指三极管的各电极间电压和电流之间关系的曲线，分为输入特性和输出特性曲线。

（1）输入特性曲线　三极管的输入特性曲线是指当集电极与发射极之间电压 u_{CE}为常数时，输入回路中的基极电流 i_B与发射结电压 u_{BE}之间的关系曲线。如图 2—2—4 所示，它是某个在室温下测得的硅 NPN 管的输入特性曲线。

由图 2—2—4 可见，它类似二极管正向特性曲线，其特征为：u_{CE} 在 0～1 V 时，随着 u_{CE} 的增加，曲线逐渐右移；u_{CE}>1 V 时，输入曲线基本不变，即 i_B 与 u_{BE} 之间的关系基本与 u_{CE} 无关。与二极管正向特性曲线一样，也有一段死区（常温下硅管死区电压约为 0.5 V，锗管的约为 0.1 V），只有当 u_{BE} 大于死区电压时，才有 i_B 电流产生。发射结正常导通时，发射结正向导通压降变化不大（常温下硅管的导通电压 u_{BE} 约为 0.7 V，锗管的 u_{BE} 约为 0.2 V）。

（2）输出特性曲线　三极管的输出特性曲线是指当 i_B 为常数时，输出回路中的 i_C 与 u_{CE} 之间的关系曲线。由不同的 i_B 可得出不同的曲线，故三极管的输出特性是一组曲线，如图 2—2—5 所示。

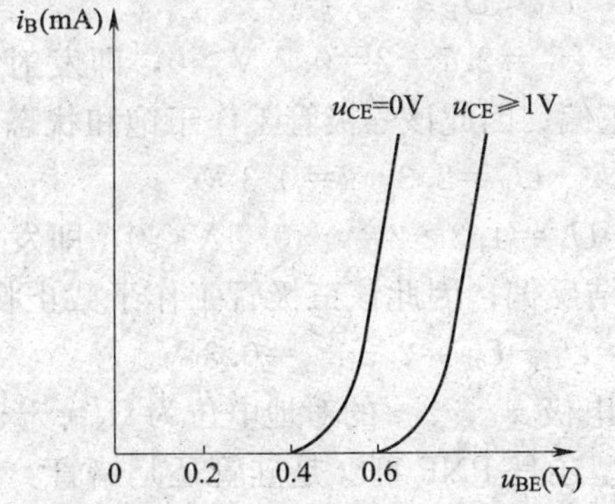

图 2—2—4　三极管的输入特性曲线

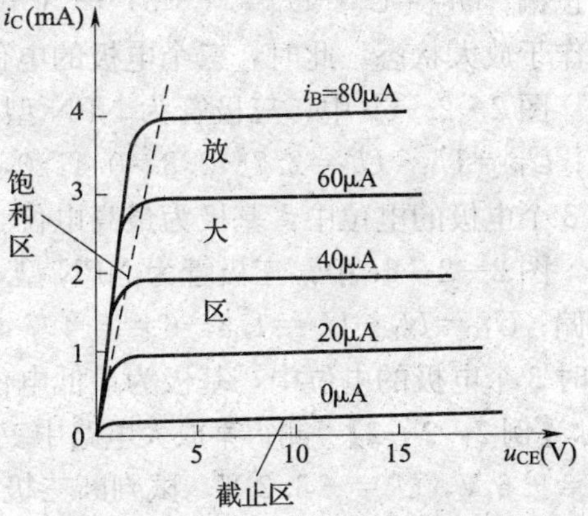

图 2—2—5　三极管的输出特性曲线

在图 2—2—4 中，通常将输出特性曲线划分成三个区域：截止区、放大区和饱和区，即三极管的 3 种工作状态。

1）截止区。输出特性曲线中 $i_B = 0\ \mu A$ 以下的区域称为截止区。

2）放大区。输出特性曲线中 $i_B > 0\ \mu A$ 以上的曲线，变化比较平坦的区域称为放大区，也称线性区。此时，三极管的发射结正偏，集电结反偏，三极管工作在放大状态。

3）饱和区。输出特性曲线中靠近纵轴，$u_{CE} < u_{BE}$ 的区域称为饱和区。此时，发射结和集电结均为正偏，三极管进入饱和状态。

根据饱和区的偏置情况，可以得出三极管 3 个电极的对地电位的关系为：NPN 型 $U_C < U_B$、$U_B > U_E$，即基极电位最高；PNP 型 $U_C > U_B$、$U_B < U_E$，即基极电位最低。

综上所述，三极管输出特性曲线的 3 个区就是三极管的 3 种工作状态，即截止状态、放大状态和饱和状态。在放大状态，三极管可以实现电流放大作用，模拟电路中三极管常工作于该状态；在饱和和截止状态，三极管相当于开关，常在数字电路中用做开关元件。

给三极管外加不同的偏置，就可以使其工作于不同的状态。在实际电路中，常用测量三极管 3 个电极对地电位的方法来判断三极管的偏置情况，从而判断三极管的实际工作状态。

【例 2—2—1】 如图 2—2—6 所示三极管各极对地电位，试分别判断各三极管的工作状态（其中 NPN 管为硅材料，PNP 为锗材料）。

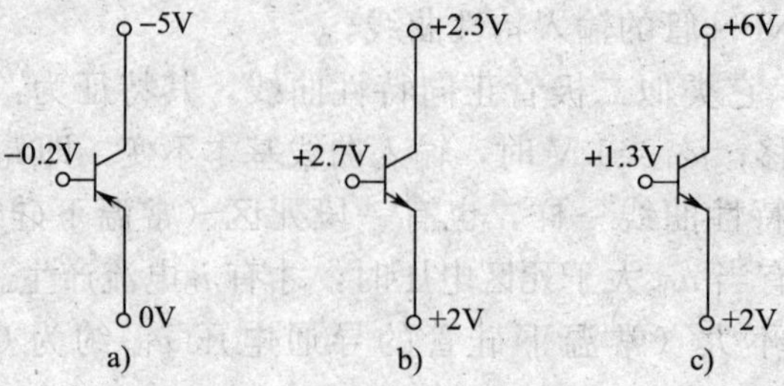

图 2—2—6　例 2—2—1 图

解：根据各极对地电位，可以判断发射结和集电结的偏置情况。

图 2—2—6a 中，三极管为 PNP 型，$U_{EB}=U_E-U_B=0-(-0.2)=0.2\ V>0$，即发射结正偏；$U_{CB}=U_C-U_B=(-5)-(-0.2)=-4.8\ V<0$，即集电结反偏；因此该三极管工作于放大状态。此时，三个电极的电位关系为 $U_C<U_B<U_E$。

图 2—2—6b 中，三极管为 NPN 型，$U_{BE}=U_B-U_E=2.7-2=0.7\ V>0$，即发射结正偏；$U_{BC}=U_B-U_C=2.7-2.3=0.4>0$，即集电结正偏；因此该三极管工作于饱和状态。此时 3 个电极的电位中，基极为最高电位，且 $U_{CES}=U_C-U_E=2.3-2=0.3\ V$。

图 2—2—6c 中，三极管为 NPN 型，$U_{BE}=U_B-U_E=1.3-2=-0.7\ V<0$，即发射结反偏；$U_{BC}=U_B-U_C=1.3-6=-4.7<0$，即集电结反偏；因此该三极管工作于截止状态。此时 3 个电极的电位中，基极为最低电位，且 $U_{CES}=U_C-U_E=2.3-2=0.3\ V$。

【例 2—2—2】　测得某放大电路中三极管的 3 个电极 x、y、z 的对地电位为 $U_x=-9\ V$，$U_y=-6\ V$，$U_z=-6.2\ V$，试判断三极管是 NPN 型还是 PNP 型？是硅管还是锗管？电极 x、y、z 怎样对应三极管的 3 个极 e、b、c。

解：已知三极管工作在放大状态，则无论是 NPN 型还是 PNP 型管，中间电位的电极必是基极；与基极电位差满足发射结正向导通压降的电极即为发射极，并根据正向导通压降数值可以判断管子的材料；根据 3 个电极的电位关系，可以判断出管子的类型。

根据已知的电位，可以判断 $U_z=-6.2\ V$ 为中间电位，即 z 对应的为基极 b；发射结的正向导通压降 $U_{yz}=U_y-U_z=(-6)-(-6.2)=0.2\ V$，即 y 对应的为发射极 e，且管子材料为锗管；那么 x 对应的电极为集电极 c；排列 3 个电位的关系为 $U_x<U_z<U_y$，即 $U_C<U_B<U_E$，则管子的类型为 PNP 型。

二、共射极基本放大电路（做前置放大）

放大电路的基本种类有共基极放大电路（CB）、共集电极放大电路（CC）和共发射极放大电路（CE），本任务以共发射极放大电路作为分析对象。

1. 共射极基本放大电路构成

实现电压放大作用的基本放大电路常采用共射极组态，如图 2—2—7 所示。该放大电路的主要作用是实现电压的放大，又称为基本电压放大电路。整个电路分为输入回路和输出回路两部分：输入信号源（u_s 和内阻 R_s）加在基极和发射极之间，与 C1、R_B、U_{BB} 共同构成输入回路；输出信号 u_o 由集电极和发射级之间取出，与 R_C、U_{CC}、C2 和 R_L 共同构成输出回路。在该电路中，各元件的作用为：

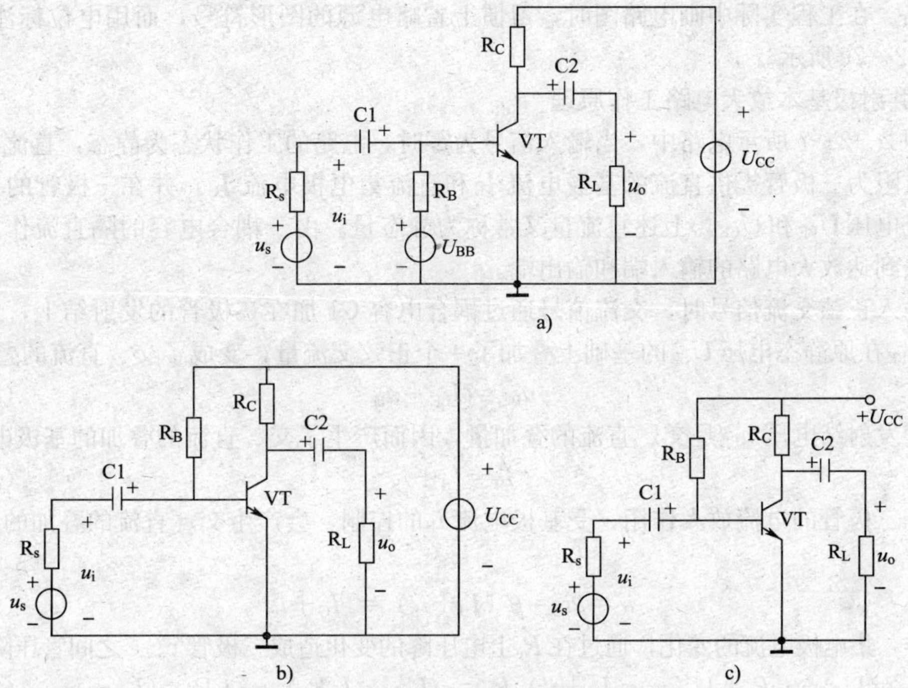

图 2—2—7　共射极组态基本放大电路

a）双电源供电的共射极组态放大电路　b）单电源供电的共射极组态放大电路　c）共射极组态放大电路的习惯画法

（1）三极管 VT 是放大器件，起电流放大作用（用基极电流 i_B控制集电极电流 i_C），是放大电路的核心元件。

（2）直流电源 U_{CC}和 U_{BB}　保证三极管工作在放大状态的偏置条件，使三极管的发射结正偏，集电结反偏；同时也是放大电路的能量来源，提供电流 I_B和 I_C。U_{CC}和 U_{BB}一般在几伏到十几伏之间。

（3）偏置电阻 R_B　用来提供合适的基极偏置电流 I_B，使三极管有一个合适的静态工作点，并为发射结提供正向的偏置电压。R_B一般为几十千欧到几百千欧。

（4）集电极负载电阻 R_C　一方面，将集电极电流 i_C的变化转换为电压的变化，以实现电压放大作用；另一方面，直流电源 U_{CC}通过 R_C加到三极管上，起到直流负载的作用，使三极管获得放大的偏置条件，即集电结反偏。R_C一般为几千欧。

（5）耦合电容 C1、C2　又称隔直电容，一方面使放大电路和信号源及负载间直流相隔离，起隔直作用；另一方面用来传递交流信号，起到交流耦合作用。为了减小传递信号的电压损失，C1、C2 应选得足够大，一般为几微法至几十微法，通常采用电解电容器。实际使用中，注意电容的极性不能接反。

（6）负载电阻 R_L　放大电路的外接负载，由于耦合电容 C2 的隔直作用，只有交流量作用在 R_L上。

在图 2—2—7a 共射极组态放大电路中，使用 U_{CC}和 U_{BB}两个直流电源供电，在实际应用中很不方便。由于 U_{CC}和 U_{BB}的负极连在一起，如果选取 $U_{CC}=U_{BB}$，则完全可以省去电源 U_{BB}，而只用一个电源 U_{CC}供电，得到如图 2—2—7b 所示的实用的单电源供电的共射极组态放大电路。在工程实际中画电路图时，习惯上省略电源的图形符号，而用电位标注法表示，如图 2—2—7c 所示。

2. 共射极基本放大电路工作原理

在图 2—2—7 所示电路中，当输入信号为零时，电路的工作状态为静态，直流电源通过各偏置电阻为三极管提供直流的基极电流 I_B 和直流集电极电流 I_C，并在三极管的 3 个极间形成直流电压 U_{BE} 和 U_{CE}。上述直流量又常称为静态量。由于耦合电容的隔直流作用，直流电压无法到达放大电路的输入端和输出端。

当输入正弦交流信号时，交流信号通过耦合电容 C1 加在三极管的发射结上，发射结上的电压 u_{BE} 在原静态电压 U_{BE} 的基础上叠加了一个正弦交流量，变成了交、直流的叠加

$$u_{BE}=U_{BE}+u_{be} \tag{2—2—4}$$

由于发射结电压 u_{BE} 是交、直流的叠加量，因而产生了交、直流的叠加的基极电流 i_B

$$i_B=I_B+i_b \tag{2—2—5}$$

由于三极管的电流放大作用，受基极电流 i_B 的控制，会产生交、直流的叠加的集电极电流 i_C

$$i_C=\beta i_B=\beta\ (I_B+i_b)\ =\ I_C+i_c \tag{2—2—6}$$

同样，集电极电流的变化，通过在 R_c 上电压降的变化造成三极管 c、e 之间管压降的变化

$$u_{CE}=U_{CC}-i_C R_c=U_{CC}-\ (I_C+i_c)\ R_c=\ (U_{CC}-I_C R_c)\ -\ i_c R_c=U_{CE}+u_o \tag{2—2—7}$$

因此 u_{CE} 也是交、直流的叠加，其中，交流量 $u_o=\ u_{ce}=\ -i_c R_c$。

由以上分析可得到放大电路中各变量的波形，如图 2—2—8 所示。电路中的 i_B、i_C、u_{CE} 都是在静态直流量的基础上叠加了一个交流量，其中直流量是由直流电源及偏置电阻决定的，不随输入信号而改变，而交流量随输入信号而变化。u_{CE} 中的交流量 u_{ce} 经过耦合电容到达负载电阻，形成输出电压 u_o。输入信号 u_i 与输出信号 u_o 都是交流量，u_o 的幅值比 u_i 大得多，并且与 u_i 反相，从而电路完成了电压放大作用。

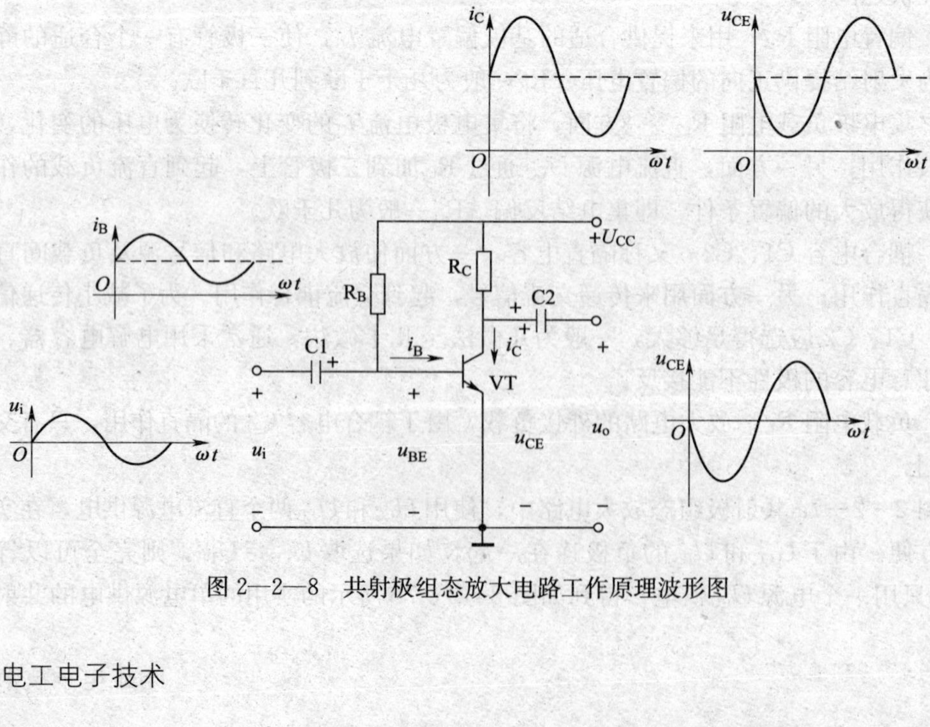

图 2—2—8 共射极组态放大电路工作原理波形图

3. 共射极基本放大电路直流通路分析

由于放大电路中的 i_B、i_C、u_{CE}都是交直流叠加量，而直流量是由直流电源及偏置电阻决定的，不随输入信号而改变；交流输入信号的变化只影响交流量。因此，根据叠加原理，在分析放大电路时，可以采用将交、直流信号分开的办法来分析。

放大电路中只考虑直流电源的作用，交流输入信号为零时的状态，称为静态。静态时电流的流通路径称为直流通路。I_B、I_C 和 U_{CE} 3 个静态值确定后，在输出特性曲线上就对应一个确定的点，称为静态工作点，用 Q 表示。静态分析的任务就是确定静态工作点 Q，即确定静态时的 I_B、I_C和 U_{CE}，习惯上常用 I_{BQ}、I_{CQ}和 U_{CEQ}来表示 Q 的值。

对放大电路的分析，常将直流量和交流量分开分析，即分为静态分析和动态分析。静态分析的任务是确定三极管的静态工作点，常用估算法来确定静态工作点。

直流通路中交流输入信号为零视为将交流输入信号对地短接。基于电容的通交流、阻直流特性和电感的通直流、阻交流特性，直流通路中电容视为开路，电感视为短路。

以图 2—2—9a 所示电路为例，用估算法求静态工作点，先画出其直流通路，如图 2—2—9b 所示，则可得到

$$I_{BQ}=\frac{U_{CC}-U_{BE}}{R_B}\approx\frac{U_{CC}}{R_B}$$

$$I_{CQ}=\beta I_{BQ}$$

$$U_{CEQ}=U_{CC}-I_{CQ}R_C$$

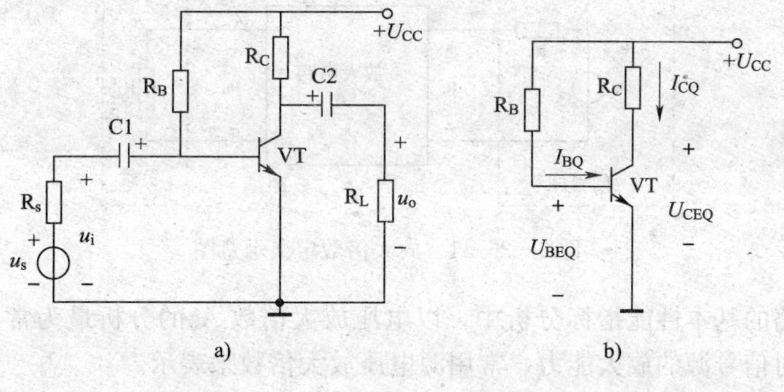

图 2—2—9 共射放大电路的直流通路

a）共射放大电路 b）直流通路

4. 共射极基本放大电路的动态分析

在放大电路中只考虑交流输入信号的作用，直流电源为零时的状态称为动态。动态时电流的流通路径称为交流通路，如图 2—2—10b 所示。

动态分析的主要任务是确定放大电路的动态性能，包括放大电路的基本性能指标（电压放大倍数 A_u、输入电阻 R_i和输出电阻 R_o），输出动态范围，失真情况等。

（1）放大电路的基本动态性能指标 放大电路的动态性能指标主要用于衡量放大电路工作性能的优劣，电压放大倍数、输入电阻和输出电阻是最基本的性能指标。

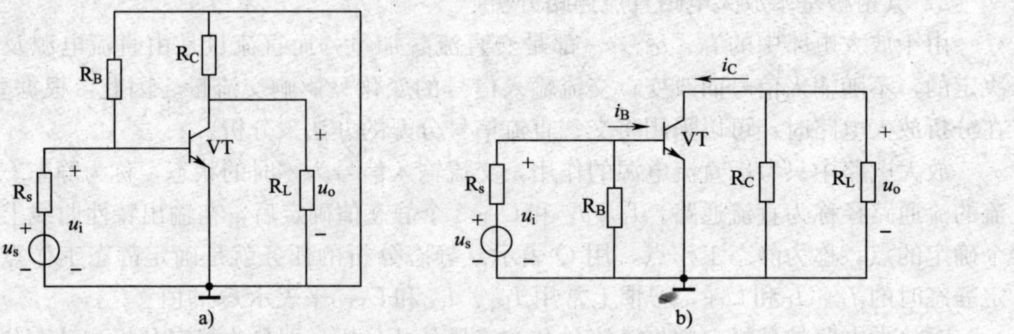

图 2—2—10　共射极放大电路的交流通路

a）共射极放大电路　b）交流通路

1）放大倍数 A。放大倍数是衡量放大电路放大能力的指标，它定义为输出信号与输入信号之比。电压放大倍数定义为：

$$A_u = \frac{u_o}{u_i} \qquad (2—2—8)$$

放大电路中各个物理量如图 2—2—11 所示，图中 u_s是信号源电压，R_s是信号源内阻，u_i是放大电路输入端口处的信号电压，i_i是放大电路输入端的电流，u_o是输出电压，R_L是负载电阻，i_o是输出电流。

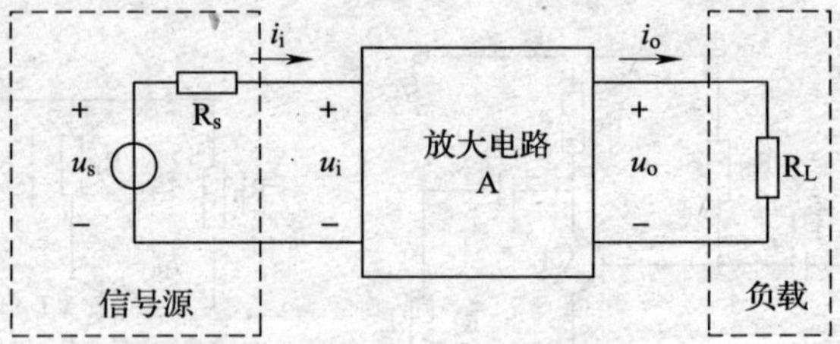

图 2—2—11　放大倍数定义示意图

在放大电路的基本性能指标分析中，以电压放大倍数 A_u的分析最为常见。另外，为了表征放大电路对信号源的放大能力，常用源电压放大倍数来表示。

源电压放大倍数的定义为

$$A_{us} = \frac{u_o}{u_s} \qquad (2—2—9)$$

2）输入电阻 R_i。输入电阻 R_i是指从放大电路输入端看进去的等效电阻，是衡量放大电路对信号源影响程度的指标。因为放大电路与信号源相连接，放大电路的输入电阻就相当于信号源的负载，所以由图 2—2—12 可得到 R_i的定义为

$$R_i = \frac{u_i}{i_i} \qquad (2—2—10)$$

因为有 R_s的存在，所以 u_i要小于 u_s，它们的关系为

$$u_i = u_s \frac{R_i}{R_s + R_i} \qquad (2—2—11)$$

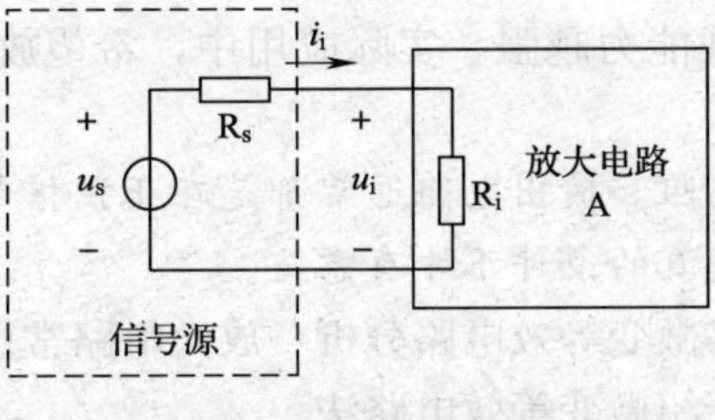

图 2—2—12　输入电阻的定义

R_i越大，说明放大电路从信号源吸取的电流就越小，信号源内阻上的电压降就越小，放大电路的实际输入电压 u_i就越接近于信号源电压 u_s，表明放大电路对信号源的影响越小。在实际应用中，希望减小放大电路对信号源的影响，因此希望 R_i大些。

由式（2—2—9）～式（2—2—11）可得源电压放大倍数为

$$A_{us}=\frac{u_o}{u_s}=\frac{u_o}{u_i}\times\frac{u_i}{u_s}=\frac{R_i}{R_s+R_i}A_u \qquad (2—2—12)$$

3）输出电阻 R_o。输出电阻 R_o是衡量放大电路带负载能力的指标。在电路分析理论中将输出电阻 R_o定义为负载开路、输入信号源电压 u_s为零时，放大电路的输出端口呈现等效交流电阻，即在输出端加一个交流电压 u_o，在 u_o作用下产生输出电流 i_o，如图 2—2—13 所示，则输出电阻为

$$R_o=\left.\frac{u_o}{i_o}\right|_{u_s=0,R_L\to\infty} \qquad (2—2—13)$$

在实际测量 R_o时，按照上述的理论公式在输出端增加一个交流电源 u_o很不方便。由于从输出端来看，放大电路对负载相当于一个信号源（电压源），如图 2—2—13 所示，信号源内阻就是输出电阻 R_o，信号源电动势就是负载开路时放大电路的开路电压 u_{ot}，放大电路与负载相接后的输出电压为 u_o，则由图 2—2—14 的等效电路可得

$$u_o=\frac{R_L}{R_o+R_L}u_{ot} \qquad (2—2—14)$$

则

$$R_o=\left(\frac{u_{ot}}{u_o}-1\right)R_L \qquad (2—2—15)$$

式（2—2—15）是实验方法测量输出电阻的常用公式，只要测量出放大电路在带负载和不带负载两种情况下的输出电压 u_o和 u_{ot}，就可计算出输出电阻 R_o。

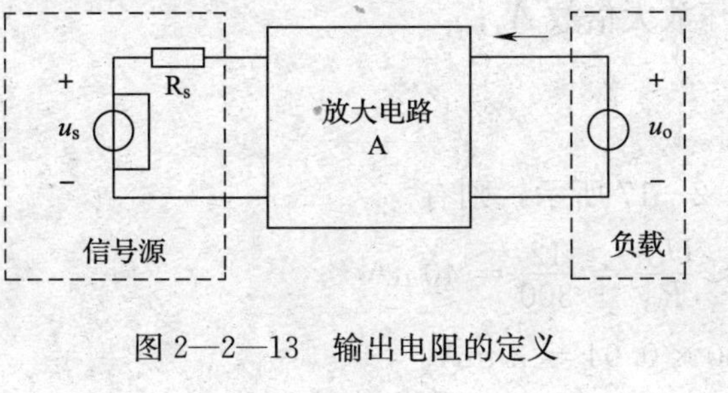

图 2—2—13　输出电阻的定义

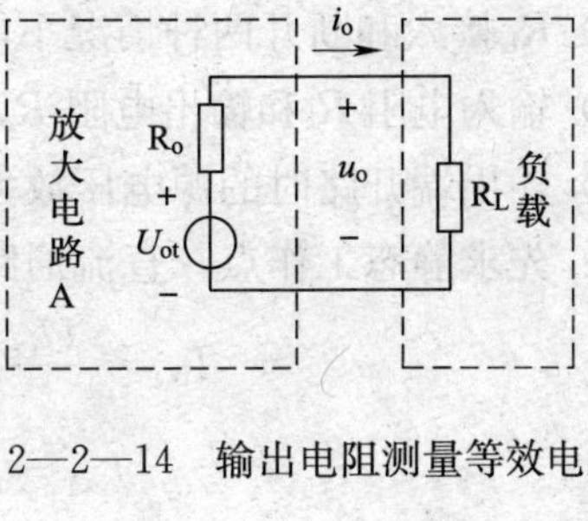

图 2—2—14　输出电阻测量等效电路

由式（2—2—14）可知：输出电阻 R_o越小，u_o与 u_{ot}越接近，输出电压 u_o受负载 R_L的影响越小，即放大电路的带负载能力越强。实际应用中，希望放大电路具有较强的带负载能力，因此希望 R_o小些。

注意：放大倍数、输入电阻和输出电阻通常都是在正弦信号下的交流参数，只有在放大电路处于放大状态且输出不失真的条件下才有意义。

（2）共射极基本放大电路微变等效电路分析　放大电路常用的动态分析方法有图解法和微变等效电路法，这里主要介绍微变等效电路法。

三极管的微变等效电路主要是将非线性的三极管器件在微小输入信号的激励下可等效为线性元件，这样可以方便电路的等效变换。

1）基极和发射极之间的等效。三极管的输入端等效动态输入电阻 r_{be}为

$$r_{be}=r_{bb'}+(1+\beta)r_e=r_{bb'}+(1+\beta)\frac{26}{I_{EQ}}\Omega \qquad (2—2—16)$$

基区体电阻 $r_{bb'}$约在几十至几百欧之间，可由元器件手册查到，特定三极管的 $r_{bb'}$是一个与工作状态无关的常数。对于低频小功率管，若 $0.1\ \text{mA}<I_{EQ}<5\ \text{mA}$，$r_{bb'}$可按 200 Ω 进行估算。

2）集电极和发射极之间的等效。输出特性曲线在放大区域内可认为呈水平线，集电极电流的微小变化 Δi_c仅与基极电流的微小变化 Δi_b有关，而与电压 u_{CE}无关，故集电极和发射极之间可等效为一个受 i_b控制的电流源，即

$$i_c=\beta i_b$$

因此，三极管的微变等效电路如图 2—2—15 所示。

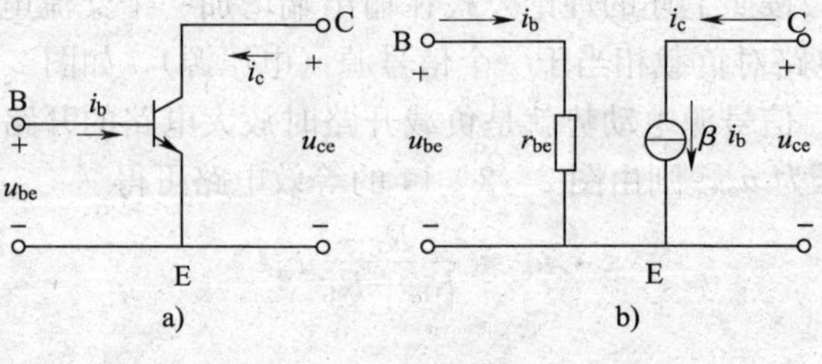

图 2—2—15　三极管的微变等效电路

a）三极管电路　b）三极管的微变等效电路

【例 2—2—3】　如图 2—2—16 所示电路，已知 $U_{CC}=12\ \text{V}$，$R_B=300\ \text{k}\Omega$，$R_C=3\ \text{k}\Omega$，$R_L=3\ \text{k}\Omega$，$R_s=3\ \text{k}\Omega$，$\beta=50$，试求：

（1）R_L接入和断开两种情况下电路的电压放大倍数 A_u；

（2）输入电阻 R_i和输出电阻 R_o；

（3）输出端开路时的源电压放大倍数 A_{us}。

解：先求静态工作点，直流通路如图 2—2—17 所示，则有

$$I_{BQ}=\frac{U_{CC}-U_{BEQ}}{R_B}\approx\frac{U_{CC}}{R_B}=\frac{12}{300}=40\ \mu\text{A}$$

$$I_{CQ}=\beta I_{BQ}=50\times 0.04=2\ \text{mA}$$

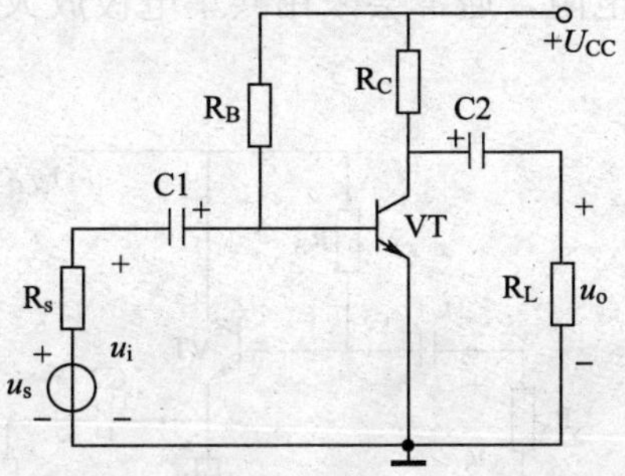

图 2—2—16　例 2—2—3 电路图

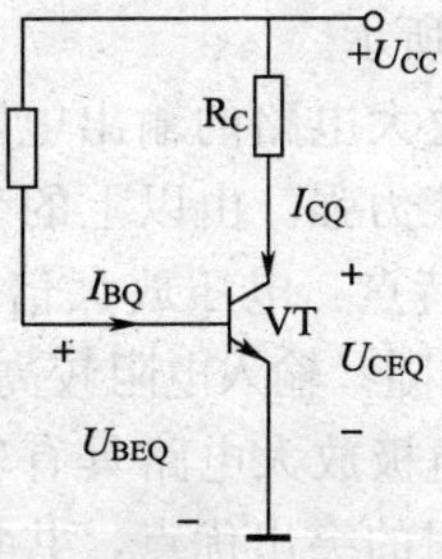

图 2—2—17　例 2—2—3 电路的直流通路

$$U_{CEQ} = U_{CC} - I_{CQ}R_C = 12 - 2\times 3 = 6\ \text{V}$$

再求三极管的动态输入电阻为

$$r_{be} = 200 + (1+\beta)\frac{26}{I_{EQ}} = 200 + (1+50)\times\frac{26}{2} = 863\ \Omega \approx 0.86\ \text{k}\Omega$$

（1）R_L接入和断开时微变等效电路如图 2—2—18a 和图 2—2—18b 所示。

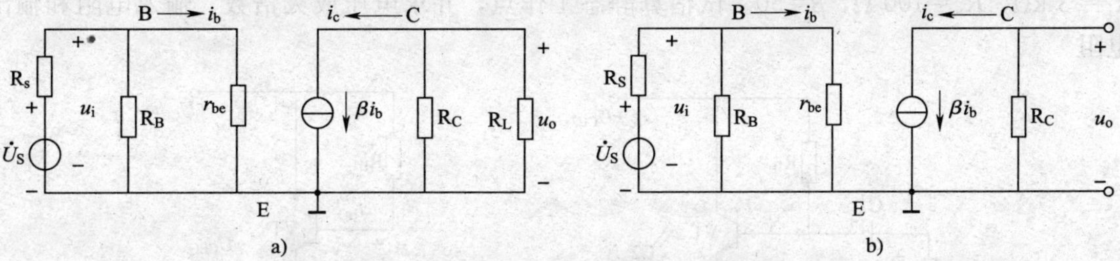

图 2—2—18　放大电路的微变等效电路

a）R_L 接入时的微变等效电路　b）R_L 断开时的微变等效电路

那么 R_L接入时的电压放大倍数 A_u为

$$A_u = -\frac{\beta R'_L}{r_{be}} = -\frac{50\times\frac{3\times 3}{3+3}}{0.86} = -87\text{（负号表示反相）}$$

R_L断开时的电压放大倍数 A_u为

$$A_u = -\frac{\beta R_C}{r_{be}} = -\frac{50\times 3}{0.86} = -174$$

（2）输入电阻 R_i为

$$R_i = R_B // r_{be} = 300//0.86 \approx 0.86\ \text{k}\Omega$$

输出电阻 R_o为：

$$R_o = R_C = 3\ \text{k}\Omega$$

（3）
$$A_{us} = \frac{u_o}{u_s} = \frac{u_i}{u_s}\times\frac{u_o}{u_i} = \frac{R_i}{R_s + R_i}A_u = \frac{1}{3+0.86}\times(-174) = -45$$

三、共集电极放大电路

从例 2—2—3 题中计算得到的 R_i为 0.86 kΩ 可知，共发射极放大电路的输入电阻较小，不适合信号的传输，所以需要改善电路的输入、输出电阻，通常会采用共集电极放大电路，如图 2—2—19 所示。

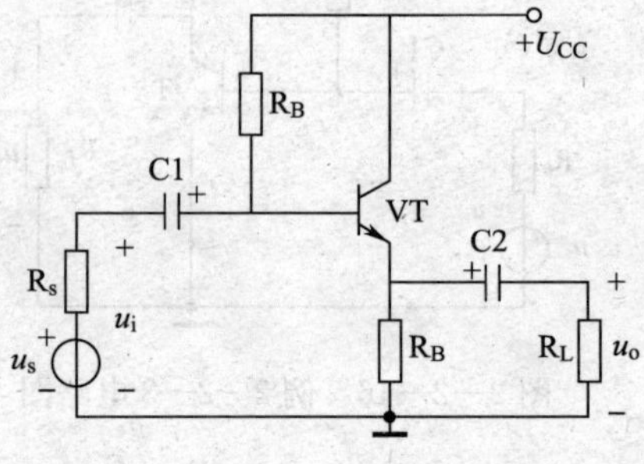

图 2—2—19　共集电极放大电路

共集电极放大电路的输出电阻很低，说明射极跟随器带负载能力强。由以上的分析可得出共集电极放大电路的特点：电压放大倍数小于 1，但约等于 1，即电压跟随；输入电阻较高；输出电阻较低。

基于共集电极放大电路具有较高的输入电阻和较低的输出电阻的突出优点，共集电极放大电路常用做多级放大器的第一级或最末级，也可用于中间隔离级。用做输入级时，其较高的输入电阻可以减轻信号源的负担，提高放大器的输入电压；用做输出级时，其低的输出电阻可以减小负载变化对输出电压的影响，并易于与低阻负载相匹配，向负载传送尽可能大的功率，即在输出级常作为功率放大器使用。

【例 2—2—4】 如图 2—2—20a 所示电路，已知 $U_{CC}=12$ V，$R_B=200$ kΩ，$R_E=2$ kΩ，$R_L=3$ kΩ，$R_s=100$ Ω，$\beta=50$。试估算静态工作点，并求电压放大倍数、输入电阻和输出电阻。

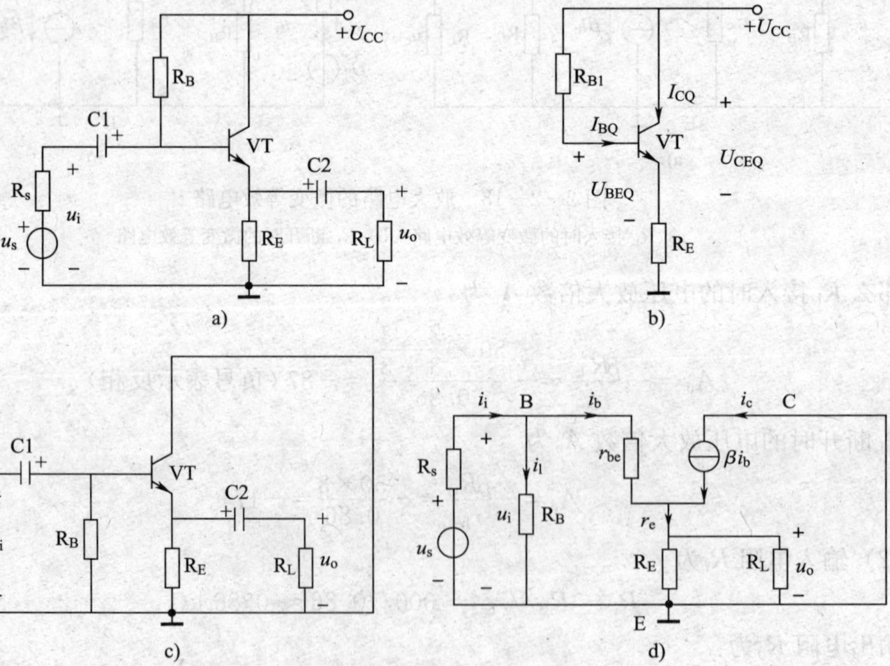

图 2—2—20　例 2—2—4 电路图

a）放大电路　b）直流通路　c）交流通路　d）微变等效电路

解：

（1）画出直流通路，如图 2—2—20b 所示，用估算法计算静态工作点，则有

$$I_{BQ}=\frac{U_{CC}-U_{BEQ}}{R_B+(1+\beta)R_E}=\frac{12-0.7}{200+(1+50)\times 2}=0.037\ 4\ \text{mA}=37.4\ \mu\text{A}$$

$$I_{CQ}=\beta I_{BQ}=50\times 0.0374=1.87\ \text{mA}$$

$$U_{CEQ}\approx U_{CC}-I_{CQ}R_E=12-1.87\times 2=8.26\ \text{V}$$

(2) 画出交流通路，如图 2—2—20b 所示，画出微变等效电路，如图 2—2—20c 所示。求得电压放大倍数 A_u、输入电阻 R_i和输出电阻 R_o为

$$r_{be}=300+(1+\beta)\frac{26}{I_{CQ}}=300+(1+50)\times\frac{26}{1.87}=1\,009\ \Omega\approx 1\ \text{k}\Omega$$

令 $R'_L=R_E//R_L=2//3=1.2\ \text{k}\Omega$，则

$$A_u=\frac{u_o}{u_i}=\frac{(1+\beta)\ R'_L}{r_{be}+\ (1+\beta)\ R'_L}=\frac{(1+50)\ \times 1.2}{1+\ (1+50)\ \times 1.2}=0.98$$

$$R_i=R_B//[r_{be}+(1+\beta)R'_L]=200//[1+(1+50)\times 1.2]=47.4\ \text{k}\Omega$$

$$R_o\approx\frac{r_{be}+R_s}{\beta}=\frac{1\,000+100}{50}=22\ \Omega$$

任务实施

一、工具、器材准备

1. 元器件准备

300 kΩ 碳膜电阻 1 个，3 kΩ 碳膜电阻 4 个，200 kΩ 碳膜电阻 1 个，2 kΩ 碳膜电阻 1 个，100 Ω 碳膜电阻1 个，电流放大系数 β=50 的三极管 3 个。

2. 数字万用表。

3. U_{CC}=12 V 电源。

4. 实验电路板。

二、电路设计

作为前置放大电路，假设此电路的电压放大倍数为 100 左右，采用三极管共发射极电路，其中电源电压为 U_{CC}=12 V，R_B=300 kΩ，R_C=3 kΩ，R_L=3 kΩ，R_s=3 kΩ，三极管的电路放大系数 β=50。

经过简单计算可得，该共发射极放大电路的输入电阻 R_i 为 0.86 kΩ，偏小，故而在前面加一级射极跟随器，以提高输入电阻。

射极跟随器的电路参数为已知 R_B=200 kΩ，R_E=2 kΩ，R_L=3 kΩ，R_s=100 Ω，三极管 β=50。

经过简单计算，得到该电路的 R_i=47.4 kΩ，具有较好的电路传输特性。

结合前面所学的内容，只需在共发射极放大电路的前面再接一个射极跟随器（即电压跟随器），就可以满足设计所要求的前置放大电路。

三、电路安装

1. 核对元器件

根据电路设计结果核对元器件数量、规格和型号。

2. 元器件质量检测

三极管的检测：测试三极管应使用万用表的蜂鸣挡。假定并不知道被测三极管是 NPN 型还是 PNP 型，也分不清各管脚是什么电极。测试的第一步是判断哪个管脚是基极，这时任取两个电极（如这两个电极暂为 1、2)，用万用表两支表笔颠倒测量它的正、反向电阻，观察指针的偏转角度；接着，再取 1、3 两个电极和 2、3 两个电极，分别颠倒测量它们的正、反向电阻，观察指针的偏转角度。在这三次颠倒测量中，必然有两次测量结果相近：即颠倒测量中指针一次偏转大，一次偏转小；剩下一次必然是颠倒测量前后指针偏转角度都很小，这一次未测的那只管脚就是要寻找的基极。

3. 元器件引脚预加工

三极管的预加工主要是将 3 个脚分开到合适的角度，以方便安装在面包板上，注意不要将引脚掰开得太大，以免损伤管子。

4. 安装元器件

本设计电路安装在面包板上，在面包板上放置元件之前，先要将整体布局大致地设计好，不能随意乱搭电路，除了注意要尽量将电路排布得横平竖直之外，还要根据面包板的连线要求适当调整。

在整体的布局设计好之后，可以按照从前往后的顺序来安插元器件，直至将所有元器件全部放置好。

装配时，务必注意不要将三极管的引脚短接，要注意面包板的内部线路连接。

四、电路调试

1. 检查电路板，接通 12 V 电压源。

2. 用信号发生器输出一个 $f=1$ kHz、$U_i=10$ mV 的正弦信号，将此信号输入到前置放大电路的输入级。用示波器观察输入与输出的波形，若没有输出波形，可以先看看示波器的参数设置是否有问题；再者可以检查一下三极管有没有接错，检测电路的连接。如果输出端有波形输出，则表示整个电路可以正常工作。

3. 接上信号源，保持输入信号为 1 kHz，逐渐增大输入信号幅度，调节 RP，使放大器输出波形正峰与负峰恰好同时出现削波失真为止，此时工作点已调至放大区的中点，能放大较大的输入信号。

4. 给放大器输入 1 kHz、10 mV 信号电压，用示波器观察 U_o 的波形，在 U_o 不失真的情况下接一个 3 kΩ 的负载电阻，用示波器读出其电压值，再计算电压放大倍数。若能得到 100 左右的放大倍数，则表示整个电路的设计满足要求了。

任务评价

表 2—2—1 评分标准

序号	考核内容	评分标准	配分	得分
1	测试仪器准备	准备好测试仪器并会使用	10	
2	元器件准备	准备好元器件并会检测元器件	15	

续表

序号	考核内容	评分标准	配分	得分
3	电路设计	按设计要求，设计共射极基本放大电路	30	
4	电路连接	会根据设计的电路，搭建电路	20	
5	电路调试	会分析故障并排除简单故障	20	
6	工作总结	会根据操作进行总结	5	
		合计得分		

思考与练习

1. 如何判断一个三极管的好坏？

2. 设计功率放大电路的前置放大电路。

3. 在图 2—2—21a 所示电路中，输入为正弦信号，输出端得到图 2—2—21b 所示的信号波形。试判断放大电路产生何种失真？是何原因？采用什么措施消除这种失真？

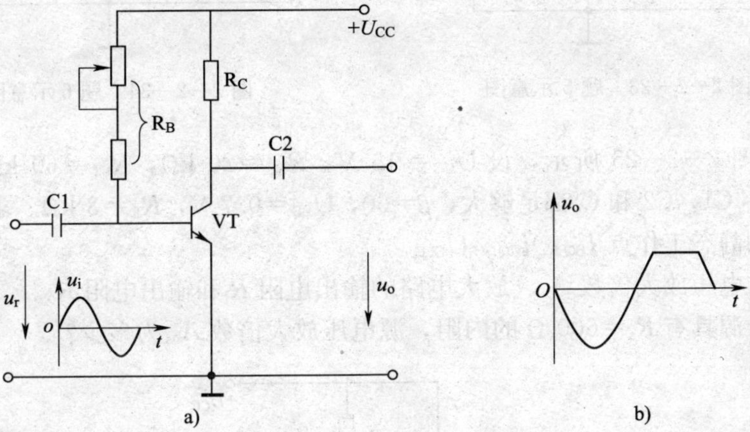

图 2—2—21　题 3 图

a）电路图　b）信号波形

4. 在两个放大电路中，测得三极管各极电流如图 2—2—22 所示。求另一个电极的电流，并在图中标出其实际方向及各电极 e、b、c，判断它们是 NPN 管还是 PNP 管。

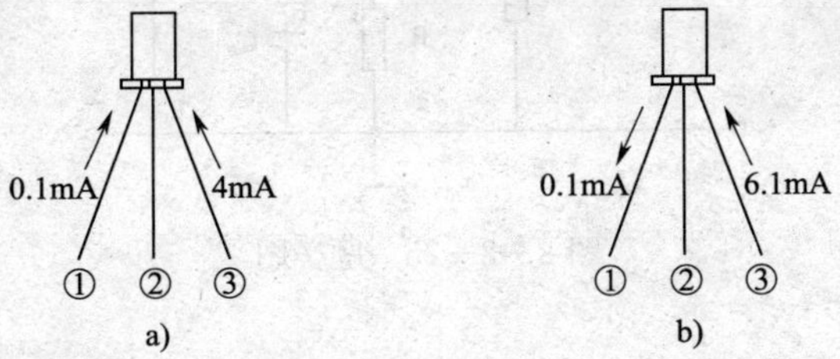

图 2—2—22　题 4 图

a）三极管之一　b）三极管之二

5. 在图 2—2—23 所示电路中，三极管的 $\beta=100$，$R_C=3.2\ k\Omega$，$R_B=320\ k\Omega$，$R_s=38\ k\Omega$，$R_L=6.8\ k\Omega$，$U_{CC}=15\ V$。

试求：(1) 估算静态工作点。

(2) 画出微变等效电路，计算 A_u、R_i和R_o。

6. 电路如图 2—2—24 所示。试问：

(1) 若$U_{CC}=12\ V$，$R_C=3\ k\Omega$，$\beta=75$，要将静态值 I_C调到 1.5 mA，则 R_B为多少？

(2) 在调节电路时若不慎将 R_B调到 0，对三极管有无影响？为什么？

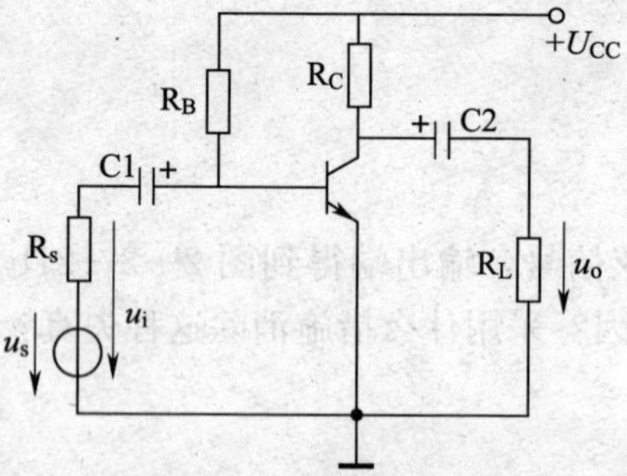

图 2—2—23　题 5 示意图

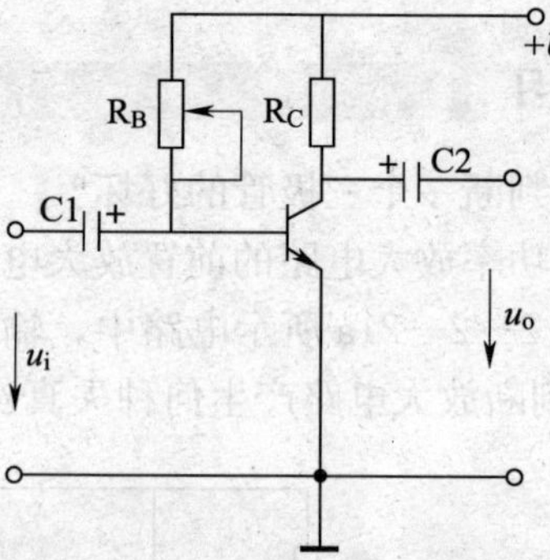

图 2—2—24　题 6 示意图

7. 电路如图 2—2—25 所示，设 $U_{CC}=15\ V$，$R_{b1}=20\ k\Omega$，$R_{b2}=60\ k\Omega$，$R_c=3\ k\Omega$，$R_e=2\ k\Omega$，电容 C1，C2 和 C_e都足够大，$\beta=60$，$U_{BE}=0.7\ V$，$R_L=3\ k\Omega$。求：

(1) 电路的静态工作点 I_{BQ}、I_{CQ}、U_{CEQ}。

(2) 电路的电压放大倍数 A_u、放大电路的输出电阻 R_i和输出电阻 R_o。

(3) 若信号源具有 $R_s=600\ \Omega$ 的内阻，源电压放大倍数 A_{us}为多少？

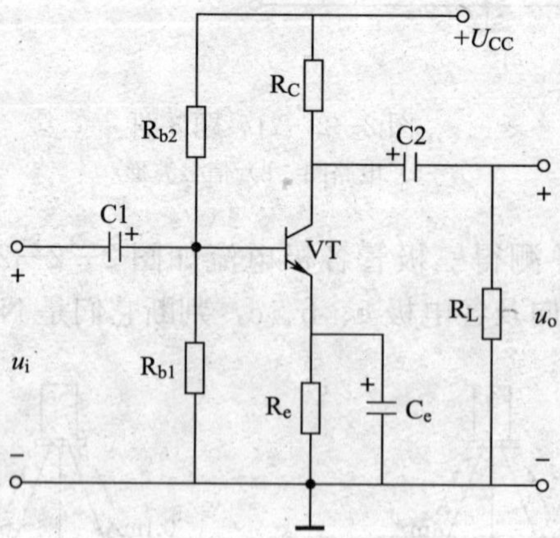

图 2—2—25　题 7 图

任务 3　集成运算放大电路设计与装调

◆ **技能点**

◎ 会对集成运放进行简单的识别与检查

◎ 设计温度测量电路

◎ 能对温度测量电路进行连接、调试与检修

◆ **知识点**

◎ 集成运放的组成和分类

◎ 集成运放的电路特性和电路符号

◎ 集成运放的基本工作原理

◎ 温度测量电路的实现原理

任务提出

集成运算放大器（简称运放）是一种具有极高增益的电压放大器，经由恰当选取的外部元器件，就能构成各种运算电路，如放大、加、减、微分和积分等。

在掌握常用集成运放电路的功能及使用方法的基础上，用集成运放等电路元器件设计一个实用的温度测量电路，该电路测量温度从 0～500℃，输出电压 0～5 V。设计并验证电路的功能，要能正确连接电路，并能排除电路中出现的故障。

任务分析

围绕一个运算放大器连接上外部元器件，就构成了运算放大器电路。一片单纯的运算放大器是作为运算放大器电路中的一个部件来使用的，就如同一个电阻器、电容器一样。理想运算放大器概念的确立，为研究和使用运算放大器提供了极大的方便。

温度测量电路是用集成运放加上外接电路元器件设计而成，其关键的元器件是热敏电阻（温度传感器）和集成运放。一般由 4 个电阻构成 1 个电桥，当热敏电阻 R_t 的阻值不等于 RP 电阻值时，电桥输出一个压差信号，这个压差信号送到差分放大器 N 进行放大，以此来检测环境温度的变化。温度传感器是利用其电阻和温度成一定函数关系而制成，如铂电阻 Pt100，其在 0℃时阻值为 100 Ω，500℃时阻值是 283.8 Ω，由于其具有准确度高、测量范围大及稳定性好等优点，被广泛用于中温范围的温度测量中。

相关知识

一、集成运放

20 世纪 60 年代仙童半导体公司研制出了第一块集成运算放大器，并成为了工业标准，

这就是普遍流行的 μA741，它的电压增益达到 2×10^5。按照增益的量级集成运算放大器可分为低增益运放（1×10^3）、中增益运放（1×10^4）及高增益运放（1×10^5）。实际上，运算放大器有别于其他所有电压放大器的就是它增益大小，增益是越高越好，运算放大器理想条件就是有一个无限大的电压增益。

1．集成运放的电路符号及含义

集成运算放大器的图形符号如图 2—3—1 所示。其中，图 2—3—1a 所示是国际标准符号，图 2—3—1b 所示为习惯通用画法。“－”符号代表反相输入端，“＋”代表同相输入端，它们对地的电压分别用 u_+ 和 u_- 表示，输出电压为 u_o。“▷”代表信号从输入端向输出端流动，“∞”代表运算放大器开环增益，理想情况下可以看成无穷大的。

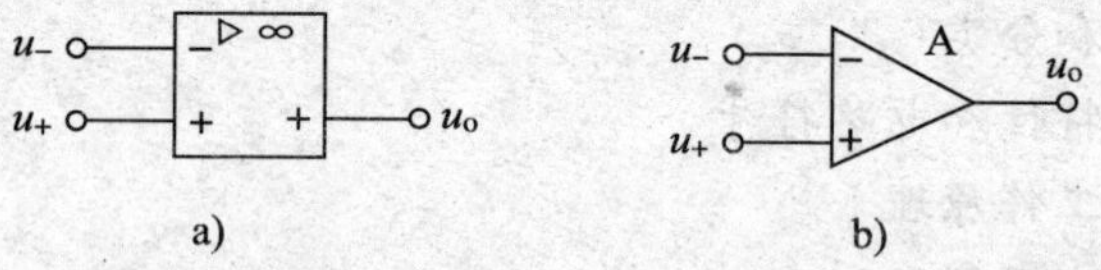

图 2—3—1　集成运算放大器符号

a）国际标准符号　b）习惯通用画法

2．理想集成运放组成

在图 2—3—2 中，集成运算放大器内部电路包括差动输入级、电压放大级、输出级以及偏置电路等。差动输入级的任务是提高输入电阻和抑制温度漂移，这对集成运算放大器的质量起关键的作用。电压放大级采用共射极放大电路，用来产生足够大的电压放大倍数，应具有较高的输入电阻。放大管一般由复合管组成，并采取措施提高集电极负载电阻。输出级主要是输出足够大的电流，能提高带负载能力。所以，要求该级应具有很低的输出电阻和很高的输入电阻，一般采用射极输出器的方式。偏置电路为集成运放内部的恒流源提供稳定的偏置电压。

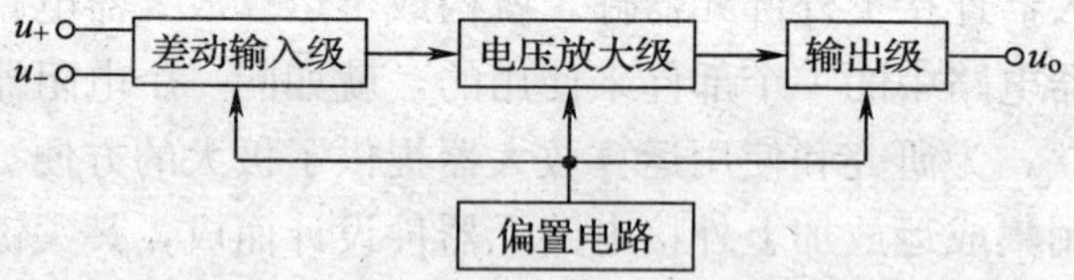

图 2—3—2　集成运算放大器内部电路框图

3．理想集成运放工作特点

（1）虚短　由于两输入端之间的电压为零，相当于两输入端短路，但又不是真正的短路，故称为“虚短”。虚短实际上指的是两输入端的电压相同，即 $u_+=u_-$。

（2）虚断　由于差模输入电阻为无穷大，所以两输入端的电流为零，相当于断开，但又不是真正的断开，故称为“虚断”。虚断表明两输入端不取电流，即 $i_+=i_-=0$。

当集成运算放大器工作在线性放大状态时，运用虚短、虚断的概念，可使电路的分析大为简化。

二、集成运算放大器构成的基本运算电路

在实际应用中，可以将集成运算放大器按照理想运算放大器来对待。在一个运算放大器连接上外部元件，就构成了运算放大器电路。下面介绍由集成运放构成的基本运算放大电路。

（1）同相放大器　图 2—3—3 所示为运放构成的同相放大器，输入信号加到运放的同相输入端，输出电压通过 R_f 接到反相输入端，且 $R_2=R_1//R_f$。这里 R_f 引入的是电压串联负反馈。电路分析如下：

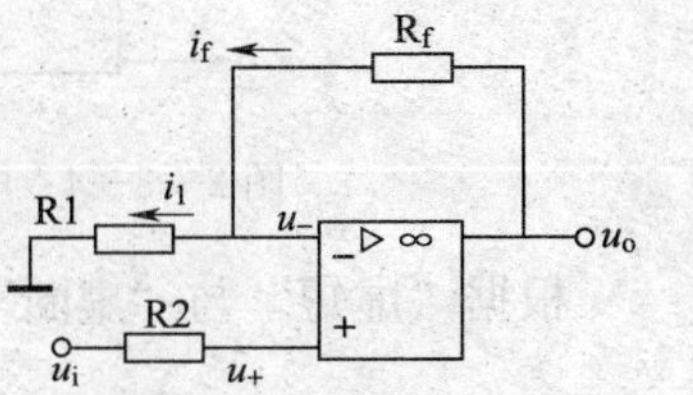

图 2—3—3　同相放大器

1）同相放大器的电压增益。根据"虚断"的概念，流过 R_2 的电流为零，则 $u_+=u_i$，且 $i_1=i_f$；根据"虚短"的概念，$u_+=u_i=u_-$。由于 $i_1=i_f$，则 $u_-=\frac{R_1}{R_1+R_f}u_o$。因此，电路的电压增益为

$$A_u=\frac{u_o}{u_i}=1+\frac{R_f}{R_1} \tag{2—3—1}$$

当运算放大器被看成是一种理想器件时，由其构成的闭环电路增益只与其外围元件有关，该器件应用变得十分简单。

从同相放大器可以看出，一个放大电路的闭环增益仅仅取决于一个电阻的比值，对于设计者来说提供了极大的好处，它使得获取要得到的增益非常容易，并且使运算放大器电路设计成为一件非常容易的工作。

2）集成运算放大器工作在理想状态下的优点

①可以获得任意增益的放大器，如需要一个增益为 2 的放大器，根据式（2—3—1）可得

$$R_f/R_1=A_u-1=2-1=1$$

因此，可取 $R_1=R_f=100\ \text{k}\Omega$。

②可获得可变增益的放大器，可以将 R_1 或 R_2 用电位器替代使之可变。如若 $R_1=10\ \text{k}\Omega$，而 R_2是一个从 0～100 kΩ 变化的电位器，根据式（2—3—1），计算增益就能从 $1\leqslant A\leqslant 11$ 的范围内改变。

③适当选取电阻器可以使增益 A_u 达到所需要的精度和稳定性，甚至不必要求单个电阻的电阻值，而只需满足它们的比值即可。

在图 2—3—3 所示的同相放大器中，可令同相放大器中的 $R_1=\infty$，$R_f=0$，$R_2=0$，就成为电压跟随器，如图 2—3—4 所示。这种电路的闭环参数为：$A=1$，$R_i=\infty$，$R_o=0$。

作为一个电压放大器，这个跟随器并没有尽职，因为它的增益仅为 1。然而，它的特长是起到一个阻抗变换器的作用。因为从它的输入端看进去，它是一个开路，而从它的输出端看进去，是短路，并且 $u_o=u_i$。

（2）反相放大器　图 2—3—5 所示为反相放大器电路。

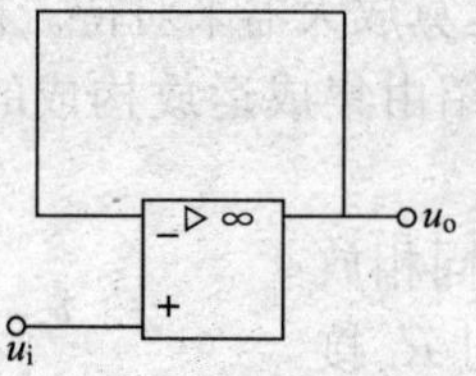

图 2—3—4　电压跟随器

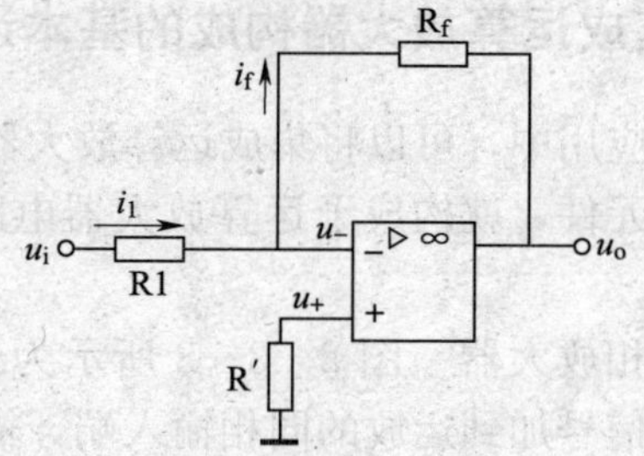

图 2—3—5　反相放大器

根据“虚短”与“虚断”的概念，有

$$i_1 = i_f \quad i_1 = \frac{u_i}{R_1} \quad i_f = -\frac{u_o}{R_f}$$

则反相放大器的闭环电压增益为

$$A_u = \frac{u_o}{u_i} = -\frac{R_f}{R_1} \tag{2—3—2}$$

式（2—3—2）中的负号表示输入电压与输出电压的相位（或极性）相反，不表示数值的正、负。在反相放大器的应用中，放大器的放大倍数等于反馈电阻 R_f 与输入电阻 R_1 之比，而与运算放大器自身的放大倍数无关。调整 R_f 与 R_1 的比值关系（实践中总是调节 R_f 的阻值），便可很方便地调节放大器的放大倍数。

（3）差分放大器　差分放大器有两个输入端和一个输出端，其中 u_{i1} 加在运放的反相，u_{i2} 加在运放的同相，如图 2—3—6 所示。

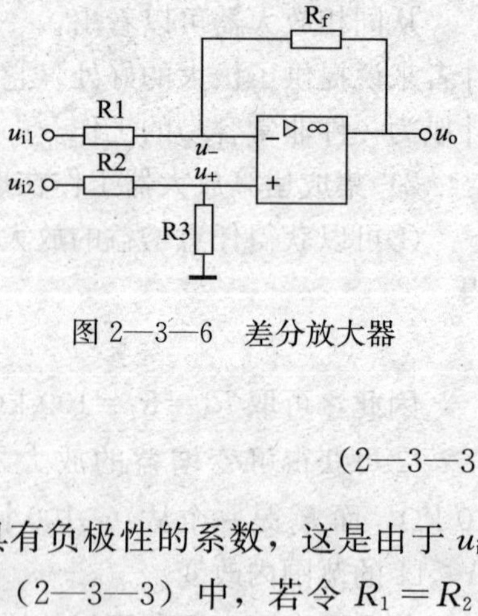

图 2—3—6　差分放大器

根据理想运放的“虚短”和“虚断”概念，则 $u_+ = u_-$，且

$$u_+ = \frac{R_3}{R_2 + R_3} u_{i2}, \quad \frac{u_{i1} - u_-}{R_1} = \frac{u_- - u_o}{R_f}$$

通过整理得到：

$$u_o = \frac{R_f}{R_1}\left(\frac{1 + R_1/R_f}{1 + R_2/R_3} u_{i2} - u_{i1}\right) \tag{2—3—3}$$

从上式可以看出，这个输出是输入的线性组合，但是具有负极性的系数，这是由于 u_{i1} 加在反相边，而 u_{i2} 加在运算放大器的同相边所致。在式（2—3—3）中，若令 $R_1 = R_2$，$R_f = R_3$，则有

$$u_o = \frac{R_f}{R_1}\ (u_{i2} - u_{i1})$$

即此时输出 u_o 与输入电压 $u_{i2} - u_{i1}$ 成正比，故此命名为差分放大器。另外，式（2—3—3）也可以根据叠加定理得到。

（4）求和放大器　求和放大器有两个或多个输入及一个输出，由于输入电压之间的正、负号组合的不同，求和运算有加法运算、减法运算和加减运算等几种类型。求和放大器广泛应用在音频混合中。

1）反相加法运算电路。在图 2—3—7 中，平衡电阻 $R'=R_1//R_2//R_3//R_f$。运用虚地和虚断的概念可得

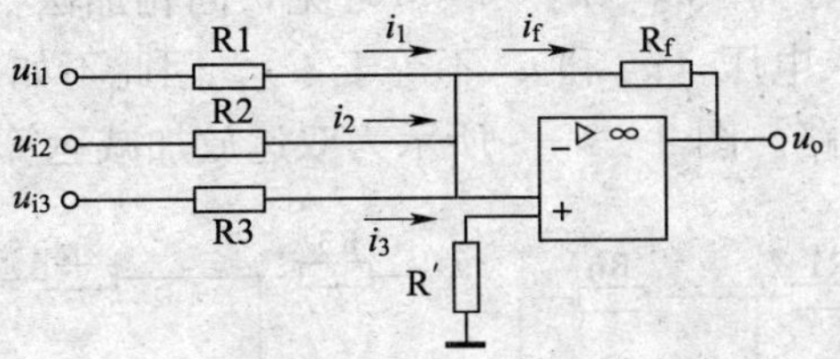

图 2—3—7　反相加法运算电路

$$i_1=\frac{u_{i1}}{R_1},\ i_2=\frac{u_{i2}}{R_2},\ i_3=\frac{u_{i3}}{R_3}$$

$$i_f=i_1+i_2+i_3,\ u_o=-i_fR_f$$

由上述各式可得

$$u_o=-R_f\left(\frac{u_{i1}}{R_1}+\frac{u_{i2}}{R_2}+\frac{u_{i3}}{R_3}\right)\qquad(2—3—4)$$

从式（2—3—4）可以看出，该电路实现了反相加法运算。如果对输入端的个数增、减时，只需调整某一路的输入端电阻，而不影响其他支路输入电压与输出电压的比例关系，故调节起来十分方便。当 $R_1=R_2=R_3$ 时，那么就有

$$u_o=-\frac{R_f}{R_1}(u_{i1}+u_{i2}+u_{i3})\qquad(2—3—5)$$

式（2—3—5）说明 u_o是正比于各输入的真实和，若将 R_f用一个可变电阻代替，那么比例常数$\frac{R_f}{R_1}$自高而低变化直至为零，u_o就成为可调的输出电压。若 $R_1=R_2=R_3=R_f$，则有

$$u_o=-(u_{i1}+u_{i2}+u_{i3})$$

2）同相加法运算电路。在图 2—3—8 中，运用虚地和虚断的概念可得

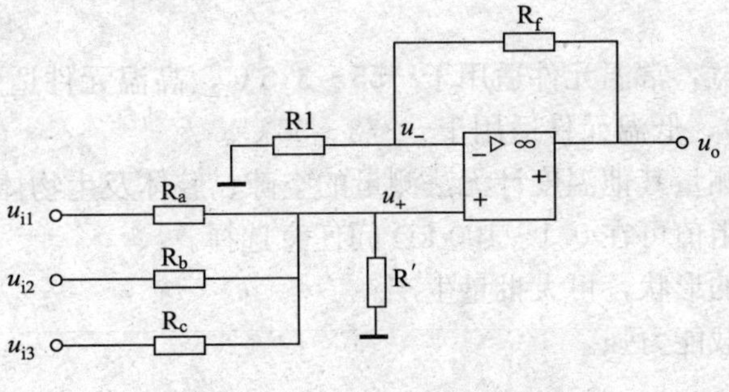

图 2—3—8　同相加法运算电路

$$\frac{u_{i1}-u_+}{R_a}+\frac{u_{i2}-u_+}{R_b}+\frac{u_{i3}-u_+}{R_c}=\frac{u_+}{R'}$$

则
$$u_+=(R'//R_a//R_b//R_c)\left(\frac{u_{i1}}{R_a}+\frac{u_{i2}}{R_b}+\frac{u_{i3}}{R_c}\right)\qquad(2—3—6)$$

若令 $R=R'//R_a//R_b//R_c$，式（2—3—6）为 $u_+=R\left(\frac{u_{i1}}{R_a}+\frac{u_{i2}}{R_b}+\frac{u_{i3}}{R_c}\right)$，又因为 $u_+=$

$u_{-}=\frac{R_1u_o}{R_1+R_f}$，所以$\frac{R_1u_o}{R_1+R_f}=R\left(\frac{u_{i1}}{R_a}+\frac{u_{i2}}{R_b}+\frac{u_{i3}}{R_c}\right)$。当$R'=R_a=R_b=R_c$时，则$u_o=\frac{R_1+R_f}{4R_1}$（$u_{i1}+u_{i2}+u_{i3}$）；当$R_f=R_1$时，则$u_o=u_{i1}+u_{i2}+u_{i3}$。可见，同相加法器的输出和输入同相，但同相加法电路中存在共模输入电压（u_+和u_-不等于零），因此不如反相输入加法器应用普遍。

3）双运放加减运算电路。图 2—3—9 所示为双运放加减运算电路。

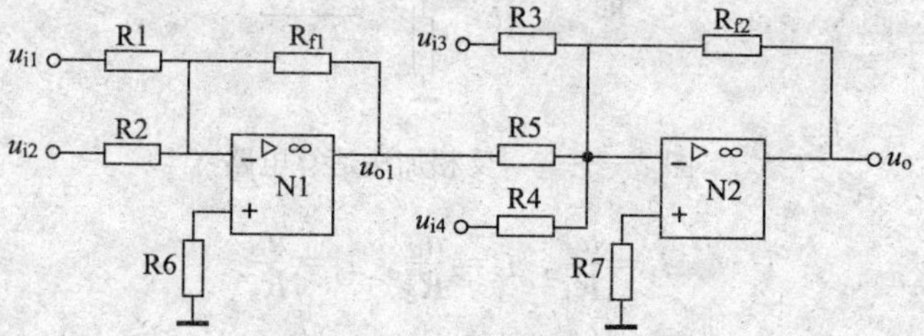

图 2—3—9　双运放加减运算电路

图 2—3—9 所示电路是由两级反相加法运算电路组成的，其中$R_6=R_1//R_2//R_{f1}$，$R_7=R_3//R_4//R_5//R_{f2}$。由于$u_{o1}=-R_{f1}$（$u_{i1}/R_1+u_{i2}/R_2$），则

$$u_o=-R_{f2}\left(\frac{u_{o1}}{R_5}+\frac{u_{i3}}{R_3}+\frac{u_{i4}}{R_4}\right)=R_{f2}\left(\frac{R_{f1}}{R_1R_5}u_{i1}+\frac{R_{f1}}{R_2R_5}u_{i2}-\frac{u_{i3}}{R_3}-\frac{u_{i4}}{R_4}\right) \quad (2—3—7)$$

三、温度传感器

热敏电阻器是敏感元件的一类，按照温度系数不同分为正温度系数热敏电阻器（PTC）和负温度系数热敏电阻器（NTC）。热敏电阻器的典型特点是对温度敏感，不同的温度下表现出不同的电阻值。正温度系数热敏电阻器（PTC）在温度越高时电阻值越大，负温度系数热敏电阻器（NTC）在温度越高时电阻值越低，它们同属于半导体元件。

热敏电阻器的主要特点是：

1. 灵敏度较高，其电阻温度系数要比金属大 10～100 倍以上，能检测出 1×10^{-6}℃的温度变化。

2. 工作温度范围宽，常温元件适用于−55～315℃，高温元件适用温度高于 315℃（目前最高可达到 2 000℃），低温元件适用于−273～55℃。

3. 体积小，能够测量其他温度计无法测量的空隙、腔体及生物体内血管的温度。

4. 使用方便，电阻值可在 0.1～100 kΩ 间任意选择。

5. 易加工成复杂的形状，可大批量生产。

6. 稳定性好、过载能力强。

任务实施

一、工具、器材准备

1. 集成运放器 μA 741 型、热敏电阻器（铂电阻 Pt100）、200 Ω 电位器各 1 个，2.4 kΩ、100 kΩ、300 kΩ 电阻各 2 个。

2. ＋2.5 V 直流电源。

3. 数字万用表，温度计。

4. 空调房，实验电路板。

二、电路设计

温度传感器是利用其电阻和温度成一定函数关系而制成，如铂电阻 Pt100，其在 0℃时阻值为 100 Ω，500℃时阻值是 283.8 Ω，由于其具有准确度高、测量范围大及稳定性好等优点，被广泛用于中温范围的温度测量中。

根据任务提出的要求，设计如图 2—3—10 所示的温度测量电路，其由 $R4$、$R5$、R_t 及 RP 组成测量电桥电路，R_t 是热敏电阻（温度传感器）。该电路测量温度 0～500℃，输出电压 0～5 V。当热敏电阻 R_t 的阻值不等于 RP 电阻值时，电桥输出一个压差信号，这个压差信号送到差分放大器 A 进行放大，以此来检测环境温度的变化。差分放大器输出电压

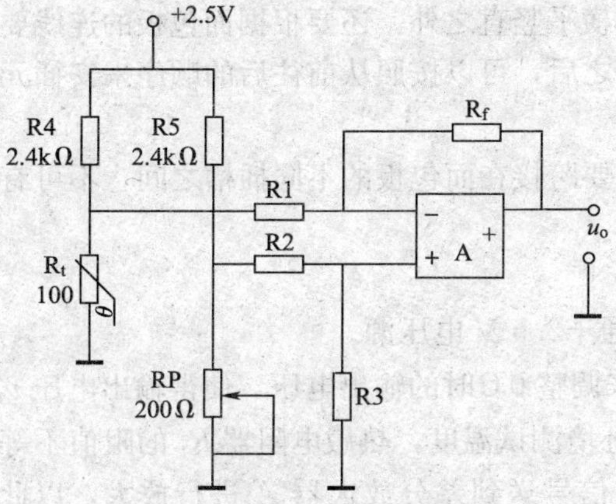

图 2—3—10　温度测量电路

$$u_o=\frac{R_f}{R_1}\left(\frac{1+R_1/R_f}{1+R_2/R_3}u_{RP}-u_{Rt}\right)$$

若同幅度调整 R4、R5 的电阻值，可以改变电桥输出压差大小。

三、电路安装

1. 核对元器件

根据电路设计结果核对元器件数量、规格和型号。

2. 元器件质量检测

（1）集成运放的检测　集成运放性能参数的测试应采用测试电路进行，大规模生产和对参数要求较高的场合，应用专门的仪表进行检测。如果用万用表检测其好坏，有两种情况。

1）选择 500 型万用表 R×1 k 挡，分别测量各引脚的电阻值，同“手册”的参数进行比较，如对应引脚的电阻值同“手册”基本相等，是好的，否则参数的一致性差。

2）如用不同型号万用表的 R×1 k 挡测量，电阻值会略有差异。但在上述测量中，只要

有一次电阻值为零，即说明内部有短路故障；读数为无穷大时，说明内部有开路损坏。

（2）电位器的检测　选用万用表电阻挡的适当量程，将两表笔分别接在电位器两个固定引脚之间，先测量电位器的总阻值是否与标称阻值相同。若测得的阻值为无穷大或较标称阻值大，则说明该电位器已开路或变值损坏。然后再将两表笔分别接电位器中心头与两个固定端中的任一端，慢慢转动电位器手柄，使其从一个极端位置旋转至另一个极端位置，正常的电位器万用表指针指示的电阻值应从标称阻值（或 0 Ω）连续变化至 0 Ω（或标称阻值）。整个旋转过程中，指针应平稳变化，而不应有任何跳动现象。若在调节电阻值的过程中，指针有跳动现象，则说明该电位器存在接触不良的故障。

3. 元器件引脚预加工

将集成块引脚整形，排列整齐且适合面包板的插拔，通常可以使用芯片插座。

4. 安装元器件

在面包板上放置元器件之前，先要将整体布局大致地设计好，不能随意乱搭电路，除了注意要尽量将电路排布得横平竖直之外，还要根据面包板的连线要求适当调整。

在整体的布局设计好之后，可以按照从前往后的顺序来安插元件，直至将所有元件全部放置好。

集成电路在安装时，要跨接在面包板的不同插槽之间，不可有一处短路。

四、电路调试

1. 检查电路板，接通＋2.5 V 电压源。

2. 通过电位器 RP 来调整 0℃时的输出电压，使得输出电压 $u_o=0$。

3. 调零之后，改变环境测试温度，热敏电阻器 R_t 的阻值不等于 RP 电阻值，电桥输出一个压差信号，这个压差信号送到差分放大器 A 进行放大，以此来检测环境温度的变化。由于环境的测试温度改变比较有限，所以通常考虑温度测量范围在 16～26℃的较为易得的环境温度下可测，即表示电路设计基本合理。

任务评价

表 2—3—1　　评分标准

序号	考核内容	评分标准	配分	得分
1	测试仪器准备	准备好测试仪器并会使用	10	
2	元器件准备	准备好元器件并会检测元器件	15	
3	电路设计	根据任务提出的设计要求，设计温度测量电路（见图 2—3—10）	30	
4	电路连接	会根据设计的电路搭建电路	20	
5	电路调试	会分析故障并排除简单故障	20	
6	工作总结	会根据操作进行总结	5	
合计得分				

思考与练习

1. 思考并回答下列问题

（1）理想集成运算放大器主要条件有哪些？

（2）什么是虚短、虚断、虚地？同相放大器是否存在虚地？

（3）理想集成运算放大器工作在线性区应采取什么措施，并具有什么特点？

2. 对理想运算放大器组成的基本运算电路，它的反相输入端和同相输入端之间的电压为__________，这称为“__________”。运放的两个输入端电流为__________，这称为“__________”。

3. 在图 2—3—11 所示电路中，写出：

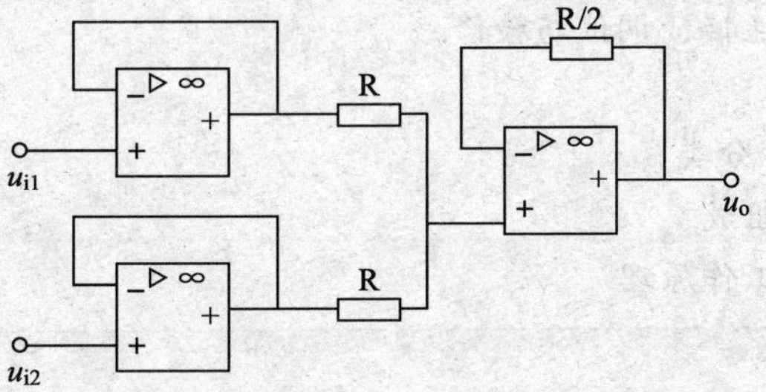

图 2—3—11　题 3 图

（1）u_o 与 u_{i1} 和 u_{i2} 的函数关系。

（2）若 $u_{i1}=+1.25$ V，$u_{i2}=-0.5$ V，求 $u_o=$？

4. 如图 2—3—12 所示电路，求集成运放的输出电压 u_{21}。

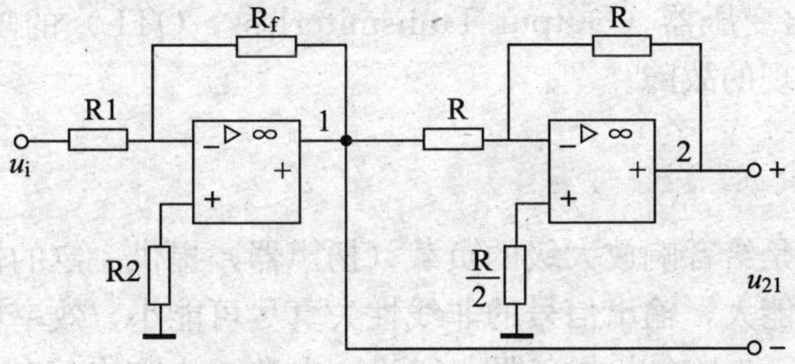

图 2—3—12　题 4 图

5. 在图 2—3—13 中，已知 $R_f=5R_1$，$u_i=10$ mV，求 R2 和 u_o 的值。

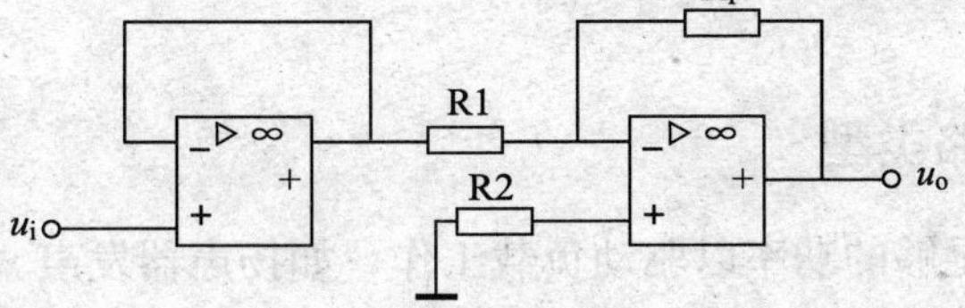

图 2—3—13　题 5 图

6. 试用集成运放设计 $u_o=-(2u_{i1}+4u_{i2})$ 电路。
7. 试用集成运放设计 $u_o=3u_{i1}+u_{i2}$ 电路。
8. 试用集成运放设计 $(2u_1+3u_2)/3$ 的电路？

任务4　功率放大电路设计与装调

◆ 技能点
◎ 掌握功率放大电路的基本工作原理和电路特性
◎ 会设计简单的集成功放电路
◎ OTL 功放电路的连接、调试与检修
◆ 知识点
◎ 功放电路的任务、分类
◎ OTL 功放电路的组成
◎ OTL 功放电路的工作原理

任务提出

集成功率放大器具有体积小、工作稳定、安装和调试方便、适用电压范围大等特点，只要知道其各端子的外部特性就能方便地使用。因此，它在许多电气设备的输出级上有非常广泛的应用。

本任务主要是在掌握集成功放的工作原理、功能及使用方法的基础上，用集成功放 LM386 设计一个无输出变压器（Output Transmiterless，OTL）的功放电路，且正确连接电路，能排除电路中出现的故障。

任务分析

功率放大器的作用是给音响放大级的负载（扬声器）提供一定的输出功率。当负载一定时，希望输出功率尽可能大，输出信号的非线性失真尽可能小，效率尽可能高。功率放大器的常见电路形式有 OTL 和无输出电容器（OCL）电路，也有专门的集成电路功率放大器。本任务中功放的主要元件采用的是常见功放芯片 LM386，配合其他外接元件与之组装一个 OTL 功放电路。

相关知识

一、功率放大电路类型

为了使放大器具有足够的功率以驱动负载工作，如扬声器发声、继电器动作、仪表指针偏转、电动机旋转等，在负载的前级（即多级放大电路的输出级）需采用功率放大电路（简称功放）。功率放大电路是一种以输出较大功率为目的的放大电路。

1. 低频功率放大器的分类

低频功率放大电路根据其放大管（即三极管）在静态时工作点 Q 设置的不同，通常可分为甲类、乙类和甲乙类三类。

（1）甲类功率放大电路　甲类功放的静态工作点 Q 设置在交流负载线的中点，使放大管在输入信号的整个周期内都导通，导通角为 $\theta=360°$，如图 2—4—1a 所示。这种电路功率损耗较大，效率较低，最高只能达到 50%。

（2）乙类功率放大电路　乙类功放的静态工作点 Q 设置在交流负载线的截止点，即 $I_{CQ}=0$，则放大管在输入信号的半个周期内导通，导通角 $\theta=180°$，如图 2—4—1b 所示。这种电路功率损耗减到最少，使效率大大提高，可达到 78.5%。

（3）甲乙类功率放大电路　甲乙类功放的静态工作点 Q 介于甲类和乙类之间，I_{CQ} 略大于 0，则放大管在输入信号的大半个周期内导通，导通角 $180°<\theta<360°$，如图 2—4—1c 所示。这种电路的失真情况和效率介于甲类和乙类之间。

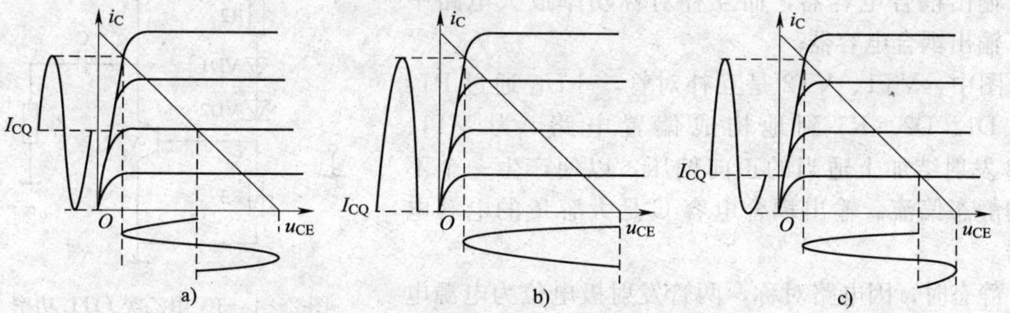

图 2—4—1　功率放大电路的工作状态示意图

a）甲类　b）乙类　c）甲乙类

功率放大电路除了按静态工作点的设置进行分类外，还可以按电路的耦合情况分为变压器耦合功率放大器和无变压器耦合功率放大器；按功放单元的组成还可分为分立元件功率放大器和集成功率放大器两大类。

2. 乙类功率放大电路的交越失真

上述乙类功放都是在假设三极管是理想的情况下进行分析的。考虑到实际三极管的情况，若功放管设置为乙类状态，由于两管的静态工作点为 0，输入特性曲线上有一段死区，当输入信号小于发射结的死区电压时，三极管截止，而使 $i_B=0$ 和 $i_C=0$。因此，在输入信号的过零点，即两管交替工作的交替点的前后，都会出现一段两管电流均为零或是非线性严重的失真波形。通常把这种在两管交替工作的交替点的前、后对应的失真称为交越失真，如图 2—4—2 所示。

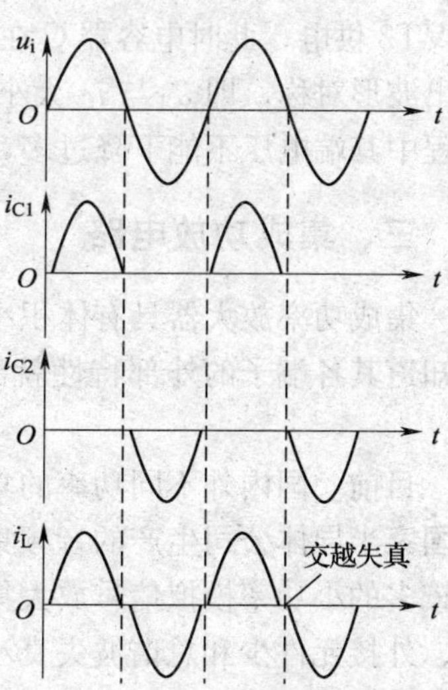

图 2—4—2　乙类功率放大电路的交越失真

可见，乙类功放的效率虽然比甲类功放的效率提高，但存在交越失真，这是乙类功放的缺点。

二、实用功放电路——甲乙类功率放大电路

实际的功放三极管由于存在死区，其工作于乙类状态时，会存在交越失真。为了消除交越失真，改善输出波形，通常设法使三极管在静态时有一个较小的基极电流，即工作于甲乙类状态，以便克服管子的死区电压，使三极管处于微导通状态。当有输入信号 u_i时，三极管马上导通工作，以避免当 u_i幅度较小时三极管截止而出现的交越失真。

为了消除交越失真，实际的功率放大电路是工作于微导通的甲乙类工作状态的，称为甲乙类功率放大电路。

图 2—4—3 所示为单电源供电无输出变压器功率放大电路。这种形式的电路与同样是单电源供电互补对称功率放大电路相比，仅在 OTL 电路中增加了一个输出耦合电容器，而互补对称功率放大电路中没有输出耦合电容器。

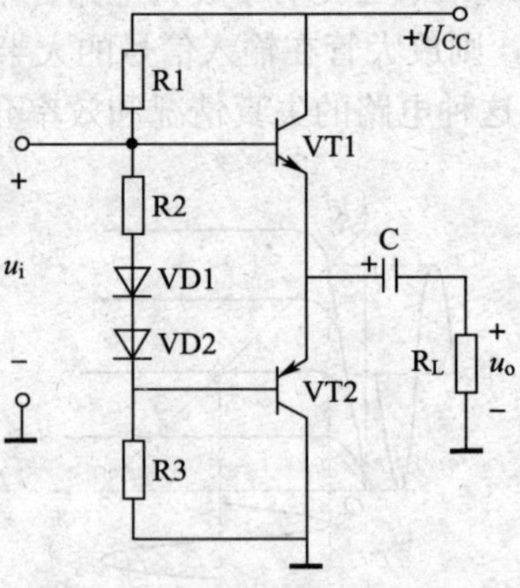

图 2—4—3　甲乙类 OTL 功率放大电路

图中，VT1、VT2 是互补对管，$+U_{CC}$通过 R1、R2、D1、D2、R3 到地构成偏置电路，为 VT1、VT2 发射结加上适当的正向偏压，以便产生一个不大的静态偏流。输出耦合电容 C 是大容量的电解电容器。

静态时，因电路对称，两管发射极电位为电源电压的一半 $U_{CC}/2$，负载中没有电流。动态时，在输入信号正半周，VT1 导通，VT2 截止，VT1 以射极输出的方式向负载 R_L 提供电流 $i_O=i_{C1}$，使负载 R_L上得到正半周输出电压，同时向输出耦合电容 C 充电；在输入信号负半周，VT2 导通，VT1 截止，直流电源 U_{CC}因 VT1 截止而无法为 VT2 供电，此时电容器 C 在正半周充电而储存的电能就起到为 VT2 供电的作用。为了使输出波形对称，即 i_{C1}与 i_{C2}大小相等，必须保持 C 上电压恒为 $U_{CC}/2$ 不变，也就是 C 在放电过程中其端电压不能下降过多，因此，C 的容量必须足够大。

三、集成功放电路

集成功率放大器具有体积小、工作稳定、安装和调试方便、适用电压范围大等特点，只要知道其各端子的外部特性就能方便地使用。因此，在许多电器的输出级有非常广泛的应用。

目前，国内外不同功率的集成运算放大器种类很多，这里只介绍 LM386。LM386 是美国国家半导体公司生产的音频集成功率放大器，主要应用于低电压消费类产品。它是目前使用较多的小功率模拟信号放大集成电路，具有自身功耗低、电压增益可调整、电源电压范围大、外接元件少和总谐波失真小等优点，广泛应用于录音机和收音机之中。

图 2—4—4 所示是 LM386 的引脚排列图，其中①脚和⑧脚是增益调节端，即在①脚和⑧脚之间可用外接电阻器或电容器的方法来调节电路的电压增益，其电压增益调节范围是

20～200，这样减少了外围元件的使用。另外，LM386 额定工作电压为 4～16 V，当电源电压为 6 V 时，静态电流为 4 mA，静态功耗仅为 24 mW，特别适用于电池供电的场合。电路的频响可从几十赫兹至数百千赫兹。最大允许功耗为 660 mW（25℃），使用时不需要散热片。工作电压为 6 V，负载直流电阻为 4 Ω、8 Ω 和 16 Ω 时，输出功率分别为 340 mW、325 mW 和 180 mW。

LM386 的封装形式有塑封 8 引线双列直插式（DIP8），如图 2—4—5 所示和贴片式两种。LM386 有两个信号输入端，②脚为反相输入端，③脚为同相输入端，两个输入端的输入阻抗都为 50 kΩ，而且两输入端对地的直流电位接近于零，即使与地短路，输出直流电平也不会产生大的偏离。这样 LM386 使用时较为灵活方便。

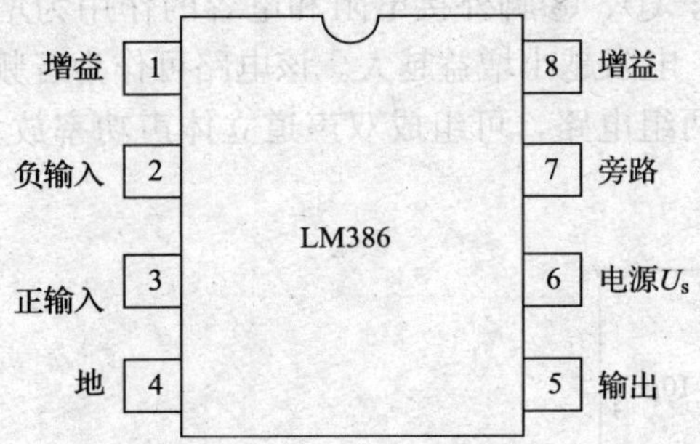

图 2—4—4　LM386 引脚排列图

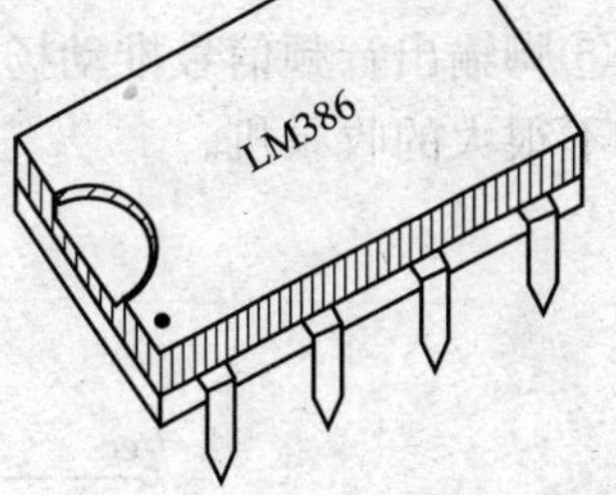

图 2—4—5　DIP8 型封装示意图

任务实施

一、工具、器材准备

1. 元器件

LM386 芯片 1 块，芯片插座 1 个，10 kΩ 电位器 1 个，20 kΩ 电位器 1 个，10 Ω 碳膜电阻 1 个，10 μF、220 μF、20 μF 电解电容器各 1 个，0.1 μF 瓷介电容器 1 个。

2. 18 V 稳压电源。

3. 信号发生器。

4. 示波器。

5. 数字万用表。

6. 实验电路板。

二、电路设计

本设计采用集成运放 LM386，其主要优点是：

（1）电路设计、组装方便，只需适当选配外接元件，便可实现输入、输出的各种放大关系。

（2）由于运放的开环增益都很高，用其构成的放大电路一般工作在深度负反馈的闭环状态，则性能稳定，非线性失真小。

（3）运放的温漂很小，适合各种微弱信号的放大。又因其具有很高的共模抑制比，对温度的变化、电源的波动以及其他外界干扰都有很强的抑制能力。

(4) 由运放构成的放大单元功耗低、体积小、寿命长，使整机使用的元器件数大大减少，成本降低，工作可靠性大为提高。

功率放大器的作用是给负载提供一定的输出功率，当负载一定时，希望输出的功率尽可能大，输出的信号的非线性失真尽可能的小，效率尽可能的高。

由于OTL电路采用直接耦合方式，为了保证电路的工作稳定，必须采取有效措施抑制零点漂移，故需要有足够高的电压放大倍数。

根据任务要求，设计如图2—4—6所示电路。该电路由LM386构成的OTL功放应用电路，信号来自采样电位器，从同相输入端输入，反相输入端接地。⑦脚对地电容及⑤脚对地的电阻和电容串联电路的作用是防止高频自激；①、⑧脚外接电阻和电容的作用为增益控制，改变电阻的大小，可改变电路的电压增益，电阻越小增益越大。该电路可作为音频放大电路，从⑤脚输出音频信号推动扬声器；若用两组电路，可组成双声道立体声功率放大器，用于功率不很大的收录机。

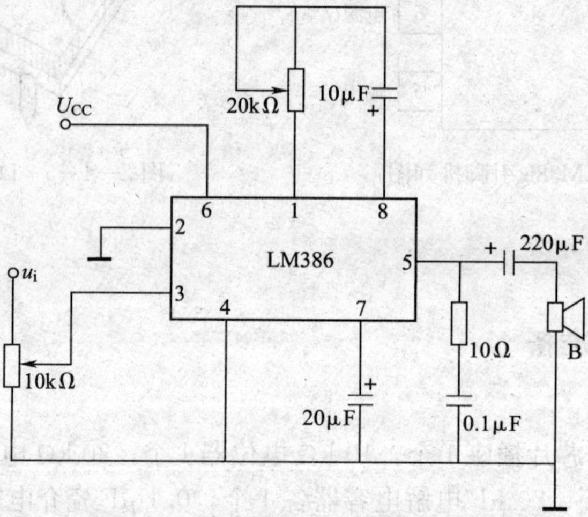

图2—4—6 由LM386构成的OTL功放电路

三、电路安装

1. 核对元器件

根据电路设计结果核对元器件数量、规格和型号。

2. 元器件质量检测

对电位器的检测，选用万用表电阻挡的适当量程，将两表棒分别接在电位器两个固定引脚之间，先测量电位器的总阻值是否与标称阻值相同。若测得的阻值为无穷大或较标称阻值大，则说明该电位器已开路或变值损坏。然后再将两表棒分别接电位器中心头与两个固定端中的任一端，慢慢转动电位器手柄，使其从一个极端位置旋转至另一个极端位置，正常的电位器，万用表指针指示的电阻值应从标称阻值（或0 Ω）连续变化至0 Ω（或标称阻值）。整个旋转过程中，指针应平稳变化，而不应有任何跳动现象。若在调节电阻值的过程中，指针有跳动现象，则说明该电位器存在接触不良的故障。

3. 元器件引脚预加工

将 LM386 的引脚整形，排列整齐且适合面包板的插拔，通常可以使用芯片插座。

4. 元器件安装

面包板上放置元器件之前，先要将整体布局大致地设计好，不能随意乱搭电路，除了注意要尽量将电路排布得横平竖直之外，还要根据面包板的连线要求适当调整。

在整体的布局设计好之后，可以按照从前往后的顺序来安插元器件，直至将所有元器件全部放置好。

四、电路调试

新安装的电路板往往难以达到预期的效果，这主要是在设计的时候不可能周全地考虑元器件的误差、元器件参数的分散性、寄生参数等各种各样的客观因素所造成的。此外，电路板的安装中仍然存在着可能没有检查出来的错误。通过电路板整体测试与调整，可发现和纠正设计方案中的不足之处，并查出电路安装中的错误，然后采取措施加以改进和纠正，这样可使设计达到预定的技术要求。

电路安装完毕后，在不通电的情况下，对电路板进行认真细致的检查，以便纠正安装错误，检查应特别注意：

(1) 元器件引脚之间有无短路。

(2) 电源的正、负极性有没有接反，电源线、地线是否接触良好。

任务评价

表 2—4—1 评分标准

序号	考核内容	评分标准	配分	得分
1	测试仪器准备	准备好测试仪器并会使用	10	
2	元器件准备	准备好元器件并会检测元器件	15	
3	电路设计	根据任务设计需求，设计 OTL 功放电路	30	
4	电路连接	会根据设计的电路搭建电路	20	
5	电路调试	会分析故障并排除简单故障	20	
6	工作总结	会根据操作进行总结	5	
合计得分				

思考与练习

设计一个扩音机功放电路。

任务 5　直流稳压电源电路设计与装调

◆ **技能点**

◎ 稳压输出值的确定

◎ 集成稳压电路的连接、调试与维修

◆ **知识点**

◎ 直流电源的构成、作用与工作原理

◎ 集成稳压电源的构成、作用与工作原理

任务提出

电子电路工作时都需要直流电源提供能量，电池因使用费用高，一般只用于低功耗、便携式的仪器设备中。因此，有各种直流电源应用于电子电路中，例如线性稳压电源、通信用的 AC/DC 开关电源、DC/DC 开关电源、电力操作电源、绿色照明电源、高效、可靠、低污染的光伏逆变电源、风光互补型电源等。图 2—5—1 所示为直流稳压电源的组成框图，其主要由电源变压器、整流电路、滤波电路以及稳压电路组成。各电路功能如下：

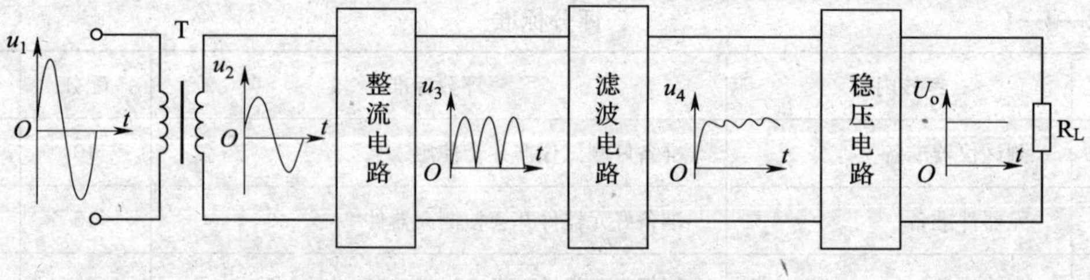

图 2—5—1　直流稳压器的组成框图

电源变压器：将电网供给的交流电变换成符合整流电路要求的交流电。

整流电路：将变压器二次侧的交流电压变换为单向脉动的直流电压。

滤波电路：将脉动的直流电压变换为平滑的直流电压。

稳压电路：将直流输出电压稳定，减少电源电压波动和负载变化对输出直流电压的影响。

本任务要求在掌握稳压电源的工作原理、功能及使用方法的基础上，设计一个输出电压为 12 V 的直流稳压电源，要求输出电压在 9～15 V 可调，采用可靠性较高的集成稳压电路来实现。要求能正确连接电路，并能排除电路中出现的故障。

任务分析

本任务的主要设计点就在选择合适的变压器，将 220 V 交流电降压，然后将整流以后的波形进行取样、比较和稳压。在掌握整个电路原理之后，组装电路并调试直流稳压电源电路。电源变压器、整流电路、滤波电路已经在前面的任务中介绍过，因此本任务主要设计稳压电路并进行装调。

相关知识

一、稳压管稳压电路

1. 稳压二极管的工作特性

稳压二极管的特点就是击穿后，其两端的电压基本保持不变。这样，当把稳压管接入电路以后，若由于电源电压发生波动，或其他原因造成电路中各点电压变动时，负载两端的电压将基本保持不变。其图形符号如图 2—5—2a 所示。

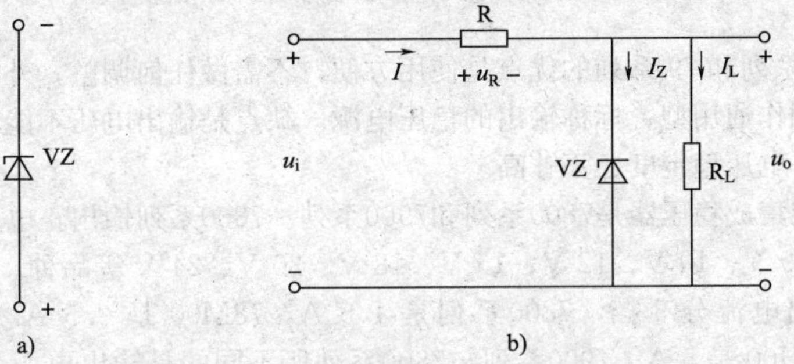

图 2—5—2 稳压二极管图形符号和稳压电路

a）图形符号 b）稳压电路

2. 稳压管稳压电路

常用的并联型稳压电路如图 2—5—2b 所示。稳压过程为 $u_i\uparrow\rightarrow u_o\uparrow\rightarrow I_Z\uparrow\rightarrow I\uparrow$ （I_Z+I_L）$\rightarrow u_R\uparrow\rightarrow u_o$（$u_i-u_R$）基本不变。同理，当 u_i一定，R_L发生变化时，稳压管两端的电压仍然基本保持不变，从而起到稳压作用。这种稳压电路结构最简单，通常用于稳压要求不高的情况。

二、集成三端稳压器电路

1. 固定式集成三端稳压器

集成稳压器是指将不稳定的直流电压变为稳定的直流电压的集成电路块。由于集成稳压器具有稳压精度高、工作稳定可靠、外围电路简单、体积小、质量轻等显著优点，在各种电源电路中得到了普遍的应用。常用的集成稳压器有金属圆形封装、金属菱形封装、塑料封装、带散热板塑封、扁平式封装、双列直插式封装等。在电子电路制作中应用较多的是三端固定输出稳压器。

早期的集成稳压器外引线较多，现在的集成稳压器只有 3 个外引线：输入端、输出端和公共端。它的图形符号如图 2—5—3c 所示，外形如图 2—5—3a、b 所示。要特别注意，不同型号、不同封装的集成稳压器，它们 3 个电极的位置是不同的，要查“手册”确定。

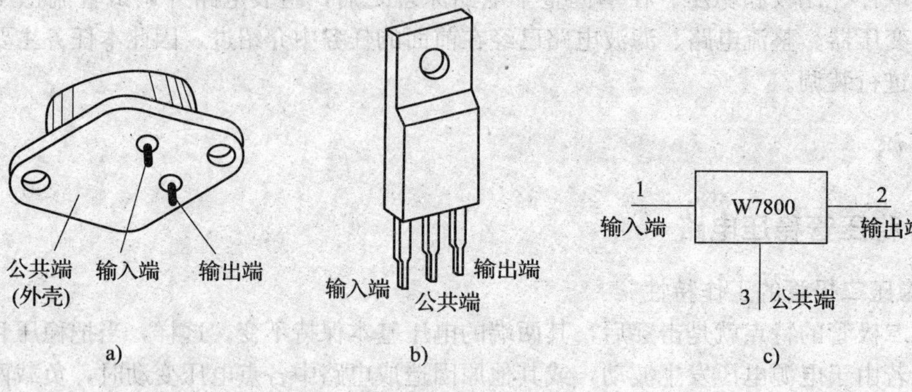

图 2—5—3　集成稳压器

a）金属封装外形图　b）塑料封装外形图　c）图形符号

较常用的 78 系列和 79 系列的优点是使用方便，不需做任何调整，外围电路简单，工作安全可靠，适合制作通用型、标称输出的稳压电源。缺点是输出电压不能调整，不能直接输出非标称值电压，电压稳定度还不够高。

常用三端固定集成稳压器是7800系列和7900系列。7800系列输出正电压，其输出电压有 5 V、6 V、8 V、9 V、10 V、12 V、15 V、18 V、20 V、24 V 等品种。

该系列的输出电流分 5 挡，7800 系列是 1.5 A，78M00 是 0.5 A，78L00 是 0.1 A，78T00 是 3A，78H00 是 5 A。7900系列与7800系列所不同的是输出电压为负值。其引脚功能见表 2—5—1。

表 2—5—1　　7900系列与7800系列引脚功能

78 系列	79 系列
1 ——输入端	1 ——公共端
2 ——公共端	2 ——输入端
3 ——输出端	3 ——输出端

2. 三端集成稳压器的应用

（1）三端集成稳压器的 3 个引脚　其 3 个引脚分别为输入端（in）、输出端（out）、公共端（com）。图 2—5—4 所示为三端集成稳压器的典型应用电路。

其中 C2 防止自激振荡，C3 减小高频干扰，C1 、C4 减小输出纹波和低频干扰。

（2）输出正、负电压的电路　图 2—5—5 所示为采用 CW 7815和 CW 7915三端稳压器各一块组成的具有同时输出＋15～－15 V 电压的稳压电路。

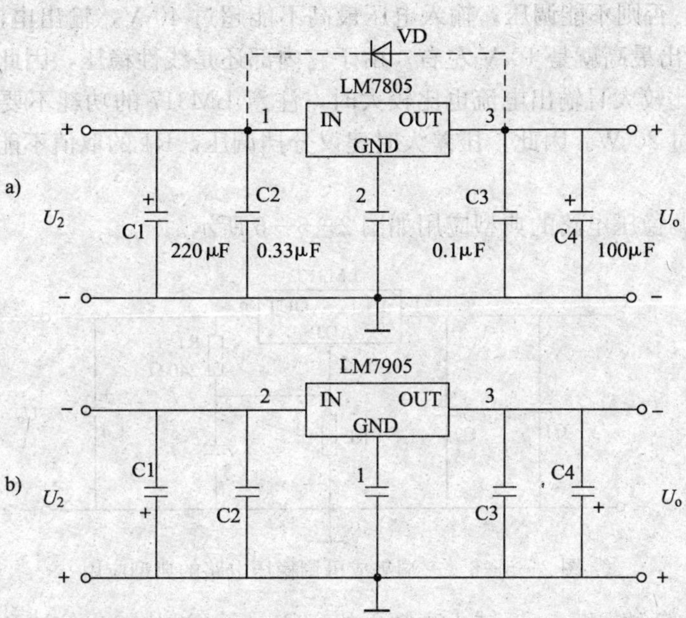

图 2—5—4　三端集成稳压器的典型应用电路

a) LM 7805　b) LM 7905

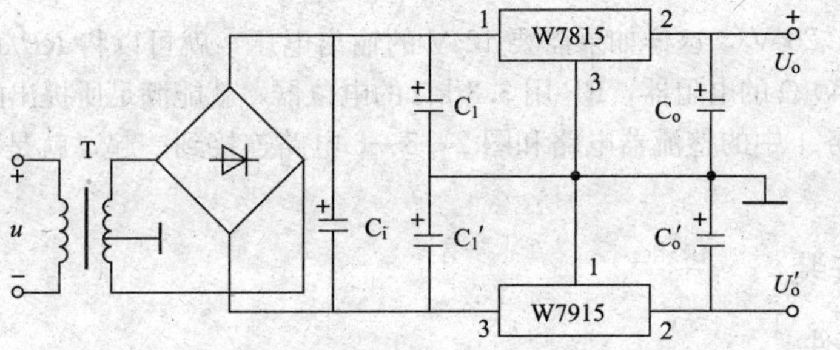

图 2—5—5　输出正、负电压的电路

任务实施

一、工具、器材准备

1. 电子元器件：整流二极管 4001 共 4 个、电阻器 240 Ω 1 个，3.3 kΩ 电位器 1 个，电解电容器 220 μF 2 个，瓷介电容器 0.1 μF 2 个，三端集成稳压器 LM 317 1 个。

2. 220 V/15 V 可调变压器 1 个。

3. 数字万用表 1 个。

4. 面包板 1 个。

二、电路设计

设计选用三端集成稳压器 LM317。可调式三端集成稳压器在应用中一般要求输入至少要比输出高 2 V，否则不能调压，输入电压最高不能超过 40 V，输出电流最好不超过 1 A。若输入 12 V，输出最高就是 10 V 左右。由于它内部还是线性稳压，因此功耗比较大。当输入、输出电压差比较大且输出电流也比较大时，注意 LM317 的功耗不要过大，一般加散热片后功耗也不超过 20 W。因此，压差大时建议分挡调压。R1 的取值不能太大，最好不大于 240 Ω。

三端集成可调稳压电路的典型应用如图 2—5—6 所示。

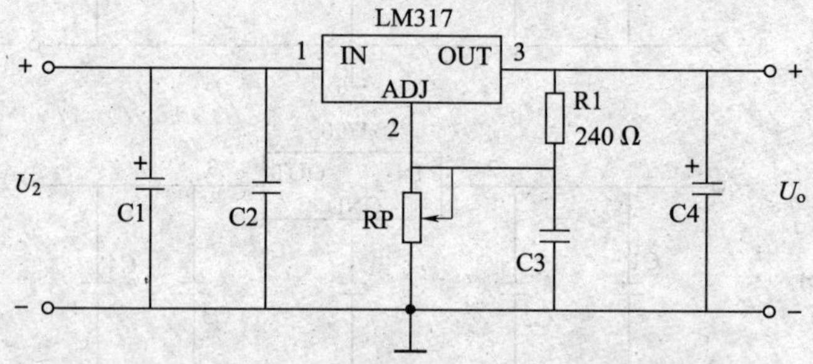

图 2—5—6　三端集成可调稳压电路的典型应用

图中 C2 防止自激振荡，C3 减小高频干扰，C1 、C4 减小输出纹波和低频干扰。

由图 2—5—6 可得

$$U_o=U_{REF}\left(1+\frac{RP}{R_1}\right)$$

其中 U_{REF}＝1. 25 V ，这样如果需要 12 V 的输出电压，就可以将 RP/R_1 的取值设为 9 左右，例如 R1 用 240 Ω 的电阻器，RP 用 3. 3 kΩ 的电位器，就能满足所提出的设计任务要求。

将模块二任务 1 中的整流器电路和图 2—5—6 电路连接到一起，就是一个完整的直流稳压电源电路。

三、电路安装

1. 核对元器件

根据电路设计结果核对元器件数量、规格和型号。

2. 元器件质量检测

电位器的检测同本模块任务 4。

3. 元器件引脚预加工

将 LM317 的引脚整形，排列整齐且适合面包板的插拔，通常可以使用芯片插座。

4. 使用集成稳压器的注意事项

(1) 不要接错引脚线，对于多端稳压器，接错引线会造成永久性损坏。对于三端稳压器，若将输入和输出接反，当两端电压差超过 7 V 时，有可能使稳压器损坏。

(2) 输入电压不能过低，否则稳压器的性能将降低，纹波增大。

(3) 输入电压也不可过高，不要超过 U_{imax}，防止集成稳压器损坏。

(4) 防止瞬时过电压，对于三端稳压器，如果瞬时过电压超过输入电压的最大值且具有足够的能量时，将会损坏稳压器。当输入端离整流滤波电容器较远时，可在输入端与调整端（公共端）之间加 1 个电容器（如 0. 33 μF）。

（5）防止负载短路，尤其对未加保护措施的稳压器而言更要注意。

（6）大电流稳压器要注意缩短连接线和安装足够的散热器。

5．安装电路

在面包板上安装、放置元器件之前，先要将整体布局大致地设计好，不能随意乱搭电路，除了注意要尽量将电路排布得横平竖直之外，还要根据面包板的连线要求适当调整。

在整体的布局设计好之后，可以按照从前往后的顺序来安插元件，直至将所有元器件全部放置好。

四、电路调试

1．检查电路板，接通电源。

2．选择合适的变压器，变压器的输入电压为 220 V 时，其二次侧电压用万用表测量值应为 15 V 左右。

3．在整流电路之后的测试电压大概为 13 V 左右，如果电压值相差过大，则需检查二极管的装配有没有问题。

4．经过滤波电路之后的电压大概为 15 V 左右，如有问题应检查滤波电路。

5．调节 RP，输出电压应有变化，变化范围为 9～15 V，则为正常。如果输出没有变化，则要检查电位器 RP 的电路连接是否正确，有没有损坏，最后将输出电压调为 12 V 即可。

任务评价

表 2—5—2　　评分标准

序号	考核内容	评分标准	配分	得分
1	测试仪器准备	准备好测试仪器并会使用	10	
2	元器件准备	准备好元器件并会检测元器件	15	
3	电路设计	根据任务提出的设计要求，设计输出电压 9～15 V 可调的直流稳压电源	30	
4	电路连接	会根据设计的电路搭建电路	20	
5	电路调试	会分析故障并排除简单故障	20	
6	工作总结	会根据操作进行总结	5	
合计得分				

思考与练习

1．如何判断稳压二极管的好坏？

2．试述硅稳压管稳压电路的特点。

3．硅稳压管稳压电路如图 2—5—7 所示，其中 $U_Z=6$ V，$I_{ZM}=50$ mA，$I_Z=5$ mA，动态为 30 Ω，负载电阻 $R_L=1$ kΩ，输入电压 $U_i=15$ V，若输入电压 U_i 的变化范围为±10%，

试计算：

（1）限流电阻 R 的限值。

（2）当 $R=500\ \Omega$ 时，输出电压的变化量。

4. 用三端正电压集成稳压器，按图 2—5—8 连接，如果 $R=300\ \Omega$，$RP=4.7\ \text{k}\Omega$，试计算输出电压的调节范围。

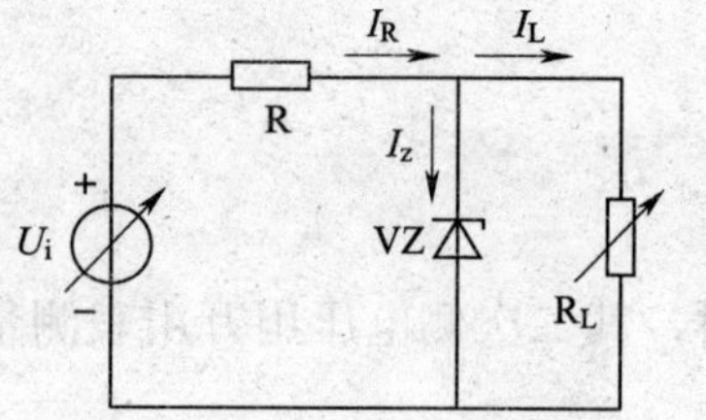

图 2—5—7　题 3 电路图

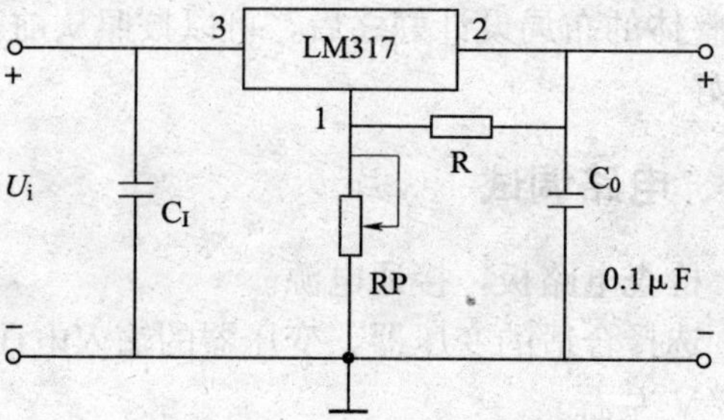

图 2—5—8　题 4 电路图

3 模块三 数字电路技术

任务 1　基本逻辑电路设计与装调

◆ 技能点

◎ 基本逻辑集成电路的识别与检测

◎ 简单逻辑电路的连接、调试与检修

◎ 用逻辑门电路设计简单实用电路

◆ 知识点

◎ 数制和码制

◎ 逻辑函数表示方法

◎ 逻辑函数的化简

◎ 基本逻辑门电路和组合逻辑门电路

任务提出

基本逻辑电路是数字电路的基础，数字电路中常遇到开关的通或断、电压的高或低、脉冲的有或无、灯亮或灯灭、事件的发生或不发生等一些相互对立的现象，这些往往可以运用数字电路中“1”“0”来表示。在数字电路中，“1”和“0”并不表示数值的大小，而是表示相对对立的两种逻辑状态。而基本逻辑门电路是数字电路的基本电路，能实现上述功能的电路。

本任务用基本逻辑门集成块 74LS00 和 74LS20 设计一个 3 人表决器电路，并验证电路的逻辑功能。设计要求：三个输入端 A、B、C 为三人的表决，用“1”表示同意，用“0”表示不同意。输出端用 Y 表示通过或不通过。若输入端同意人数大于等于 2 人，则表示通过，即 Y=1。若输入端同意人数少于 2 人则表示不通过，即 Y=0。本设计的输出用发光二极管来指示，表决通过，输出高电平，发光二极管点亮。同理，表决不通过，输出低电平，发光二极管不亮。

任务分析

本任务的 3 人表决器用到 3 个二输入端与非门，74LS00 芯片就是一块内含 4 个二输入端与非门的芯片，这样只要用一块74LS00集成块就可完成上述3人表决器的电路。根据本任务设计3人表决器的真值表，根据真值表进行化简。因为给定的器件是集成与非门，所以化简后设计的电路要求以与非门作为电路单元。

相关知识

一、数制和码制

在日常生活中，人们习惯用十进制，而数字系统中多采用二进制，但二进制有时表示起来不太方便，位数太多，所以也经常采用十六进制和八进制。本节介绍几种常见的数制表示方法、相互的转换和几种常见的码制。

1. 数制

(1) 十进制

1) 由0，1，2，…，9十个数码组成，基数是10。

2) 进位规则——“逢十进一”。

3) 各位的权是“10”的幂。

【例3—1—1】 $[451]_{10}=4\times10^2+5\times10^1+1\times10^0$

(2) 二进制

1) 由0、1两个数码组成，基数是2。

2) 进位规则——“逢二进一”。

3) 各位的权是“2”的幂。

【例3—1—2】 $[1101]_2=1\times2^3+1\times2^2+0\times2^1+1\times2^0$

(3) 八进制

1) 由0，1，2，…，7八个数码组成，基数是8。

2) 进位规则——“逢八进一”。

3) 各位的权是“8”的幂。

【例3—1—3】 $[627]_8=6\times8^2+2\times8^1+7\times8^0$

(4) 十六进制

1) 由0～9、A (10)、B (11)、C (12)、D (13)、E (14)、F (15) 共十六个数码组成，基数是16。

2) 进位规则——“逢十六进一”。

3) 各位的权是“16”的幂。

【例3—1—4】 $[6AF]_{16}=6\times16^2+10\times16^1+15\times16^0$

(5) 数制相互间转换

1) 二进制整数转换成十进制数。二进制数转换成十进制数是“按权展开求和”，将二进制数中所有数码1的位权值相加即转换成十进制数。

【例3—1—5】 $[101]_2=4+1=[5]_{10}$

2) 十进制整数转换成二进制数。十进制整数转换成二进制数要用“除2取余法”。

【例3—1—6】 将175转换为二进制数。

解：应用除 2 取余法得到余数为

2	175		余数	
2	87	……	1	低位
2	43	……	1	↑
2	21	……	1	从下往上读余数
2	10	……	1	
2	5	……	0	
2	2	……	1	
2	1	……	0	
	0	……	1	高位

所以 $[175]_{10}=[1010\ 1111]_2$

对例题结果进行验证得

$[1010\ 1111]_2=128+32+8+4+2+1=[175]_{10}$

3）二进制整数与十六进制整数的相互转换。由于十六进制的 16 个数码正好对应于 4 位二进制数的 16 种不同组合，所以二进制数码与十六进制数码之间有简单的对应关系。

二进制数码:	0000	0001	0010	……	1010	1011	1100	1101	1110	1111
	↓	↓	↓		↓	↓	↓	↓	↓	↓
十六进制数码:	0	1	2	……	A	B	C	D	E	F

4）二进制整数转换成十六进制数。二进制整数转换成十六进制数是从低位至高位每 4 位二进制数对应 1 位十六进制数码。

【例 3—1—7】 $[11\ 1010\ 1111\ 0111]_2=[3AF7]_{16}$

5）十六进制整数转换成二进制数。十六进制整数转换成二进制数是每位十六进制数对应 4 位二进制数。

【例 3—1—8】 $[9CB0]_{16}=[1001\ 1100\ 1011\ 0000]_2$

2. 码制

在数字系统中，由 1 和 0 组成的二进制数不仅可以表示数值的大小，还可以用来表示特定的信息。用二进制数来表示一些具有特定含义信息的方法称为编码，用不同表示形式可以得到多种不同的编码，这就是码制。例如，用 4 位二进制数表示 1 位十进制数，称为二一十进制代码。常用的编码有二一十进制 BCD 码、格雷码和 ASCII 码等。

二一十进制代码是用 4 位二进制数组成一组代码，可用来表示 0～9 十个数字。4 位二进制代码有 $2^4=16$ 种状态组成，从中取出十种组合表示 0～9 个数字可以有多种方式，因此十进制代码有多种，常用的是 8421BCD 码。

BCD 码是用 4 位二进制数来表示 1 位十进制数。8421BCD 码各位的权分别是 8、4、2、1。十进制数 0～9 对应的 8421 码见表 3—1—1。

表 3—1—1　　十进制数 0～9 对应的 8421 码

<table>
<tr><th>十进制数</th><th>8421码</th><th>十进制数</th><th>8421 码</th></tr>
<tr><td>0</td><td>0000</td><td>8</td><td>1000</td></tr>
<tr><td>1</td><td>0001</td><td>9</td><td>1001</td></tr>
<tr><td>2</td><td>0010</td><td rowspan="6">在8421BCD码中1010～1111称为无效码</td><td>1010</td></tr>
<tr><td>3</td><td>0011</td><td>1011</td></tr>
<tr><td>4</td><td>0100</td><td>1100</td></tr>
<tr><td>5</td><td>0101</td><td>1101</td></tr>
<tr><td>6</td><td>0110</td><td>1110</td></tr>
<tr><td>7</td><td>0111</td><td>1111</td></tr>
</table>

【例 3—1—9】

(1) 写出十进制数 256 的 8421BCD 码。

(2) 将十进制数 256 转换为二进制数。

解：256 的 8421BCD 码　查表 3—1—1 可写出 256 的 8421 码是：0010 0101 0110，即

2　　5　　6
0010　0101　0110

$[256]_{10}=[1\ 0000\ 0000]_2$

二、逻辑电路与逻辑函数

1. 逻辑门电路

在数字电路中，常用 0 与 1 来表示电路的开与关、电平的高与低、脉冲的有与无等现象。这里的 0 与 1 并不表示具体的数量大小，而是表示相互对立的两种逻辑状态，反映了某一事物的是与非、真与伪、有与无等。

逻辑关系是反映事物的某种因果关系，也是一种条件与结果的关系。在数字电路中，用输入信号来反映条件，用输出信号来反映结果，这样电路的输入与输出之间就建立了因果关系，即逻辑关系，因此数字电路又称逻辑电路。

在数字电路中，门电路是最基本的逻辑单元。所谓门电路就是一种开关。它有若干输入端和一个输出端，输入与输出之间存在一定的逻辑关系，条件满足时信号能允许通过，条件不满足时信号不能通过。它像一扇门一样，满足一定的逻辑条件时门打开，否则门关闭，故称为逻辑门电路，也可以称为逻辑开关电路。

2. 逻辑函数与逻辑变量

为了描述事物相互对立的两个逻辑状态，常采用仅有两个取值的变量来表示，这种二值

变量称为逻辑变量。在逻辑分析中用大写字母表示逻辑变量，如用 A、B、C 等表示事件发生的条件，用 Y、L、F 等表示事件的结果。将条件具备和事件发生用逻辑 1 表示，条件不具备和事件不发生用逻辑 0 表示。

（1）逻辑函数及表示方法　在逻辑函数中，通常将表示条件的变量叫做输入逻辑变量，将表示结果的变量叫做输出逻辑变量。一般地说，如果输入逻辑变量 A、B、C…的取值确定之后，输出逻辑变量 Y 的取值也就唯一地确定了。那么，人们就称 Y 是 A、B、C…的逻辑函数，逻辑函数的一般表达式可写成

$$Y=f\ (A,\ B,\ C,\ \cdots) \qquad (3—1—1)$$

在逻辑代数中，逻辑变量和逻辑函数均只有 0、1 两种取值，这与普通代数有明显的区别。逻辑函数的表示方式通常有逻辑真值表、逻辑函数表达式、逻辑图、时序图和卡诺图等多种，它们各有特点，而且可以相互转换。

（2）正逻辑与负逻辑　在逻辑电路中，存在着两种逻辑体制。即用 0 和 1 表示相互对立的逻辑状态时，可以有两种不同的表示方法：如用 1 表示高电平、用 0 表示低电平时，称为正逻辑体制（简称正逻辑）；用 0 表示高电平，用 1 表示低电平，称为负逻辑体制（简称负逻辑）。同一电路若采用了不同的逻辑体制，将会产生不同的逻辑功能。若无特别说明，本书中均采用正逻辑体制。

（3）高电平与低电平　在数字电路中，人们习惯用高、低电平一词来描述电位的高、低。实际的高电平和低电平常因某些原因而发生变化，并不是一个固定的值，因此通常规定一个电平的范围。

在实际应用中，对各类逻辑门电路，都规定了不同的高电平下限值和低电平上限值，具体应用时应保证它的工作范围，以防止逻辑功能的破坏和元器件的损坏。例如，高电平可在 2.4～5 V 之间波动，低电平可在 0～0.8 V 之间波动，则高电平的下限值为 2.4 V，低电平的上限值为 0.8 V。

在前面学习的基础上，可以用不用的数字表示不同数量的大小，还可以用不同的数字表示不同的事物或事物的不同状态，称为逻辑状态。例如，用 1 位二进制数的 1 和 0 可以表示“对”和“错”“有”和“无”“接通”和“断开”等。

这里所说的“逻辑”是指事物的因果关系。当两个数字代表不同的逻辑状态时，可以按照它们之间存在的因果关系进行推理运算，这种运算称为逻辑运算。

三、逻辑门电路基础

1. 基本逻辑门

在逻辑关系中，最基本的逻辑关系有 3 种，与逻辑、或逻辑和非逻辑。因此，实现这 3 种基本逻辑关系的门电路有与门、或门和非门。

（1）与逻辑和与门符号　当决定某一事物结果的所有条件同时具备时，这件事才会发生，这种因果关系称为与逻辑关系。在图 3—1—1 所示电路中，灯亮作为结果 Y，开关 A、B 闭合作为条件，只有开关 A 与 B 都闭合时，灯才会亮，这种关系就是与逻辑关系。与逻辑关系的逻辑表达式为

$$Y=A\cdot B \qquad (3—1—2)$$

读作 Y 等于 A 与 B（或 Y 等于 A 乘 B），与逻辑又称逻辑乘。与门逻辑符号如图 3—1—2 所示，与逻辑真值表见表 3—1—2。

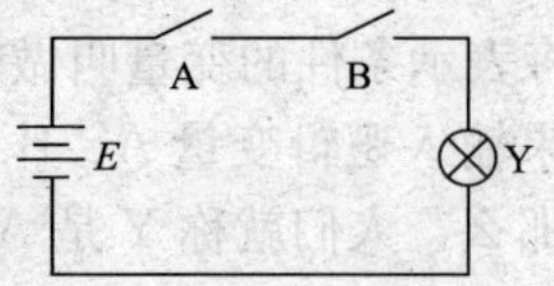

图 3—1—1　与逻辑关系电路

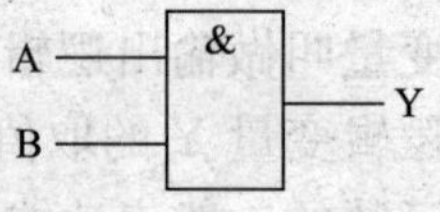

图 3—1—2　与门逻辑符号

与逻辑关系还可以用真值表来表示，所谓真值表就是用表格形式列出输入变量和输出变量之间的逻辑关系。在该表内将开关闭合作为 1，断开作为 0；灯亮作为 1，灯灭作为 0，并将输入变量可能的状态组合与输出状态对应起来。由表 3—1—2 可见与逻辑概括为“有 0 出 0，全 1 出 1”。因此，图 3—1—1 电路具有与的逻辑功能。

表 3—1—2　　与逻辑真值表

A	B	Y
0	0	0
0	1	0
1	0	0
1	1	1

（2）或逻辑和或门符号　当决定某一事物结果的各个条件中，只要具备一个或者一个以上的条件，这件事就会发生，这种因果关系称为或逻辑关系。在图 3—1—3 所示电路中，只要开关 A 与 B 中有一个闭合，灯就会亮，这就符合了或的逻辑关系。或逻辑关系的表达式为

$$Y=A+B \tag{3—1—3}$$

读作 Y 等于 A 或 B（或 Y 等于 A 加 B），或逻辑又称为逻辑加，或门逻辑符号如图 3—1—4 所示，或逻辑的真值表见表 3—1—3。

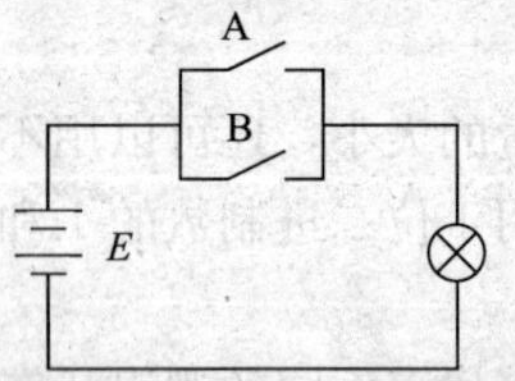

图 3—1—3　或逻辑关系电路

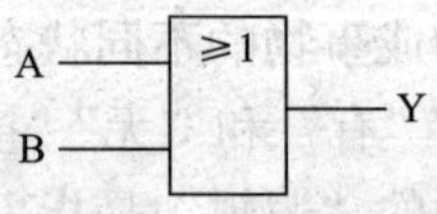

图 3—1—4　或门逻辑符号

由表 3—1—3 可见或逻辑概括为“有 1 出 1，全 0 出 0”。因此，图 3—1—3 电路具有或的逻辑功能。

表 3—1—3　　或逻辑真值表

A	B	Y
0	0	0
0	1	1
1	0	1
1	1	1

（3）非逻辑与非门符号　当某一条件具备时，这件事不发生；而条件不具备时，这件事却发生，这种因果关系称为非逻辑关系。在图 3—1—5 的电路中，开关 A 闭合，灯 Y 就会灭；而开关打开，灯就会亮。这种非逻辑关系中，结果与条件总是相反，非就是否定。非逻辑关系的表达式为

$$Y=\overline{A} \tag{3—1—4}$$

读作 Y 等于 A 非（或 A 反），即“有 0 出 1，有 1 出 0”。因此，图 3—1—5 电路具有“非”的逻辑功能。非门逻辑符号如图 3—1—6 所示。

2. 复合逻辑门

在数字电路中除了使用基本的与门、或门、非门外，还经常使用由基本门电路组成的复合门电路。

(1) 与非门　与非门是与门和非门的组合。三输入端与非门的逻辑表达式为

$$Y=\overline{ABC} \qquad (3—1—5)$$

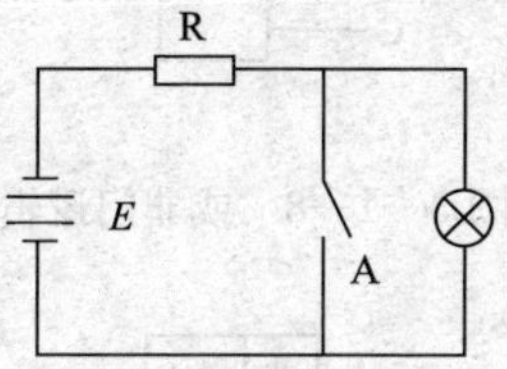

图 3—1—5　非逻辑关系电路

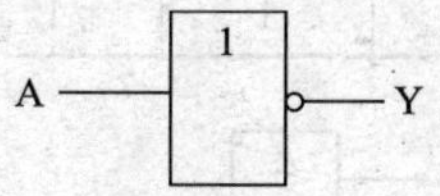

图 3—1—6　非门逻辑符号

与非门的逻辑功能是：所有输入端为高电平时，输出为低电平；而输入端中只要有一个为低电平时，输出就为高电平，可以概括为“有 0 出 1，全 1 出 0”。其真值表见表 3—1—4，与非门逻辑符号如图 3—1—7 所示。

表 3—1—4　与非门真值表

A	B	C	Y
0	0	0	1
0	0	1	1
0	1	0	1
0	1	1	1
1	0	0	1
1	0	1	1
1	1	0	1
1	1	1	0

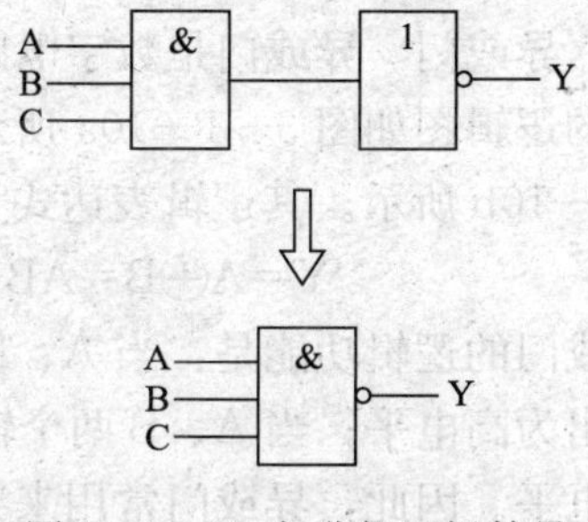

图 3—1—7　与非门逻辑符号

(2) 或非门　或非门是或门和非门的组合。三输入端或非门的逻辑表达式为

$$Y=\overline{A+B+C} \qquad (3—1—6)$$

或非门的逻辑功能是：输入端中只有一个为高电平时，输出为低电平；而所有输入端为低电平时，输出就为高电平，可以概括为“有 1 出 0，全 0 出 1”。其真值表见表 3—1—5，或非门逻辑符号如图 3—1—8 所示。

(3) 与或非门　与或非门是与门、或门和非门的组合，如图 3—1—9a 所示，与或非门的逻辑符号如图 3—1—9b 所示。其逻辑表达式为

表 3—1—5　或非门真值表

A	B	C	Y
0	0	0	1
0	0	1	0
0	1	0	0
0	1	1	0
1	0	0	0
1	0	1	0
1	1	0	0
1	1	1	0

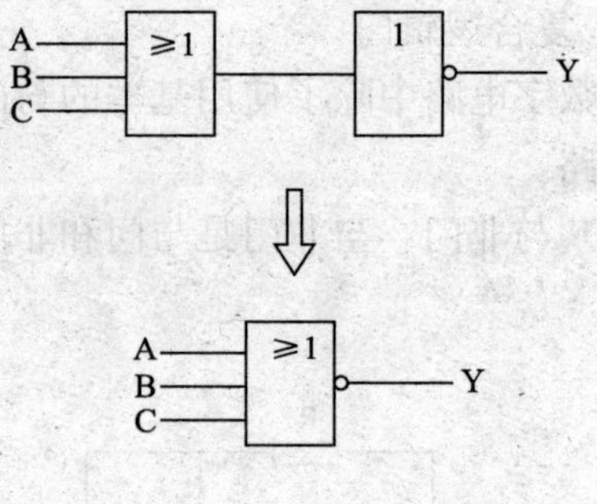

图 3—1—8　或非门逻辑符号

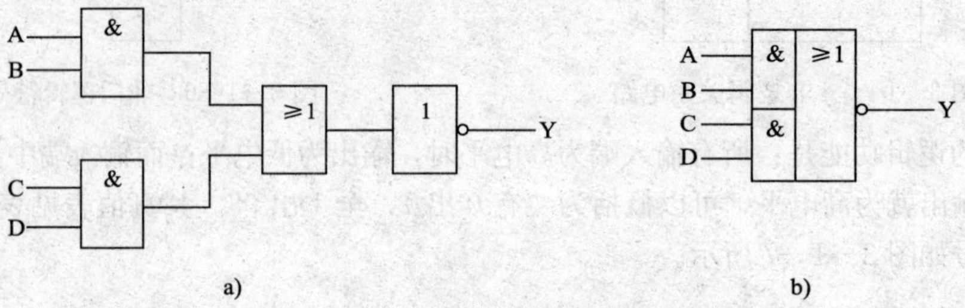

图 3—1—9　与或非逻辑图和逻辑符号

a) 与或非逻辑图　b) 逻辑符号

$$Y=\overline{AB+CD} \qquad (3—1—7)$$

关于与或非门的真值表读者可自行列出。

(4) 异或门　异或门是数字电路中经常用到的一种逻辑门，它的逻辑图如图 3—1—10a 所示，异或门的逻辑符号如图 3—1—10b 所示。其逻辑表达式为

$$Y=A\oplus B=\overline{A}B+A\overline{B} \qquad (3—1—8)$$

异或门的逻辑功能是：当 A、B 两个输入端的电平相异时，输出为高电平；当 A、B 两个输入端的电平相同时，输出为低电平。因此，异或门常用来判断两个输入信号是否相同。其真值表见表 3—1—6。

表 3—1—6　异或门真值表

A	B	Y
0	0	0
0	1	1
1	0	1
1	1	0

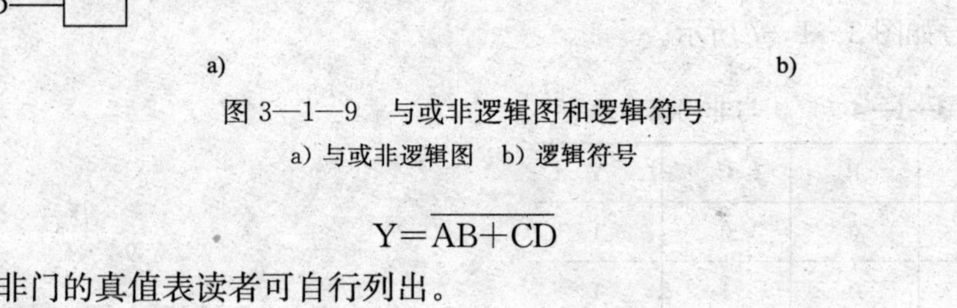

图 3—1—10　异或门逻辑图和逻辑符号

a) 异或门逻辑图　b) 逻辑符号

四、逻辑代数和逻辑函数化简

1. 逻辑代数的基本公式

表征逻辑变量运算法则见表 3—1—7。

表 3—1—7　　逻辑变量运算法则

逻辑乘	逻辑加	反转律
$A\times 0=0$	$A+0=A$	$\overline{\overline{A}}=A$
$A\times 1=A$	$A+1=1$	
$A\times A=A$	$A+A=A$	
$A\times \overline{A}=0$	$A+\overline{A}=1$	

2. 逻辑代数的基本定律

逻辑代数的基本定律包括逻辑代数交换律、结合律、分配律、吸收律和反演律（摩根定律），见表 3—1—8～表 3—1—10。

表 3—1—8　　逻辑代数交换律、结合律和分配律

交换律	$A+B=B+A$
	$AB=BA$
结合律	$A+B+C=(A+B)+C=A+(B+C)$
	$ABC=(AB)C=A(BC)$
分配律	$A(B+C)=AB+AC$
	$A+BC=(A+B)(A+C)$

表 3—1—9　　逻辑代数吸收律

吸收律	证　明
$A+AB=A$	$A+AB=A(1+B)=A$
$A(A+B)=A$	$A(A+B)=AA+AB=A+AB=A(1+B)=A$
$A+\overline{A}B=A+B$	$A+B=(A+\overline{A})(A+B)=A+AB+\overline{A}B=A+\overline{A}B$

表 3—1—10　　逻辑代数反演律（摩根定律）

反演律	反演律的推广式
$\overline{AB}=\overline{A}+\overline{B}$	$\overline{A\cdot B\cdot C\cdots}=\overline{A}+\overline{B}+\overline{C}+\cdots$
$\overline{A+B}=\overline{A}\cdot\overline{B}$	$\overline{A+B+C+\cdots}=\overline{A}\cdot\overline{B}\cdot\overline{C}\cdots$

3. 逻辑代数的基本规则

（1）代入规则　在任何一个含有变量 A 的逻辑等式中，若将等式两边出现的同一变量

A都代之以一个逻辑函数Y，则等式仍然成立，这个规则叫代入规则。利用该规则可以扩大公式的应用范围。

【例3—1—10】 在$\overline{A\cdot B}=\overline{A}+\overline{B}$中，用Y＝AC代替等式中的A，等式仍成立。

解：$\overline{(A\cdot C)\cdot B}=\overline{A\cdot C}+\overline{B}$

$\overline{A\cdot C\cdot B}=\overline{A\cdot C}+\overline{B}=\overline{A}+\overline{C}+\overline{B}$

（2）反演规则　在求一个逻辑函数Y的反函数$\overline{Y}$时，只要将逻辑函数Y中所有的“·”换成“＋”，“＋”换成“·”；“1”换成“0”，“0”换成“1”；原变量换成反变量，反变量换成原变量，这就可以得到反函数$\overline{Y}$。这个规则叫反演规则。

在使用反演规则时需注意两点：一是注意运算符号的先后顺序，先括号、然后乘、最后加；二是注意不是一个变量上的反号应保持不变。

4．逻辑函数的化简

（1）化简的意义　通常根据实际的逻辑问题经真值表归纳出的逻辑函数，其设计出的逻辑电路往往并非最简。若将逻辑函数进行适当化简，可得到最简的逻辑电路图，这不仅使逻辑电路简单明了，而且能节约器件，提高工作可靠性。因此，化简能提高电路设计的合理性、经济性和可靠性。

例如，有一逻辑函数$Y=\overline{A}B+AB\overline{C}+C$，经过化简后，可简化为Y＝B＋C。若分别画出这两个逻辑函数式所对应的逻辑电路图，如图3—1—11所示。经过比较可以看到，两个电路实现的功能完全一样，但化简后的逻辑电路就简单多了，它既节省了器件，又减少了输入端数。因此，在分析和设计逻辑电路时，化简逻辑函数是必不可少的环节。

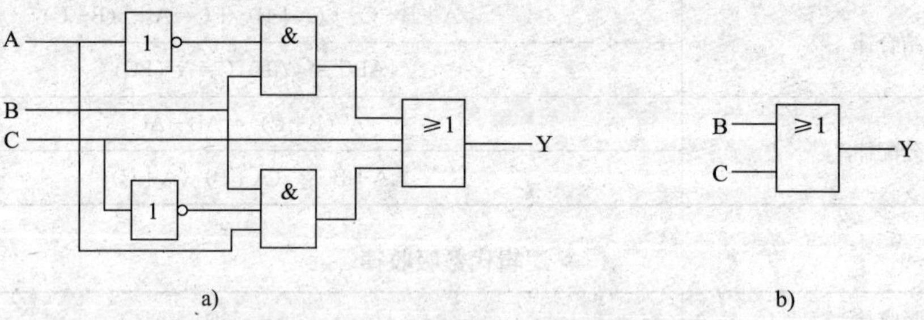

图3—1—11　逻辑函数化简前后的电路比较

a）化简前的逻辑电路　b）化简后的逻辑电路

（2）逻辑函数的最简形式　一个逻辑函数确定后，其真值表是唯一的，实现的逻辑功能也是唯一的，但其函数表达形式却有许多种。各种函数表达式有繁有简，其表达形式越简单，设计电路就越容易。逻辑函数化简的目的就是要寻求最简的表达形式。与或表达式是常见的最简表达式，它由几个乘积项相加组成，称为“积之和”。所谓最简与或表达式是指乘积项的项数最小，且每个乘积项中的变量数也最少。乘积项数目少，可减少或门的输入端和连线数，而乘积项中的变量数少，可减少与门的输入端，便利简化电路。

与或表达式能方便地同其他表达式互换。逻辑函数表达式的类型一般可归纳为5种形式。例如，$Y=A\overline{B}+BC$，可以有以下5种表达形式：

$Y=A\overline{B}+BC$　　　　与或表达式

$Y=(A+B)(\overline{B}+C)$　　或与表达式

$Y=\overline{\overline{A\overline{B}}\cdot\overline{BC}}$　　与非—与非表达式（用反演律，对原式两次求反）

$Y=\overline{\overline{(A+B)}+\overline{(\overline{B}+C)}}$　　或非—或非表达式（对或与表达式两次求反）

$Y=\overline{\overline{A}\,\overline{B}+B\overline{C}}$　　与或非表达式（用反演律，对或与表达式两次求反）

从上可见，一个逻辑函数的表达形式不是唯一的，在电路设计时可以用不同的逻辑电路、逻辑器件来实现同一逻辑功能。究竟选用何种电路形式，由实际情况来确定，有时为了使用某种逻辑器件，就必须采用某种逻辑形式。但应该注意，用最简与或表达式变换为其他逻辑形式时，得到的结果不一定是最简的。

（3）公式法化简　公式法化简就是用逻辑代数中的公式和定律对逻辑函数进行化简，以求得逻辑表达式的最简形式，也称为代数法化简。常见的公式化简法有以下几种：

1）合并项法。利用 $AB+A\overline{B}=A$，将两项并成一项，合并时消去一个变量。

【例 3—1—11】　化简 $Y=A\overline{B}C+A\overline{B}\,\overline{C}$

解： $Y=A\overline{B}C+A\overline{B}\,\overline{C}=A\overline{B}(C+\overline{C})=A\overline{B}$

【例 3—1—12】　化简 $Y=\overline{A}B\overline{C}+A\overline{C}+\overline{B}\,\overline{C}$

解： $Y=\overline{A}B\overline{C}+A\overline{C}+\overline{B}\,\overline{C}=\overline{A}B\overline{C}+(A+\overline{B})\overline{C}=\overline{A}B\overline{C}+\overline{\overline{A}B}\,\overline{C}=\overline{C}$

2）吸收法。利用吸收律 $A+AB=A$，消去多余的与项。

【例 3—1—13】　化简 $Y=A\overline{B}+A\overline{B}CD$

解： $Y=A\overline{B}+A\overline{B}CD=A\overline{B}(1+CD)=A\overline{B}$

3）消去法。利用吸收律 $A+\overline{A}B=A+B$，消去多余逻辑变量。

【例 3—1—14】　化简 $Y=AB+\overline{A}C+\overline{B}C$

解： $Y=AB+\overline{A}C+\overline{B}C=AB+(\overline{A}+\overline{B})C=AB+\overline{AB}C=AB+C$

4）配项法。将某项乘以 $(A+\overline{A})$，然后拆成两项，再与其他项合并化简。

【例 3—1—15】　化简 $Y=AB+\overline{A}C+\overline{A}\,\overline{B}+A\overline{C}$

解：

$$
\begin{aligned}
Y&=AB+\overline{A}C+\overline{A}\,\overline{B}+A\overline{C}\\
&=AB(C+\overline{C})+\overline{A}C(B+\overline{B})+\overline{A}\,\overline{B}+A\overline{C}\\
&=ABC+AB\overline{C}+\overline{A}BC+\overline{A}\,\overline{B}C+\overline{A}\,\overline{B}+A\overline{C}\\
&=BC(A+\overline{A})+A\overline{C}(B+1)+\overline{A}\,\overline{B}(C+1)\\
&=BC+A\overline{C}+\overline{A}\,\overline{B}
\end{aligned}
$$

应该指出，利用上述方法进行化简所取得的结果不是唯一的，有时还需要综合运用以上几种方法及相关的定律、公式来进行。由于实际的逻辑表达式有多种多样，化简时又没有固定的步骤可循，需要多做练习，积累经验，掌握一定的技巧，才能迅速地求得最简逻辑表达式。

五、常用逻辑集成电路的识别及检测

逻辑集成电路是在一块集成电路中包含若干个基本逻辑门电路，其外形图如图 3—1—12 所示，外形平面图如图 3—1—13 所示，常用集成电路形式说明见表 3—1—11。

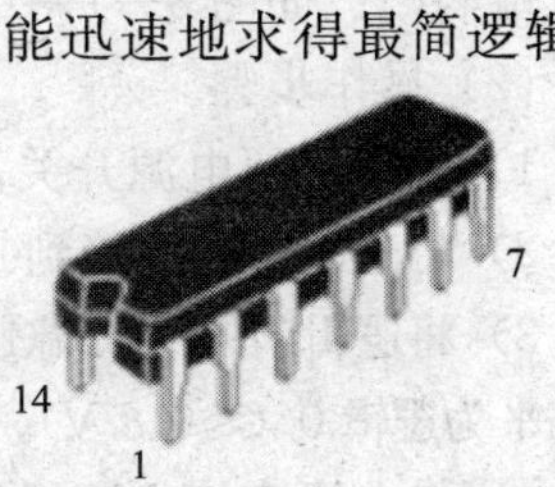

图 3—1—12　集成电路外形图

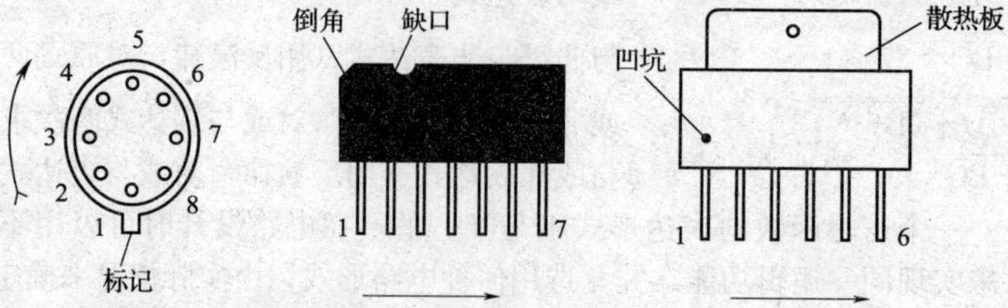

a)　　　　b)　　　　c)

图 3—1—13　集成电路外形平面图

a）图形　　b)、c）单列直形

表 3—1—11　　**常用集成电路形式说明**

名称	实物图	说明
单列直插集成电路		它的引脚只有一列，引脚是直的
单列曲插集成电路		它的引脚只有一列，引脚是弯曲的
双列集成电路		它的引脚分成两列分布
四列集成电路		它的引脚分成方形四列分布

1．集成电路引脚识别

（1）方法 1　74 系列集成电路一侧有一个缺口，将其引脚向下，有字面向上，缺口在观察者的左边，从上往下看集成电路，左边脚为①脚，逆时针依次为②、③、④……

（2）方法 2　若集成电路有缺口、倒角、凹坑或色点，对应的引脚为①脚，逆时针依次为②、③、④……

2．集成电路功能检测

（1）74LS08 芯片和 74LS32 芯片　如图 3—1—14a 所示，74LS08 芯片上集成了 4 个二输入端与门；如图 3—1—14b 所示，74LS32 芯片上集成了 4 个二输入端或门。

（2）操作步骤

1）关闭稳压电源开关，将 74LS08 插入面包板。

2）将+5 V 电源接到⑭脚，将接地点接到⑦脚。

3）将逻辑门的输入端①脚、②脚用插接线接到逻辑电位上，高电平为逻辑 1（≥2～5 V），低电平为逻辑 0（≤0.8 V）。

4）将电压表接入逻辑门的输出端③脚。将电阻与 LED 串连接入逻辑门的输出端③脚。

5）检查无误后接通电源。

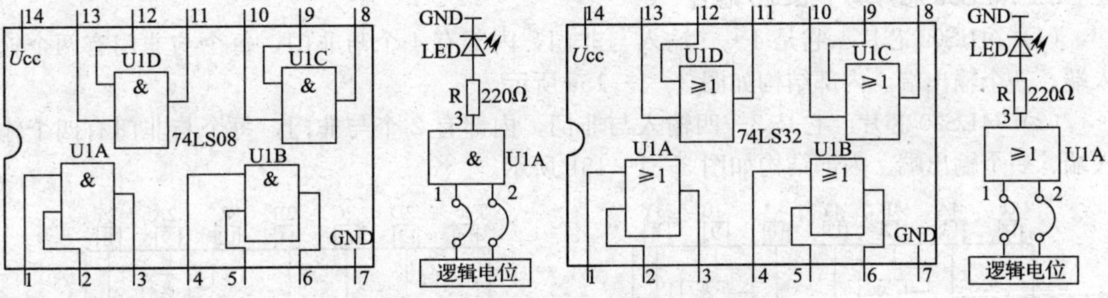

图 3—1—14　74LS08 集成电路内部结构和接线

a）4—二输入与门　b）4—二输入或门

6）用插接线改变输入端的电位，并将测试结果记入表 3—1—12 中。

7）检查测试结果是否符合与门逻辑，并写于小结中。

8）74LS32 同上，测试数据记入表 3—1—13 中。

表 3—1—12　74LS08 测试表

输入		输出	
U1A			
①脚	②脚	③脚	LED 灯
0	0		
0	1		
1	0		
1	1		
U1B			
④脚	⑤脚	⑥脚	
0	0		
0	1		
1	0		
1	1		
U1C			
⑧脚	⑨脚	⑩脚	
0	0		
0	1		
1	0		
1	1		
U1D			
⑪脚	⑫脚	⑬脚	
0	0		
0	1		
1	0		
1	1		
小　结			

表 3—1—13　74LS32 测试表

输入		输出	
U1A			
①脚	②脚	③脚	LED 灯
0	0		
0	1		
1	0		
1	1		
U1B			
④脚	⑤脚	⑥脚	
0	0		
0	1		
1	0		
1	1		
U1C			
⑧脚	⑨脚	⑩脚	
0	0		
0	1		
1	0		
1	1		
U1D			
⑪脚	⑫脚	⑬脚	
0	0		
0	1		
1	0		
1	1		
小　结			

3．74LS00 芯片与 74LS20 芯片

（1）74LS00 芯片　它是 4—二输入与非门，内部有 4 个与非门，每个与非门有两个输入端、一个输出端。内部结构如图 3—1—15a 所示。

（2）74LS20 芯片　它是 2—四输入与非门，内部有 2 个与非门，每个与非门有四个输入端、一个输出端。内部结构如图 3—1—15b 所示。

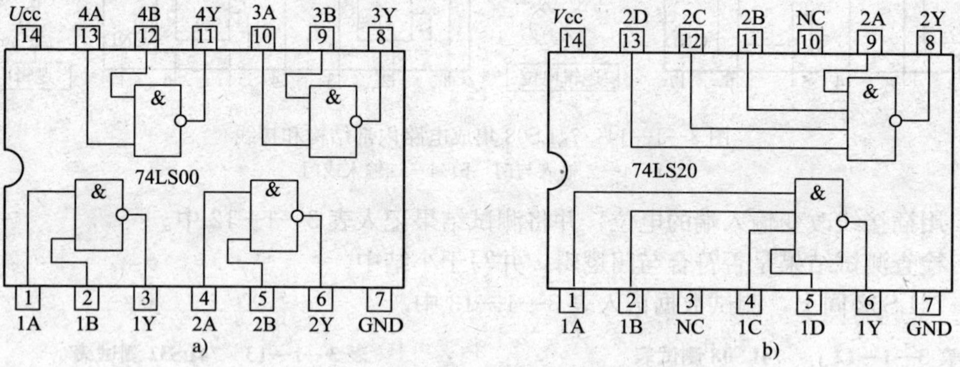

图 3—1—15　74LS00 和 74LS20 内部结构

a）4—二输入与非门　b）2—四输入与非门

任务实施

一、工具、器材准备

1．测试仪器准备

直流稳压电源（有单独＋5 V 电压和＋3 V 电压输出）1 台，数字式万用表 1 块，面包板 15 cm×25 cm 1 块，连接导线若干。

2．元器件准备

发光二极管和 1 kΩ 电阻若干，集成电路 74LS00 和 74LS20，DIP14 双插直列式集成电路插座各 1 个，带自锁的小按钮（或拨动小开关）6 个。

3．集成电路器件检测

（1）连接　根据图 3—1—15 的结构，连接集成元器件，接上相应接地和电源，打开电源。

（2）检测　根据表 3—1—14 和表 3—1—15 的数据输入电平，用万用表测量输出。输出电压大于或等于 2.5 V 为高电平“1”；如果电压小于 1 V 为低电平，记为“0”。74LS00 为 4—二输入与非门，可以一个模块一个模块地测试，只有 4 个模块全测试才能判断些芯片是否好。74LS20 为二—四输入与非门，测试方法相同。

通过检测，对于与非门来说，输入信号中如果有一个或一个以上是 0 则输出为 1，所有输入信号全部是 1 时则输出为 0，此时可判断该与非门逻辑功能正常；否则说明这个与非门已经损坏，应避免使用。总结与非门的逻辑功能是“有 0 出 1，全 1 出 0”。

二、电路设计

用 74LS00 和 74LS20 集成块设计一个 3 人表决器电路。

表 3—1—14 74LS00 测试表

输入		输出	
①脚	②脚	③脚	LED灯
0	0		
0	1		
1	0		
1	1		
④脚	⑤脚	⑥脚	
0	0		
0	1		
1	0		
1	1		
⑧脚	⑨脚	⑩脚	
0	0		
0	1		
1	0		
1	1		
⑪脚	⑫脚	⑬脚	
0	0		
0	1		
1	0		
1	1		
小　结			

表 3—1—15 74LS20 测试表

输入		输出	
①脚	②脚	③脚	LED灯
0	0		
0	1		
1	0		
1	1		
④脚	⑤脚	⑥脚	
0	0		
0	1		
1	0		
1	1		
⑧脚	⑨脚	⑩脚	
0	0		
0	1		
1	0		
1	1		
⑪脚	⑫脚	⑬脚	
0	0		
0	1		
1	0		
1	1		
小　结			

1. 3人表决器的真值表见表 3—1—16。

表 3—1—16 3人表决器的真值表

A	B	C	Y	A	B	C	Y
0	0	0	0	1	0	0	0
0	0	1	0	1	0	1	1
0	1	0	0	1	1	0	1
0	1	1	1	1	1	1	1

2. 写出由与非门构成的输出化简表达式为

$$Y=\overline{\overline{AB}\cdot\overline{BC}\cdot\overline{AC}}$$

3. 根据化简表达式构建电路。

三、电路装调

1. 电路连接

根据所设计 3 人表决器电路，在面包板上搭建电路。

（1）搭好电路，接上电源+5 V。如果输出 Y 端接发光二极管和限流电阻，则灯亮表明表决通过；相反，灯不亮表明表决不通过。

（2）输入 3 个端口分别接 3 个开关，开关分别有两个位置，开关置 1 表明接高电平，开关置 2 表明接低电平。

（3）输入 3 个开关按真值表接不同位置，观察输出灯亮情况，说明表决器设计是否成功。

2. 电路故障分析

3 人表决器电路功能检测记录见表 3—1—17。

表 3—1—17　　3 人表决器电路功能检测记录

A	B	C	Y	A	B	C	Y
0	0	0		1	0	0	
0	0	1		1	0	1	
0	1	0		1	1	0	
0	1	1		1	1	1	

（1）如果出现输出和输入不符真值表，则首先检查电路是否连接正确。

（2）如果电路连接正确，出现输出与输入不符，仔细看看化简表是否正确。

（3）如果化简正确而输出与输入不符，则检查集成电路。

（4）如果集成电路检查是好的，检测发光二极管好坏或是否接反。

（5）如果电路功能不正确，应从以下几个方面检查排除故障：

1）检查电路连接是否有误。应对照电路图，根据信号的流程由输入到输出逐级检查，找出故障原因。

2）重新检测所使用的与非门是否有损坏。有时在操作中集成电路引脚插错通电，会引起集成电路损坏，有时集成电路在插拔过程中，会引起引脚断开等。

3）有时集成块由于装接时折弯，而使引脚隐藏在里面，相当于没有连接。可用万用表电阻挡测试集成块引脚所对应的焊盘，集成块引脚的正面和底座反面是否导通。

4）检查测试仪器的插孔是否有松动，指示灯是否损坏。

5）指示灯不亮可以用万用表直流电压挡测输出端 Y，如果没有高电平，就查输出电路；如果有高电平输出但指示灯不亮，就查指示灯和指示灯电路。指示灯的检查也可用万用表的电阻挡来检测。

任务评价

表 3—1—18　　评分标准

序号	考核内容	评分标准	配分	得分
1	测试仪器准备	准备好测试仪器并会使用	10	
2	元器件准备	准备好元器件并会检测元器件	15	
3	电路设计	会用给定与非门器件设计三人表决器电路	30	
4	电路连接	会根据设计电路搭建电路	20	
5	电路调试	会分析故障并排除简单故障	20	
6	总结	会根据操作进行总结	5	
合计得分				

思考与练习

1. 有4个开关 A、B、C、D 串联控制照明灯 Y，试写出该电路的逻辑函数表达式。试问用什么逻辑门器件实现？画出逻辑器件图。

2. 有4个开关 A、B、C、D 并联控制照明灯 Y，试写出该电路的逻辑函数表达式。试问用什么逻辑门器件实现？画出逻辑器件图。

3. 已知某三输入端的与门电路有以下 5 种输入状态：000，101，111，011，110，试问该门电路在哪种状态下输出为 0？在哪种状态下输出为 1？

4. 已知某四输入端的或门电路有以下 5 种输入状态：0000，1101，0100，0011，1111，试问该门电路在哪种状态下输出为 0？在哪种状态下输出为 1？

5. 已知逻辑电路如图 3—1—16 所示，试写出输出逻辑表达式。

6. 如何判断一个 74LS20 门电路的好坏？

7. 设计一个 5 人表决器电路。

8. 分析图 3—1—17 所示电路的逻辑功能，试写出输出 Y 的逻辑函数表达式，列出真值表，指出电路完成什么逻辑功能？

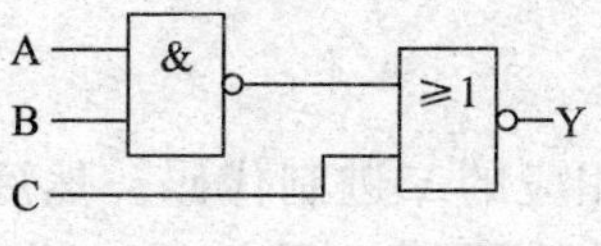

图 3—1—16　题 5 图

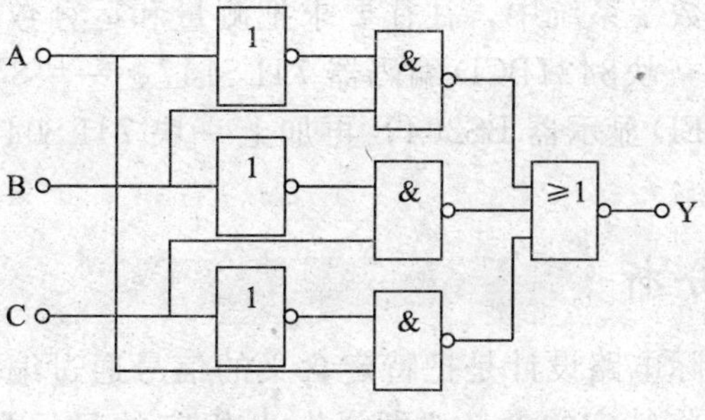

图 3—1—17　题 8 图

9. 设有一个组合逻辑电路，已知其输入和输出信号的波形如图 3—1—18 所示。试写出逻辑函数表达式，并用与非门组成最简单逻辑电路。

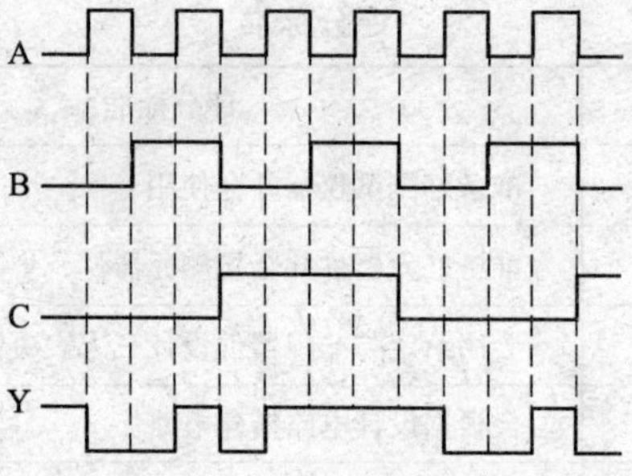

图 3—1—18　题 9 图

任务 2　集成组合逻辑电路装调与诊断

◆ **技能点**

◎ 组合逻辑集成电路的识别与常用芯片

◎ 组合逻辑电路的装调与检修

◎ 认识和检测 LED 显示器件

◆ **知识点**

◎ 组合逻辑电路的分析与设计

◎ 常用编码电路和译码电路

◎ 七段数码管显示原理

任务提出

数码显示电路在实际生活中随处可见。如红绿灯的剩余时间显示电路，可以用数字倒计时显示出红绿灯的持续时间；医院病房的呼叫系统也有数码显示电路，显示呼叫发出者的房间、床号信息等。

在数字系统中，往往要求把测量和运算数据用十进制数码显示，以便人们观察。本任务用一块8421BCD 编码器 74LS147、一块8421BCD 集成译码器 74LS47、一个共阳极七段 LED 显示器 BS204，再加上一块 74LS04（六反向器），构成一位十进制数码显示器电路。

任务分析

实际电路设计是把特定含义的信号通过编码器转换成相应的二进制代码。然后通过译码器将特定的含义“翻译”出相应的显示码，通过七段数码管显示相应十进制数。由于十进制编码器输出信号为反码形式，所以要通过反相器将 8421BCD 码的反码形式变换为8421BCD码。七段字形译码器的作用是译码和驱动，将输入信号 8421BCD码译为七段字形显示码，并驱动数码管显示相应字形。数码管在显示码的控制下显示相应字形。

相关知识

一、组合逻辑电路分析与设计

1. 组合逻辑电路分析方法

分析组合电路的目的就是为了确定电路的逻辑功能，即根据已知的逻辑电路图，找出输入与输出的逻辑关系，写出其逻辑函数表达式。

（1）分析步骤。写出逻辑表达式；化简逻辑函数；列出真值表；确定电路功能。

（2）分析举例。

【例 3—2—1】 分析图 3—2—1 所示电路功能。

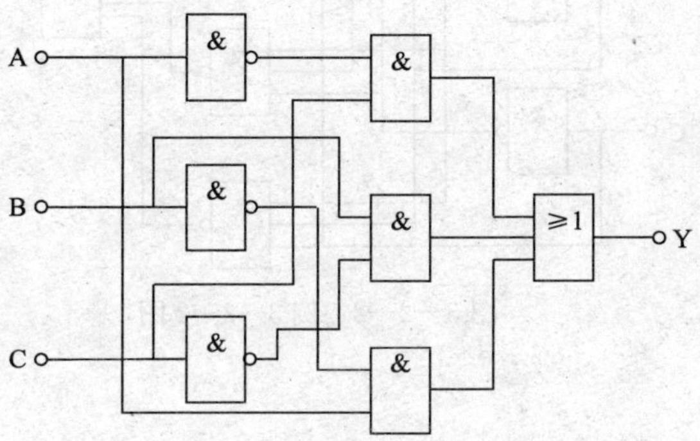

图 3—2—1　例 3—2—1 图

表 3—2—1　例 3—2—1 电路真值表

A	B	C	Y
0	0	0	0
0	0	1	1
0	1	0	1
0	1	1	1
1	0	0	1
1	0	1	1
1	1	0	1
1	1	1	0

解： 1）写出表达式。根据已知逻辑电路图，可写出逻辑函数的表达式

$$Y=\bar{A}C+B\bar{C}+AB$$

2）列出真值表见表 3—2—1。

3）确定功能。从真值表看出，当输入变量取值为 000 或 111 时，输出 Y=0，其余 6 种取值组合下，Y=1。同此，归纳该电路是一种输入不一致的鉴别器。当输入信号 A、B、C 相同时，电路正常工作，而输入信号不同时，发出报警信号。

2. 组合逻辑电路设计方法

组合逻辑电路的设计就是根据给出的实际逻辑问题，设计出能实现该功能的最简逻辑电路。

（1）设计步骤

1）分析设计要求，确定输入变量。分析的目的就是将给出的实际问题抽象为一个逻辑问题，并建立逻辑关系。按功能要求，确定输入、输出变量，并进行变量赋值。

2）列出真值表。

3）写出表达式。

4）画出逻辑电路图。

（2）设计举例

【例 3—2—2】用与非门设计一个在 3 个地方均可控制同一盏灯的电路。要求灯亮时，任何一地都可使灯点亮；反之，要求灯灭时，任何一地都可使灯熄灭。

解：1）根据要求，设 A、B、C 为 3 个地方的开关，作为输入变量，并设开关闭合为 1，打开为 0；Y 为输出量，灯亮为 1，灯灭为 0。

2）根据上述逻辑关系列出真值表见表 3—2—2，电路图如图 3—2—2 所示。

表 3—2—2　例 3—2—2 电路真值表

A	B	C	Y
0	0	0	0
0	0	1	1
0	1	0	1
0	1	1	0
1	0	0	1
1	0	1	0
1	1	0	0
1	1	1	1

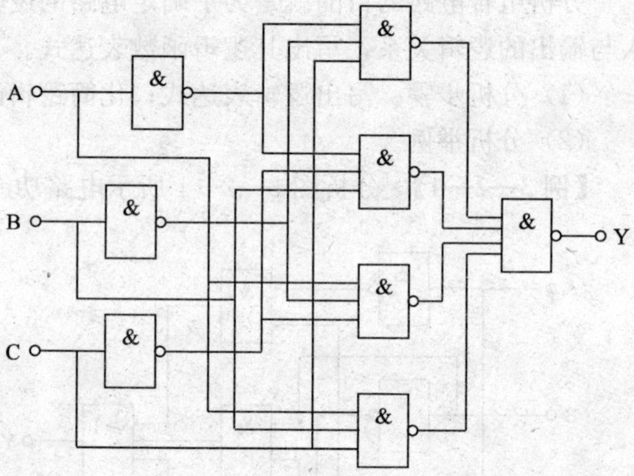

图 3—2—2　例 3—2—2 图

二、集成组合逻辑器件

1. 十进制优先编码器

74LS147 是十进制优先编码器。$\overline{I}_1 \sim \overline{I}_9$ 是 9 个信号输入端，低电平输入有效；$\overline{Y}_0 \sim \overline{Y}_3$ 是 4 位 8421BCD 码的反码输出端，如图 3—2—3 所示。真值表见表 3—2—3。

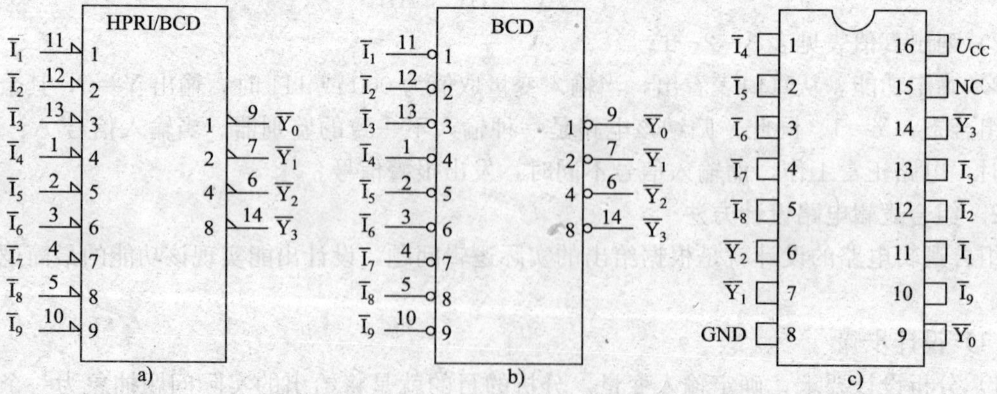

图 3—2—3　74LS147 是十进制优先编码器引脚图

a）国际标准图　b）原标准图　c）引脚图

表 3—2—3　　十进制优先编码器 74LS147 真值表

输入									输出			
10	5	4	3	2	1	13	12	11	14	16	7	9
I_9	I_8	I_7	I_6	I_5	I_4	I_3	I_2	I_1	Y_3	Y_2	Y_1	Y_0
1	1	1	1	1	1	1	1	1	1	1	1	1
1	1	1	1	1	1	1	1	0	1	1	1	0
1	1	1	1	1	1	1	0	×	1	1	0	1
1	1	1	1	1	1	0	×	×	1	1	0	0
1	1	1	1	1	0	×	×	×	1	0	1	1
1	1	1	1	0	×	×	×	×	1	0	1	0
1	1	1	0	×	×	×	×	×	1	0	0	1
1	1	0	×	×	×	×	×	×	1	0	0	0
1	0	×	×	×	×	×	×	×	0	1	1	1
0	×	×	×	×	×	×	×	×	0	1	1	0

2．LED 数码管

图 3—2—4 所示为七段共阴和共阳数码管。LED 数码管实际上是由七个发光管组成 8 字形构成的，加上小数点就是 8 个。这些段分别由字母 a，b，c，d，e，f，g，d，p 来表示。当数码管特定的段加上电压后，这些特定的段就会发亮，以形成人眼睛看到的字样。

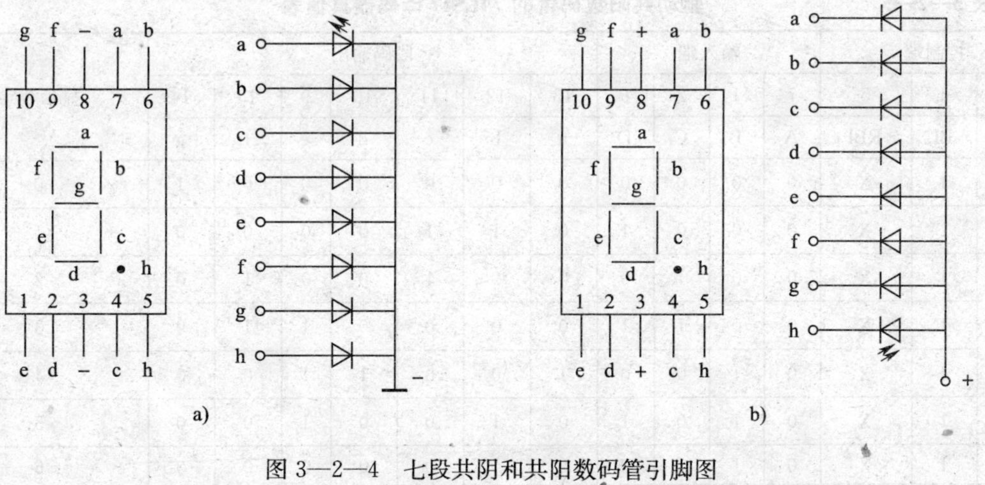

图 3—2—4　七段共阴和共阳数码管引脚图

a）共阴极数码管　b）共阳极数码管

3．译码器（七段字形译码器）74LS47

字型数码管要显示出数字，必须将输入的 BCD 码经译码器译成七段码信号，然后送到数码管显示。译码器的输入为 4 位二进制代码，输出为七段码，由 8 根输出线连到相应的数码管管脚。数码管有共阴极和共阳极数码管，则译码器也有相应的驱动共阴的译码器和驱动共阳的译码器。常用的驱动共阴数码管的译码器有 74LS48 和 CD 4511，常用的驱动共阳数码管的译码器有 74LS47 和 CD 4543。驱动共阴数码管的 74LS48 译码器真值表见表 3—2—4，驱动共阳数码管的 74LS47 译码器真值表见表 3—2—5。

表 3—2—4　　驱动共阴数码管的 74LS48 译码器真值表

控制端			输入端				段码输出							显示数字
3	4	5	7	1	2	6	13	12	11	10	9	15	14	
LT	BI	RBI	A	B	C	D	a	b	c	d	e	f	g	
1	1	1	0	0	0	0	1	1	1	1	1	1	0	0
1	1	X	0	0	0	1	0	1	1	0	0	0	0	1
1	1	X	0	0	1	0	1	1	0	1	1	0	1	2
1	1	X	0	0	1	1	1	1	1	1	0	0	1	3
1	1	X	0	1	0	0	0	1	1	0	0	1	1	4
1	1	X	0	1	0	1	1	0	1	1	0	1	1	5
1	1	X	0	1	1	1	1	0	1	1	1	1	1	6
1	1	X	0	1	1	0	1	1	1	0	0	0	0	7
1	1	X	1	0	0	0	1	1	1	1	1	1	1	8
1	1	X	1	0	0	1	1	1	1	0	0	1	1	9
X	0	X	1	1	1	1	0	0	0	0	0	0	0	灭灯
1	0	0	1	1	1	1	0	0	0	0	0	0	0	灭零
0	1	X	0	0	0	0	1	1	1	1	1	1	1	试灯

表 3—2—5　　驱动共阳数码管的 74LS47 译码器真值表

控制端			输入端				段码输出							显示数字
3	4	5	7	1	2	6	13	12	11	10	9	15	14	
LT	BI	RBI	A	B	C	D	a	b	c	d	e	f	g	
1	1	X	0	0	0	0	0	0	0	0	0	0	1	0
1	1	X	0	0	0	1	0	1	1	0	0	0	0	1
1	1	X	0	0	1	0	0	0	1	0	0	1	0	2
1	1	X	0	0	1	1	0	0	0	0	1	1	0	3
1	1	X	0	1	0	0	1	0	0	1	1	0	0	4
1	1	X	0	1	0	1	0	1	0	0	1	0	0	5
1	1	X	0	1	1	0	0	1	0	0	0	0	0	6
1	1	X	0	1	1	1	0	0	0	1	1	1	1	7
1	1	X	1	0	0	0	0	0	0	0	0	0	0	8
1	1	X	1	0	0	1	0	0	0	1	1	0	0	9
X	0	X	1	1	1	1	1	1	1	1	1	1	1	灭灯
1	0	0	1	1	1	1	1	1	1	1	1	1	1	灭零
0	1	X	0	0	0	0	0	0	0	0	0	0	0	试灯

4. 电路工作原理

如图 3—2—5 所示，以显示字符“9”为例。当十进制数码显示电路的输入端接地时，十进制编码器 74LS147 输出“9”的8421BCD 反码“0 110”。反相器 74LS04 将8421BCD 反码转换为8421BCD 码“1001”。

七段译码器 74LS47 将8 421BCD 码“1001”译为七段显示码“0001100”，输出到共阳极数码管 BS204 的 a～g 端，驱动 a、b、c、f、g 段发光，d、e 段不发光，于是显示字符“9”。同理可显示其他字符。

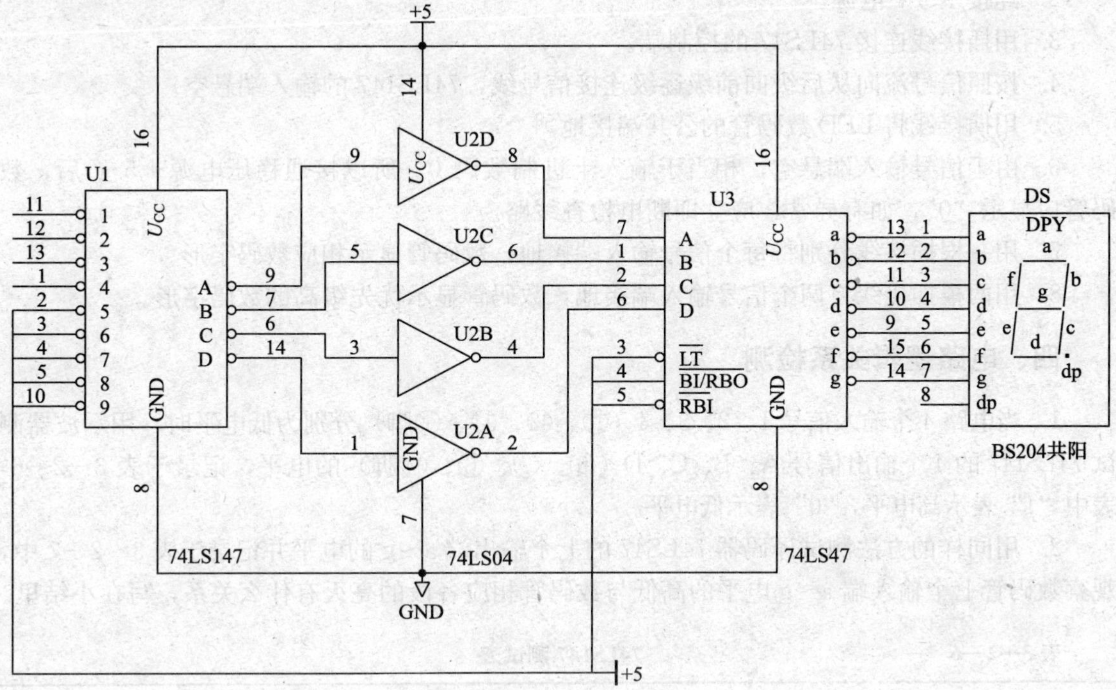

图 3—2—5　数码显示电路

任务实施

一、工具器材准备

1. 直流稳压电源（输出+5 V）1 台，数字式万用表 1 只，集成起拔器 1 个，单踪示波器或双踪示波器 1 台。

2. 元器件准备

面包板（15 cm×25 cm）、74LS147 1 块、74LS47 1 块、共阳极数码管（BS204）1 只、非门 74LS04 1 块。

3. 熟悉器件

查集成手册，初步了解 74LS147、74LS47、74LS04 和数码管的功能。确定各集成电路的引脚排列，了解各引脚的功能。

二、安装电路

按图 3—2—5 在实验电路板上安装好实验电路。将 4 位低电平有效电平信号，接到编码器 74LS147 的 4 个输入端（⑪、⑫、⑬、①脚）。检查电路连接，确定无误后再接电源。

三、电路操作

1. 关闭稳压电源开关，将 3 块集成块底座插入面包板，再插上集成块。

2. 连接+5 V 电源。

3. 用插接线连接 74LS47 的控制端。

4. 按照信号流向从后级向前级逐级连接信号线，74LS147 的输入端悬空。

5. 用插接线将 LED 数码管的公共端接地。

6. 由于信号输入端悬空，相当于输入十进制数码 0，所以接通稳压电源+5 V 后，数码管应显示“0”，如有异常，应立即断电检查线路。

7. 用一根插接线分别将每个信号输入端接地，数码管显示相应数码字形。

8. 用两根插接线将两个信号输入端接地，数码管显示优先级高的数码字形。

四、电路逻辑关系检测

1. 当电路 4 个输入信号 1、2、3、4（⑪、⑫、⑬、①脚）分别为低电平时，用示波器测试 74LS147 的 4 个输出信号 A、B、C、D（⑨、⑦、⑥、⑭脚）的电平，记录于表 3—2—6，表中“1”表示高电平，“0”表示低电平。

2. 用同样的方法测试译码器 74LS47 的七个输出端 a～g 的电平并记录于表 3—2—7 中，观察数码管七个输入端 a～g 电平的高低与数码管相应各段的亮灭有什么关系，写在小结里。

表 3—2—6　　74LS147 测试表

输入端				输出端			
⑪脚	⑫脚	⑬脚	①脚	⑨脚	⑦脚	⑥脚	⑭脚
0	0	0	0				
0	0	0	1				
0	0	1	0				
0	0	1	1				
0	1	0	0				
0	1	0	1				
0	1	1	0				
0	1	1	1				
1	0	0	0				
1	0	0	1				
1	0	1	0				
1	0	1	1				
1	1	0	0				
1	1	0	1				

续表

输入端				输出端			
⑪脚	⑫脚	⑬脚	①脚	⑨脚	⑦脚	⑥脚	⑭脚
1	1	1	0				
1	1	1	1				
小　结							

表 3—2—7　　74LS47 测试表

⑥脚	②脚	①脚	⑦脚	a	b	c	d	e	f	g	数码管显示
0	0	0	0								
0	0	0	1								
0	0	1	0								
0	0	1	1								
0	1	0	0								
0	1	0	1								
0	1	1	0								
0	1	1	1								
1	0	0	0								
1	0	0	1								
1	0	1	0								
1	0	1	1								
1	1	0	0								
1	1	0	1								
1	1	1	0								
1	1	1	1								
小　结											

任务评价

表 3—2—8　　评分标准

序号	考核内容	评分标准	配分	得分
1	测试仪器准备	准备好测试仪器并会使用	10	
2	元器件准备	准备好元器件并会检测元器件	15	
3	电路设计	会用给定的器件设计数字显示电路	30	
4	电路连接	会根据设计电路搭建电路	20	
5	电路调试	会分析故障并排除简单故障	20	
6	总结	会根据操作进行小结	5	
合计总分			100	

思考与练习

1. 图3—2—5 中，如果译码器用 74LS46，则电路怎样设计？

2. 设有 3 台电机 A、B、C，要求：(1) A 开机时则 B 必须也开机；(2) B 开机时则 C 必须也开机。如果不满足上述要求，即发出报警信号。试写出报警信号的逻辑表达式，并画出用与非门实现的逻辑电路图。

3. 一组交通灯有红、黄、绿灯各一个，设灯都不亮或 2、3 个灯同时亮为故障情况，试用 3—8 译码器和门电路组成故障指示电路。

4. 通过网络查询集成电路 CD4511 和 CD4543 的逻辑功能和引脚的意义。

任务 3 数字时序逻辑电路设计与装调

◆ **技能点**

◎ 触发器的检测

◎ 常用触发器芯片和使用注意事项

◆ **知识点**

◎ 时序逻辑电路的基本概念

◎ 触发器的结构、功能及特点

◎ 触发器电路的功能表示方法

任务提出

任务 2 讲述组合逻辑电路的输出变量状态，仅由输入变量的组合状态来决定，与原来状态无关。本任务讲述的时序逻辑电路是指任意时刻电路的输出状态，不仅取决于该时刻的输入信号，还与电路原来的状态有关。触发器就是一种时序逻辑电路，它是由基本逻辑门电路按照一定方式连接而成的，它有输入端与输出端。在智力竞赛等许多场合，经常需要判别是哪一个人（或哪支队、组）先给出信号，这就是要判别第一个出现的信号，并给出指示，其他的信号将被阻止，直至裁判员给出复位信号，再转入下一个工作过程。

本任务要求用触发器和附加必要的门电路设计一款 4 路抢答器电路。电路中用 4 个按钮作为 4 路抢答的输入，用 4 个 LED 发光二极管作为输出指示。要求：工作之前，4 路输出均为 0，对应的输出发光二极管指示灯都不亮。开始工作（抢答开始）时，哪个开关按下，对应的输出就为 1，点亮相应的指示灯，同时有锁定功能，确保一个按钮按下后，其他按钮不再起作用，这样很容易从灯亮的情况判断是哪一路最先抢答。

任务分析

本任务用D触发器74LS175集成电路附加必要的门电路构成4路抢答器电路。4个按钮按下为高电平，分别控制74LS175的4个输入端。4个输出端分别与发光二极管相连，保证按键按下对应LED灯亮。与此同时，4个输出反向端通过逻辑组合门与74LS175的使能端，使输出锁定为只有一路输出起作用。其设计思路：只要输入有1个按钮按下为高电平，输出就对应为高电平，则输出反向端为低电平。输出反向端的低电平与CP一起作为74LS175的使能端。保证有一路按下时起锁定作用。

相关知识

一、触发器特性

在数字电路中，凡在某一时刻电路的输出状态不仅取决于当时的输入状态，并且还与电路原来的状态有关的电路，称为时序逻辑电路。

触发器是构成各种时序逻辑电路的记忆单元，撤销输入信号后，触发器仍保持原有信号的状态，除非再输入新信号，触发器的状态才有可能改变。触发器按照逻辑功能可分为RS、JK、D、T和T′触发器。

触发器具有两个基本特性：有两个能自行保持的稳定状态，即“1”状态和“0”状态；在输入信号作用下，可以从一个稳定状态翻转到另一个稳定状态。

二、基本RS触发器

1. 电路组成（见图3—3—1）

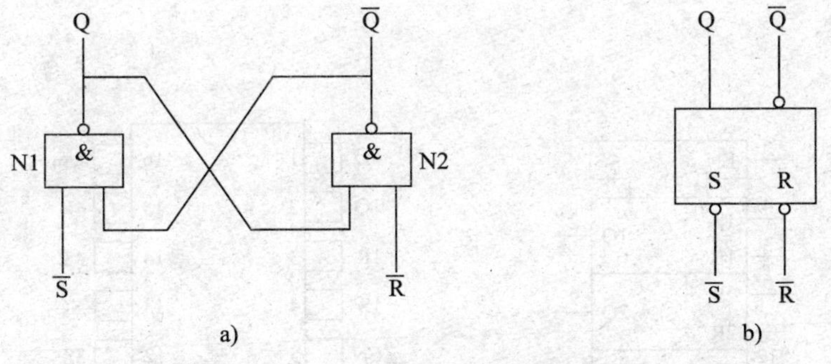

图3—3—1　RS触发器的结构和逻辑符号

a）结构　b）逻辑符号

2. 真值表（见表3—3—1）

【例3—3—1】若基本RS触发器的输入信号波形如图3—3—2所示，试绘出输出端与之对应的波形，假定触发器的初始状态Q=0。

表 3—3—1　　　　RS 触发器真值表

$\overline{R}$	$\overline{S}$	Q^{n+1}	逻辑功能
0	0	不定态	不定态应避免出现
0	1	0	$\overline{R}$ 有效置 0
1	0	1	$\overline{S}$ 有效置 1
1	1	Q^n	$\overline{R}$、$\overline{S}$ 均无效，保持（记忆）状态

Q^n表示现在的状态（现态），Q^{n+1}表示现态的下一个状态（次态）。

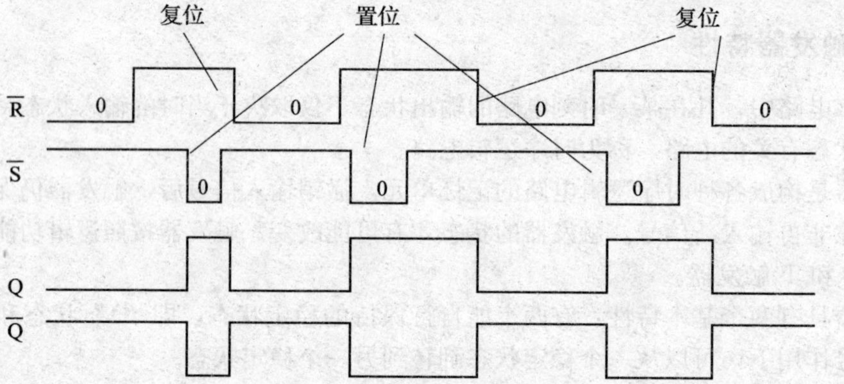

图 3—3—2　【例 3—3—1】波形图

3．集成 RS 触发器

CD4013RS 触发器为常用集成 RS 触发器的一种，其结构图如图 3—3—3 所示，其真值表见表 3—3—2。

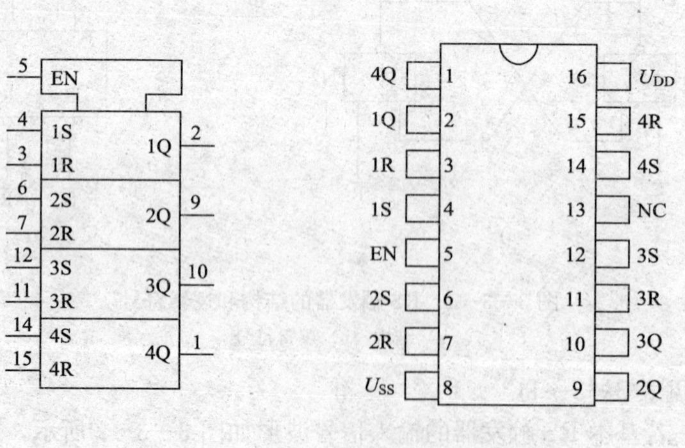

图 3—3—3　CD 4013RS 触发器的结构图

表 3—3—2　　　　　　　　　　　　　RS 触发器的真值表

EN	S	R	Q^{n+1}	功能
0	×	×	高阻 Z	与外电路隔离
1	0	0	Q^n	保持原状态不变
1	0	1	0	置 0 状态
1	1	0	1	置 1 状态
1	1	1	×	不定态，应加以约束

三、集成 JK 触发器

1. 集成电路（见图 3—3—4）

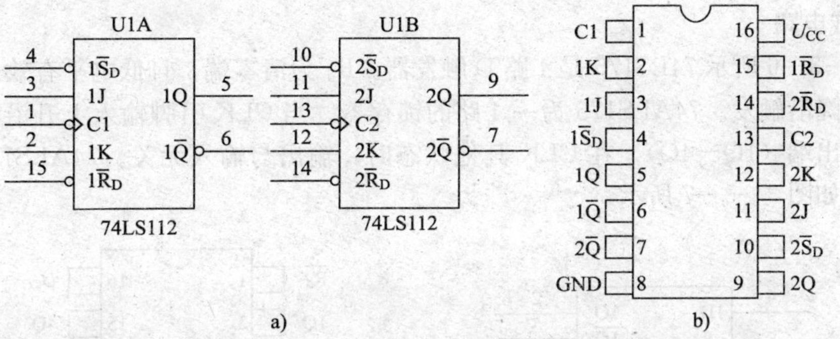

图 3—3—4　JK 触发器 74LS112 结构图

2. 真值表（见表 3—3—3）

表 3—3—3　　　　　　　　　　　JK 触发器 74LS112 真值表

输入				输出	功能
CP	J	K	Q^n	Q^{n+1}	
↓	0	0	0	0	保持
↓	0	0	1	1	
↓	0	1	0	0	置 0
↓	0	1	1	0	
↓	1	0	0	1	置 1
↓	1	0	1	1	
↓	1	1	0	1	翻转
↓	1	1	1	0	

【例 3—3—2】 已知加到 CP 脉冲下降沿触发的 JK 触发器上的信号波形，试绘出 Q 端与之对应的波形，假定触发器的初始状态 Q = 0。如图 3—3—5 所示。

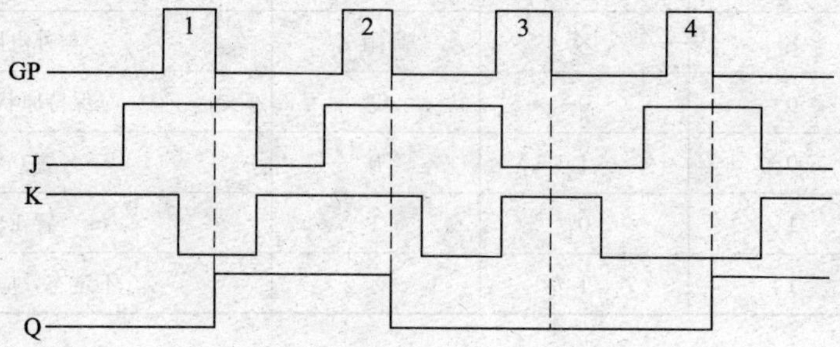

图 3—3—5 【例 3—3—2】题波形图

四、D 触发器

1. 集成电路

如图 3—3—6 所示 74LS175 是 4 路 D 触发器。R_d 为清零端，且低电平有效。CP 是时钟脉冲，且下降沿触发。74ALS175 为一 4 路的锁存器。当 CLK 引脚输入上升沿时，1D—4D 被锁存到输出端（1Q—4Q）。在 CLK 其他状态时，输出与输入无关。74ALS175 内部结构和逻辑符号如图 3—3—7 所示。

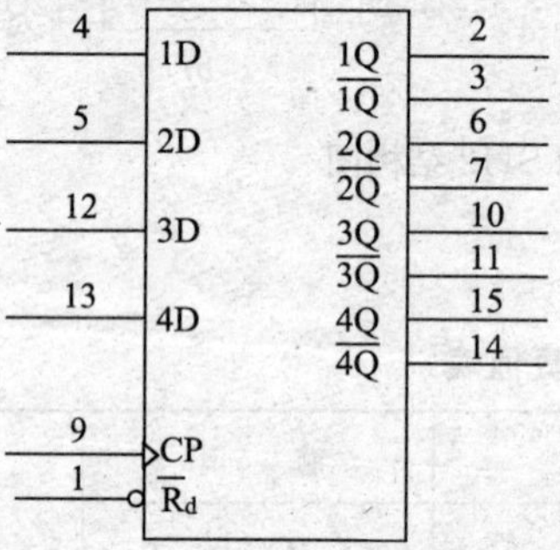

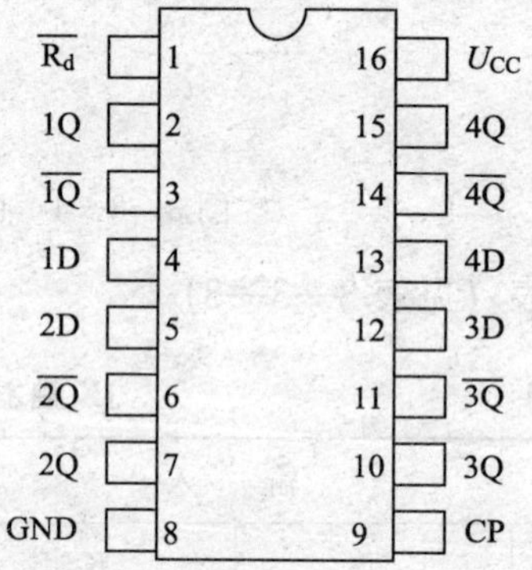

图 3—3—6 集成 D 触发器 74LS175 逻辑符号图和引脚图

a）逻辑符号图 b）引脚图

2. 功能分析

在 CP=0 时，N3，N4 门被封锁，其输出端 R、S 均为 1，D 触发器的输出状态保持不变。当 CP 脉冲信号由 0 变为 1 时，N3，N4 门打开，它们的输出由 N5、N6 门决定。

（1）D=0 时，N5 门的输出 A=1，N6 门的输出 B=0，则 R=0，S=1，使 D 触发器的输出信号 Q=0，D 触发器置 0。此时 R=0 反馈到 N5 门，即使输入信号 D 在此期间发生变化，也不会影响触发器置 0，故将该反馈线称为置 0 维持线①。与此同时，N5 门的输出端 A=1 反馈到 N6 门，保证 N4 门输出 S=1，防止出现触发器输出信号 Q=1 的情况，故将该反馈线称为置 1 阻塞线②。

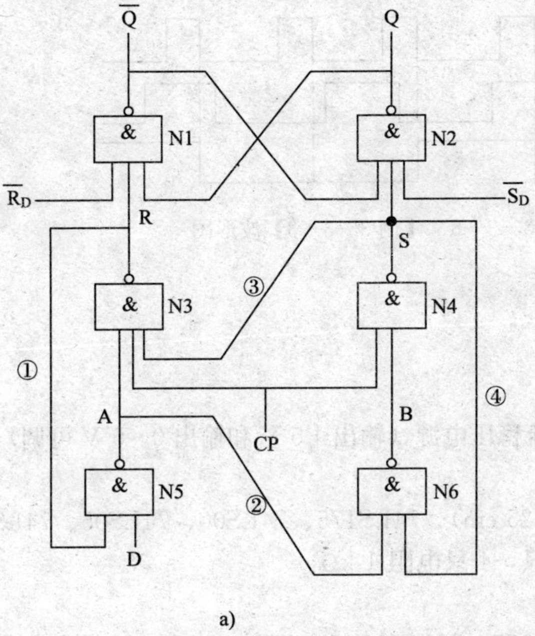

图 3—3—7　74ALS175 内部结构和逻辑符号

a）内部结构　b）逻辑符号

①—置 0 维持线　②—置 1 阻塞线　③—置 0 阻塞线　④—置 1 维持线

（2）D=1 时，N5 门的输出 A=0，N6 门的输出 B=1，则 R=1，S=0，使 D 触发器的输出信号 Q=1，D 触发器置 1。此时 S=0 反馈到 N3 门，保证了 N3 门的输出 R=1，防止出现触发器输出信号 Q=0 的情况，故将该反馈线称为置 0 阻塞线③。与此同时，S=0 反馈到 N6 门，保证 N6 门输出 B=1，因此，即使输入信号 D 在此期间发生变化，也不会影响 N6 门的状态，故将该反馈线称为置 1 维持线④。

上述分析表明，无论触发器的原来状态如何，维持阻塞 D 触发器的输出随着输入 D 的变化而变化，且只在时钟脉冲上升沿到来时触发。

3. 真值表（见表 3—3—4）

表 3—3—4　　　上升沿触发的 D 触发器 74LS175 真值表

输入				输出	功能
$\overline{R}_D$	$\overline{S}_D$	CP	D	Q^{n+1}	
0	1	×	×	0	异步复位
1	0	×	×	1	异步复位
1	1	0	×	Q^n	保持
1	1	↑	0	0	CP 上升沿输出=输入
1	1	↑	1	1	CP 上升沿输出=输入

【例 3—3—3】　设 CP 脉冲上升沿触发的 D 触发器的初态为 0，根据图示 CP、D 端的波形，绘出与之对应的 Q 端的波形。

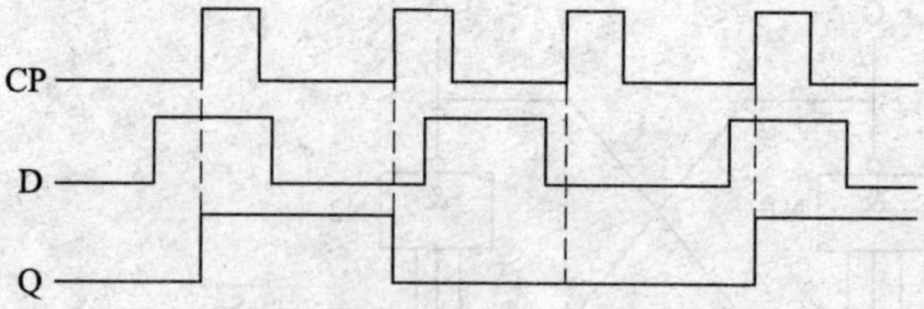

图 3—3—8 【例 3—3—3】波形图

任务实施

一、工具器材准备

1. 20 MHz 双踪示波器、直流稳压电源（输出+5 V 和输出 0～5 V 可调）、数字万用表。

2. 元器件准备

电路设计用面包板（15 cm×25 cm）、74LS175、74LS00、74LS05、74LS20 各 1 块，轻触按钮 4 只，发光二极管红色 4 只，4 只电阻 1 kΩ。

3. 熟悉器件

查集成手册，初步了解 74LS175、74LS20、74LS00、74LS05。确定各集成电路的引脚排列，了解各引脚的功能。

二、电路设计

取 D 触发器 4 个反向输出作为 4 输入与非门 74LS20 的一个与非门的输入端。上述输出作为 74LS05 的输入端，74LS05 的输出和 CP 作为 74LS00 的输出端。4 个按钮作为触发器的输入端，注意输入端要有电阻接地。设计出 4 路抢答器电路如图 3—3—9 所示。

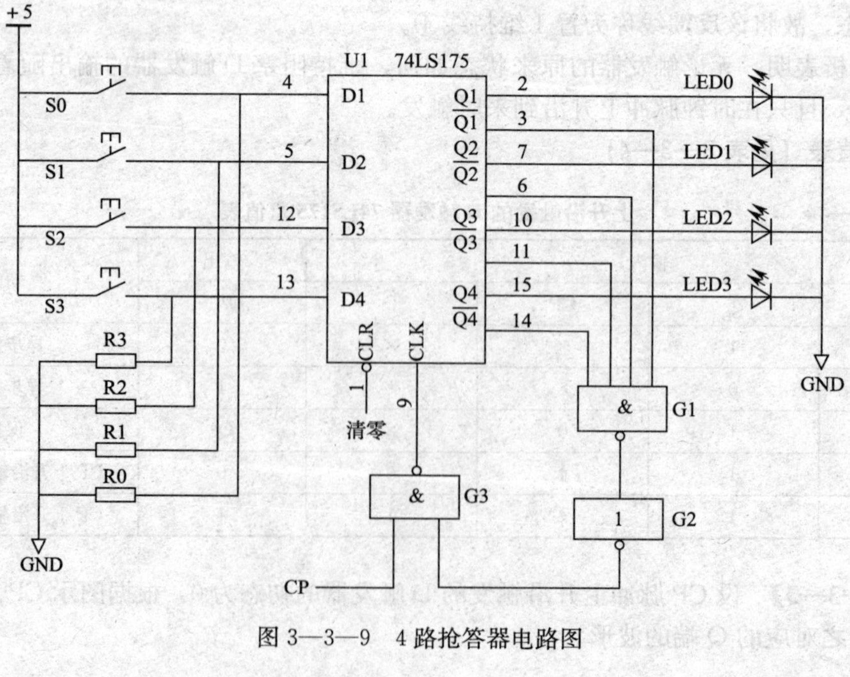

图 3—3—9 4 路抢答器电路图

三、安装电路

在面包电路板上安装好设计的 4 路抢答器电路。将自行设计的 4 位低电平有效抢答器的输出接指示信号，检查电路连接，确定无误后再接电源。

四、操作步骤

1. 关闭直流稳压电源开关，将两片 IC 插入面包板。
2. 将 +5 V 电压接到 IC 的管脚 U_{CC}，将电源负极接到 IC 的管脚 GND。
3. 用插接线将 74LS175 的输出端 Q 接电阻与 LED 串联电路。
4. 用插接线将 74LS175 的输入端 D 和直接复位端接地。
5. 用插接线连接 74LS32 或门电路，将输出端接入 CP 脉冲端。
6. 检查无误后接通电源。集成电路复位键用接插件方式连接。
7. 拔出 74LS175 的清零端（①脚）插接线，使直接复位端为高电平，模拟抢答开始过程。
8. 模拟 1 号选手抢答。拔出插接线，使 D1 为高电平，观察输出端 Q1 相应的 LED 亮。
9. 模拟 2 号选手抢答。拔出插接线，使 D2 为高电平，观察相应的 LED 不亮，但 Q1 相应的 LED 仍保持亮，说明后抢答者的动作无效。
10. 模拟主持人动作，接入主持人插接线，使直接复位端清 0，观察输出端 Q1 相应的 LED 灭。

五、电路功能显示及测试记录

1. 电路功能测试。
2. 按下清零端，所有指示灯灭。
3. 按下 S0～S3 中的任何一个开关（如 S1），与之对应的指示灯（LED1）被点亮，按其他开关均无效。
4. 复复步骤 2，依次检查各指示灯是否被点亮。
5. 将测试结果记录在表 3—3—5 中。

表 3—3—5　　抢答器测试表

清零	S0	S1	S2	S3	LED0	LED1	LED2	LED3
0	0	0	0	0				
0	0	0	0	1				
0	0	0	1	0				
0	0	1	0	0				
0	1	0	0	0				
1	0	0	0	0				
1	0	0	0	1				
1	0	0	1	0				
1	0	1	0	0				
1	1	0	0	0				

任务评价

表 3—3—6　　　　评分标准

序号	考核内容	评分标准	配分	得分
1	测试仪器准备	准备好测试仪器并会使用	10	
2	元器件准备	准备好元器件并会检测元器件	15	
3	电路设计和调试	会用给定的器件设计 4 路抢答器电路并进行调试	30	
4	电路连接	会根据设计电路搭建电路	20	
5	电路检测	会分析故障并排除简单故障	20	
6	总结	会根据操作进行小结	5	
		合计总分	100	

思考与练习

1. 若由三路改为六路抢答器，则电路将有哪些改动？能否增加其他功能，使抢答器更加实用？

2. 设计用一片 74LS373（8 位数据锁存器）来实现此简易抢答器的功能。

3. 如图 3—3—10 所示为与非门组成的基本 RS 触发器，试根据给出的$\overline{R_D}$、$\overline{S_D}$输入信号波形，画出触发器输出 Q、$\overline{Q}$ 的波形。

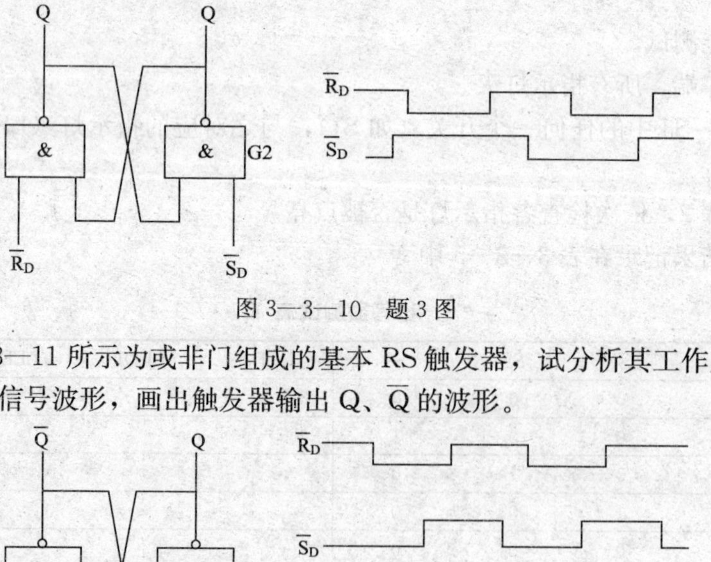

图 3—3—10　题 3 图

4. 如图 3—3—11 所示为或非门组成的基本 RS 触发器，试分析其工作原理，并根据给出的 $\overline{R_D}$、$\overline{S_D}$输入信号波形，画出触发器输出 Q、$\overline{Q}$ 的波形。

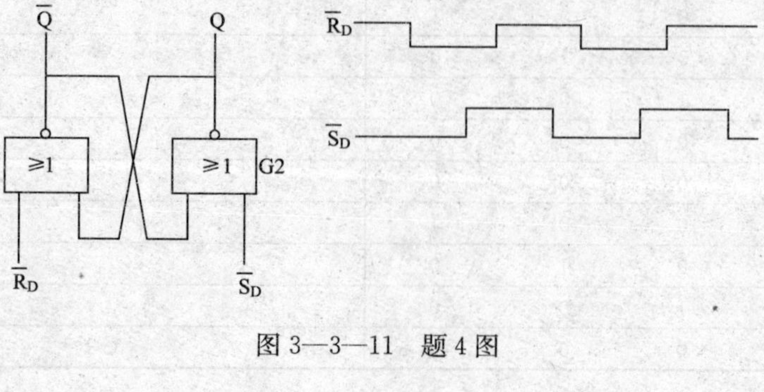

图 3—3—11　题 4 图

5. 边沿触发器的集成 JK 触发器 CD4027，设初态为 Q=0，试根据题 5 图所示的 CP、J、K 波形，画出触发器输出 Q 的波形（提示若要设置初态为 0，可使用直接置 0 端为 R=1，正常工作时可令 S=R=0）。

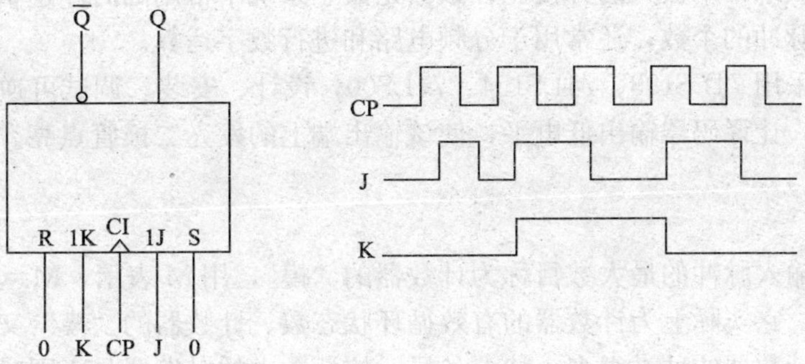

图 3—3—12　题 5 图

6. 有一维持阻塞结构的 D 触发器，设初态为 Q=0，试根据图 3—3—13 所示的 CP、D 波形，画出触发器输出 Q 的波形。

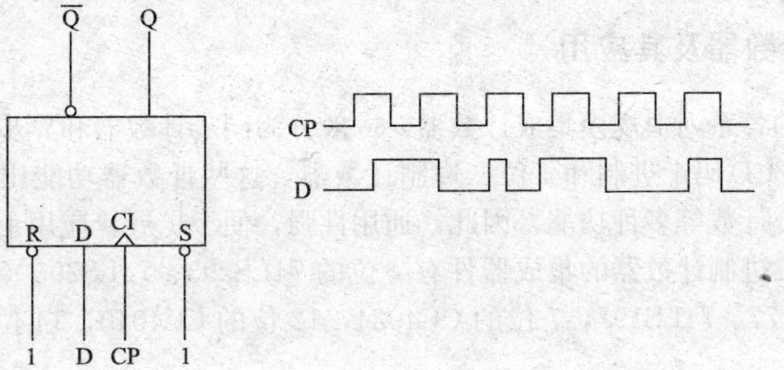

图 3—3—13　题 6 图

任务 4　集成时序逻辑电路设计与装调

◆ **技能点**

◎ 常用计数芯片型号

◎ 计数器组成实用电路的功能测试

◆ **知识点**

◎ 二进制计数器、十进制计数器等常用计数器电路

◎ 寄存器和移位寄存器

任务提出

计数器广泛用于日常生活中的各种电子设备，比如计时器、计价器、计数器等，给人们的工作、生活和娱乐带来极大的方便。计数器是数字系统中常用的时序逻辑部件，它主要用于累计输入时钟脉冲的个数，还常用于分频电路和进行数字运算。

本任务要求采用 74LS193、74LS154、74LS00，设计、安装、调试可逆循环彩灯。利用控制端的装、调，让译码器输出低电平，使该输出端上的发光二极管点亮。

任务分析

计数器累计输入脉冲的最大数目称为计数器的“模”，用 M 表示，M=10 的计数器又称为十进制计数器，它实际上为计数器的有效循环状态数。计数器的“模”又称为计数器的容量或计数长度。计数器的种类很多，特点各异。按计数中的触发器是否同时翻转，可分为同步计数器和异步计数器；按计数器的进制不同分为二进制计数器、十进制计数器和 N 进制计数器。本设计采用 74LS193 为 4 位二进制可逆计数器。

相关知识

一、集成计数器及其应用

目前生产出的各系列中规模集成计数器，一般分为同步计数器和异步计数器两大类。通常的集成芯片为 BCD 码十进制和 4 位二进制计数器，这些计数器功能比较完善，如有预置数、清除、保持、计数等多种功能，因此，通用性强，便于扩展，应用十分方便。

常见的异步二进制计数器的集成器件有 4 位的 74LS293、74LS393（双 4 位异步清除）、74HC293、74LS177、74LS197，7 位的 CC4024，12 位的 CC4040，14 位的 CC4060 几种类型。

常见的同步二进制计数器的集成器件有 4 位的 74LS161 与 CC40161（直接清除）、74LS163 与 CC40163（同步清除）、74LS169（可预置可逆）、74LS191（可预置可逆）、74LS193 与 CC40193（可预置可逆），74LS569（可预置可逆三态）、74LS691（可预置直接清除三态）、74LS693（可预置同步清除三态）、74LS697（可逆直接清除三态）、CC4520（双 4）、CC4526（减法）。

常见的十进制计数器的集成器件有 4 位同步的 74LS160 与 CC40160（直接清除）、74LS162 与 CC40162（同步清除）、74LS168（可预置可逆）、74LS190（可预置可逆）、74LS192 与 CC40192（可预置可逆）、74LS390（双 4 位）、74LS490（双 4 位）、74LS568（可预置可逆三态）、74LS690（可逆直接清除三态）、74LS692（可预置同步清除三态）、74LS696（可逆直接清除三态）。其他型号还有 74LS176（可预置二—五—十进制）、74LS290（异步二—五—十进制）、74LS196（可预置二—五进制）、CC40102（可预置 2 位减法）、CC40103（可预置 8 位减法）。

下面介绍两种中规模集成计数器。

1. 4位同步二进制计数器74LS161

图3—4—1所示为74LS161，是一种功能较强的计数器，它除了具有二进制加法计数功能外，还具有预置数、清除、保持等功能。各引脚功能为：$\overline{CR}$ 为异步清零端，低电平有效；$\overline{LD}$ 为同步并行置数控制端，低电平有效；ET、EP为计数使能控制端；CP为时钟脉冲输入端；$D_0 \sim D_3$ 为预置数的数据输入端；$Q_0 \sim Q_3$ 为数码输出端；CO为进位输出端。

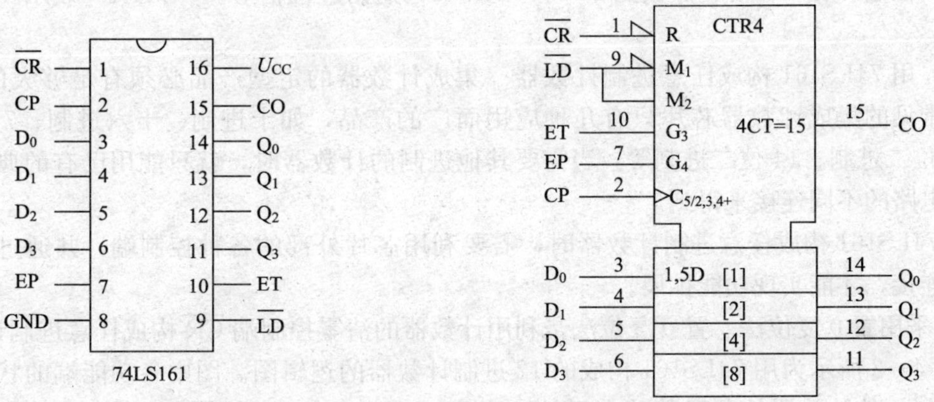

图3—4—1　集成计数器74LS161的外引脚排列图和逻辑符号

a）引脚排列图　b）逻辑符号

（1）功能简介（见表3—4—1）

表3—4—1　4位同步二进制计数器74LS161功能表

输入									输出				功能
$\overline{CR}$	$\overline{LD}$	EP	ET	CP	D_3	D_2	D_1	D_0	Q_3	Q_2	Q_1	Q_0	
0	×	×	×	×	×	×	×	×	0	0	0	0	异步消零
1	0	×	×	↑	d_3	d_2	d_1	d_0	d_3	d_2	d_1	d_0	同步置数
1	1	0	×	×	×	×	×	×	输出保持原状态不变				数据保持
1	1	×	0	×	×	×	×	×	输出保持原状态不变				数据保持
1	1	1	1	↑	×	×	×	×	输出数据加1				加法计数

1）异步清零功能。当 $\overline{CR}=0$ 时，不论其他控制端为何种状态，计数器的内容全部清除，即 $Q_3Q_2Q_1Q_0=0000$。同样，这种清零不需要时钟脉冲的同步作用，也属异步清零。

2）预置数功能。当 $\overline{CR}=1$ 时，若预置数控制端 $\overline{LD}=0$，在CP脉冲上升沿到来时，计数器输出 $Q_3Q_2Q_1Q_0=D_3D_2D_1D_0$，即将输入数据 $D_3D_2D_1D_0$ 置入计数器中。

3）保持功能。当 $\overline{CR}=\overline{LD}=1$ 时，只要EP、ET中有一个为0，则不论有无计数脉冲输入，计数器的状态都保持不变。而进位输出CO有两种情况，当EP=0、ET=×时，进位输出CO为保持不变；当EP=×、ET=0时，进位输出CO=0。

4）计数功能。当 $\overline{CR}=\overline{LD}=EP=ET=1$ 时，在CP脉冲上升沿作用下，计数器作4位二进制加法计数。当计数到 $Q_3Q_2Q_1Q_0=1111$ 时，进位输出CO=1，作为向高位的进位信号。

在了解其逻辑功能的基础上，现在来理解逻辑符号中各引脚功能的含义。$\overline{CR}$端的"⊾"表示有极性的动态输入，要求低电平有效；M_1 表示置数，当 $\overline{LD}=0$ 时，$M_1=1$，对应 1，5D 受影响；标志符受 C5 影响，在 CP 上升沿时执行置数功能，$D_3D_2D_1D_0$ 向 $Q_3Q_2Q_1Q_0$ 置数；CP 动态输入符有标志符号串 2、3、4+，表示 M_2、G_3、G_4 均为 1 时，在 CP 上升沿时执行加法功能；当 G_3、G_4 内部有一个为 0 时，计数器处保持状态；当 4CT=15 时，表示 CO 受 G_4 控制，在 $G_4=1$，计数到 15 时，CO=1，送出进位信号。"CTR4"表示 4 位同步计数器。

（2）用 74LS161 构成任意进制计数器　集成计数器的定型产品必须有足够大的批量，因此，常见的集成计数器芯片只有几种应用面广的产品，如十进制、十六进制、7 位二进制、12 位二进制、14 位二进制等，当需要其他进制的计数器时，就只能用已有的典型产品经过外电路的不同连接来得到。

用 74LS161 构成任意进制计数器时，需要利用芯片外部的各种控制端，并通过外电路的不同连接，才能实现功能扩展。

1）采用置 0 复位法。置 0 复位法是利用计数器的清零控制端 $\overline{CR}$ 构成任意进制计数器。如图 3—4—2 所示为用 74LS161 构成的 12 进制计数器的逻辑图。图中各功能端的状态设置为 $\overline{LD}=1$，使计数器的预置数状态无效；而 EP=ET=1，则计数器处在计数状态；输出 Q_3、Q_2 端通过与非门接到 $\overline{CR}$ 端。计数器在 $Q_3Q_2Q_1Q_0=0000\sim1011$ 期间正常计数，当第 12 个计数脉冲输入后，计数器状态为 $Q_3Q_2Q_1Q_0=1100$，$\overline{CR}=\overline{Q_3Q_2}=0$，使计数器各位全部置 0，复位到起始状态 0000，这样就构成了 12 进制计数器。

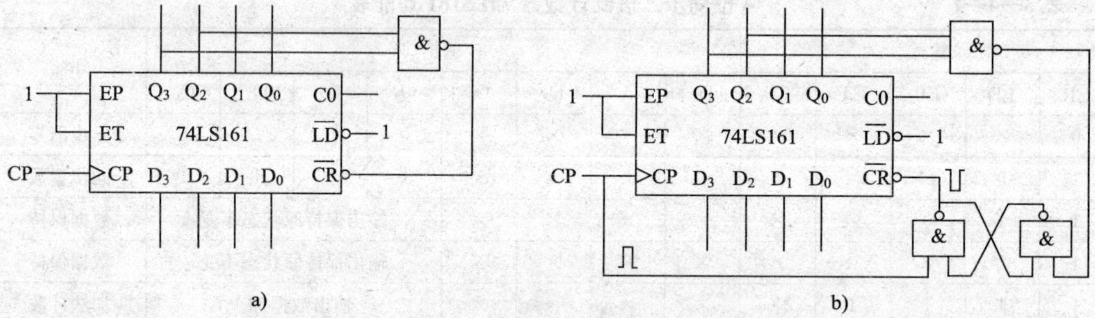

图 3—4—2　用置 0 复位法构成 12 进制计数器

a）基本电路　b）改进电路

用这种方法构成的计数器存在两个问题。一是存在短暂的过渡状态问题，例如在 12 进制计数器中，当计数到 1011 时，再输入一个计数脉冲理应回到 0000，但置 0 复位法却要先进入 1100 状态，才使 $\overline{CR}=0$，继而计数器才复位，当恢复 $\overline{CR}=1$ 时，计数器又开始计数。这样计数状态从 1011→0000 时，中间会出现 1100 的过渡状态。尽管过渡状态时间极短，但这又是复位法所必须出现的。

二是存在着置 0 复位的可靠性问题。由于组成计数器的各级触发器性能和负载不同，在 $\overline{CR}=0$ 期间，只要任何一个触发器翻转到 0，就使置 0 信号消失，使尚未翻转的触发器无法清零，造成错误动作。

为克服这些缺点采用了改进电路，如图 3—4—2b 所示。在电路中接入一个基本 RS 触发器，以它的 $\overline{Q}$ 端输出的低电平作置 0 复位信号。基本 RS 触发器可以将 $\overline{CR}=0$ 的复位信号暂存起来，以使置 0 复位信号有足够的作用时间，使计数器可靠清零。平时基本 RS 触发器总是处于 1，即 $\overline{CR}=1$。当第 12 个 CP 脉冲上升沿到达时，$Q_3Q_2Q_1Q_0=1100$，使基本 RS 触发器输出 $\overline{CR}=0$，计数器清 0，因基本 RS 触发器的保持作用，这个置 0 复位信号一直延迟到第 12 个 CP 脉冲的下降沿才消失，从而提高了工作的可靠性。

虽然置 0 复位法有以上的两个问题，但它的电路简单、经济，所以仍有较多的应用场合。

2）采用预置数复位法。预置数复位法是利用预置数控制端 $\overline{LD}$ 构成任意进制计数器。如图 3—4—3 所示为用这种方法构成的 10 进制计数器的逻辑图，图中各功能端的状态设置为 $\overline{CR}=EP=ET=1$。图 3—4—4a 的接法是用 $Q_3Q_2Q_1Q_0=1001$ 状态译码产生 $\overline{LD}=0$ 的信号，并使数据输入端 $D_3D_2D_1D_0=0000$。在第 9 个 CP 脉冲前，计数器正常计数，当第 9 个脉冲到来时，$Q_3Q_2Q_1Q_0=1001$，$\overline{LD}=0$，为置数做好准备，在第 10 个 CP 脉冲到达时计数器置入 0000，使 $Q_3Q_2Q_1Q_0=0000$。一旦计数器转换到 0000，$\overline{LD}=1$，计数器又继续计数，在连续 CP 脉冲作用下，计数器从 0000、0001、……1000、1001 循环计数，得到自然序态的 10 进制计数。

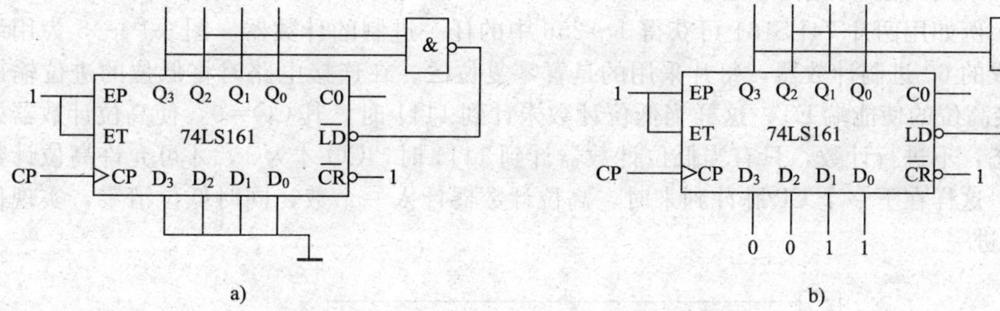

图 3—4—3　用预置数复位法构成 10 进制计数器

a）置入 0000　b）置入 0011

由于 74LS161 的预置数是同步式的，即 $\overline{LD}=0$ 后，还要等下一个 CP 脉冲到来时才置入数据，而这时 $\overline{LD}=0$ 的信号已稳定建立，不会存在像异步置 0 复位法中可靠性不高的问题，也无过渡状态。

图 3—4—3b 的接法是用 $Q_3Q_2Q_1Q_0=1100$ 状态译码产生 $\overline{LD}=0$ 的信号，与图 3—4—3a 不同的是数据输入端输入的数据不全为 0，如图 3—4—3b 中 $D_3D_2D_1D_0=0011$。当计数到 1100 时，$\overline{LD}=0$，在下一个 CP 脉冲上升沿到达时使计数器置入 0011。这样，在连续 CP 脉冲作用下，计数器是从 0011、0100、……1011、1100 循环计数，得到非自然序态的 10 进制计数。

3）采用进位输出置最小数法。进位输出置最小数法是利用进位输出端 CO 构成任意进制计数器。如图 3—4—4 所示为用这种方法构成的 10 进制计数器的逻辑图。在图中初态预置成 0110，当计数到 1111 状态时，进位输出端 CO＝1，$\overline{LD}$＝0，计数器被置成 $Q_3Q_2Q_1Q_0$＝0110。当计数器状态为 0110 时，进位输出端 CO＝0，$\overline{LD}$＝1，计数器又正常计数，即计数器以 0110 为计数的起始状态。因此，计数器状态的循环顺序为 0110、0111、……1110、1111，这样得到了非自然序态的 10 进制计数。

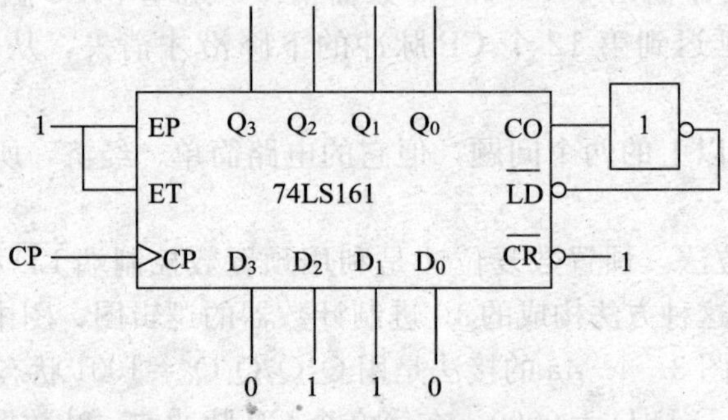

图 3—4—4　用 CO 置最小数法构成十进制计数器

用进位输出置最小数法来构成 N 进制计数器时，其数据输入所预置的最小数可由 2^n－N 来确定。如 N＝10，则预置数为 2^4－10＝6，即 $D_3D_2D_1D_0$＝0110。例如在上述循环序列中 0110 为最小的数，故称为置最小数法。

4）采用级联法构成任意进制计数器。如要构成 16 进制以上的计数器时，可采用级联的方法。例如用两片 74LS161 可获得 1～256 中的任一进制的计数器。图 3—4—5 为用级联法构成的 60 进制计数器，每片采用的是置零复位法。在连接电路时将低位的进位输出端 CO 接高位的使能端 ET，这样当低位计数未计到 1111 时，其 CO＝0，使高位计数器处保持状态，不进行计数，只有当低位计数器计到 1111 时，CO 才为 1，才可允许高位计数器计数。这样在下一个 CP 脉冲到来时，高位计数器计入一个数，同时低位清零，实现低位逢 16 进一。

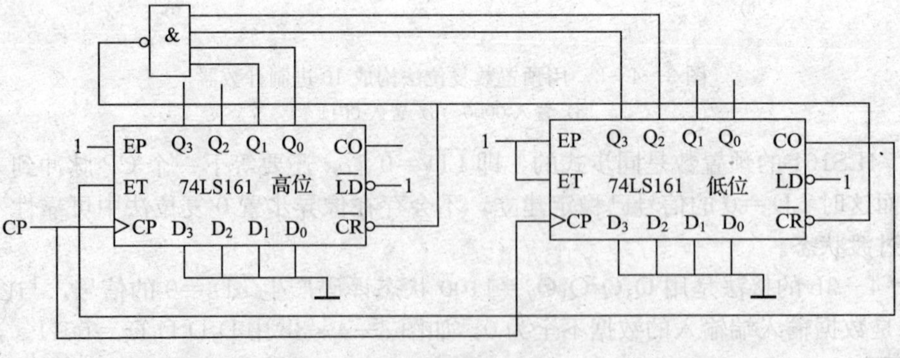

图 3—4—5　用级联法构成的 60 进制计数器

除了采用级联置零复位法构成任意进制计数器外，也可采用级联进位输出置最小数法来实现。图 3—4—6 为用这种方法构成的 125 进制计数器。在图中只要将预置数置为 2^8－125＝131，即要求 $2D_3$、$1D_1$、$1D_0$ 接高电平，其余各置数端接低电平。

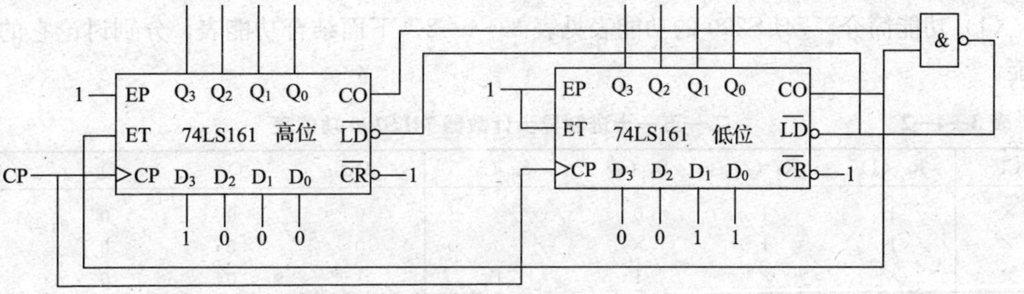

图 3—4—6　用级联法构成的 125 进制计数器

2. 二—五—十进制异步计数器 74LS290

74LS290 是一种典型的异步计数器，它可实现二、五、十进制加法计数。其逻辑电路、逻辑符号和引脚排列图如图 3—4—7 所示。

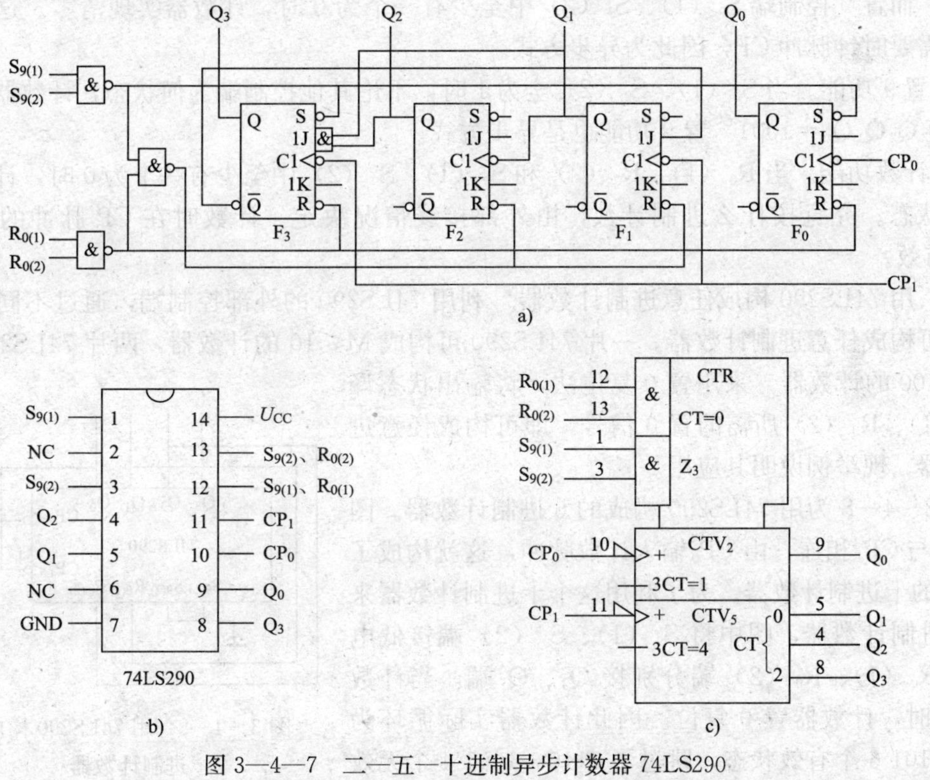

图 3—4—7　二—五—十进制异步计数器 74LS290

a）逻辑电路图　b）外引脚排列图　c）逻辑符号

电路由 4 个主从 JK 触发器和 3 个与非门组成。为了增加使用的灵活性，触发器 F_0 独立构成二进制计数器。CP_0 为计数脉冲输入端，以 Q_0 为输出端。触发器 F_1、F_2、F_3 构成五进制计数器。CP_1 为计数脉冲输入端，Q_3、Q_2、Q_1 为输出端。若在芯片外部将 Q_0 与 CP_1 相连，并将 CP_0 为计数脉冲输入端，则在 $Q_3Q_2Q_1Q_0$ 获得 8421 码的十进制输出；若在芯片外部将 Q_3 与 CP_0 相连，并将 CP_1 为计数脉冲输入端，则在 $Q_3Q_2Q_1Q_0$ 获得 5421 码的十进制输出。

(1) 功能简介　74LS290 的功能表见表 3—4—2。下面结合功能表，分别讨论它的三个功能。

表 3—4—2　　二—五—十进制异步计数器 74LS290 功能表

CP	R_0 (1)	R_0 (2)	S_9 (1)	S_9 (2)	Q_3	Q_2	Q_1	Q_0
×	1	1	0	×	0	0	0	0
×	1	1	×	0	0	0	0	0
×	×	×	1	1	1	0	0	1
↓	×	0	×	0	计数			
↓	0	×	0	×				
↓	0	×	×	0				
↓	×	0	0	×				

1) 清零功能。R_0 (1)、R_0 (2) 是异步清零端，高电平有效。当 R_0 (1)、R_0 (2) 全为 1 时，而置 9 控制端 S_9 (1)、S_9 (2) 中至少有一个为 0 时，计数器实现清零。这种清零方法不需要时钟脉冲 CP，因此为异步方式。

2) 置 9 功能。当 S_9 (1)、S_9 (2) 全为 1 时，不论其他控制端为何状态，计数器被置成 9，即 $Q_3Q_2Q_1Q_0$ = 1001。置 9 功能也是异步方式。

3) 计数功能。当 R_0 (1)、R_0 (2) 和 S_9 (1)、S_9 (2) 中至少有一个为 0 时，计数器处于计数状态。究竟按什么进制计数，由外部接线情况决定。计数时在 CP 脉冲的下降沿"⌊⃥"有效。

(2) 用 74LS290 构成任意进制计数器　利用 74LS290 的外部控制端，通过不同的连接方法，可构成任意进制计数器。一片 74LS290 可构成 M≤10 的计数器，两片 74LS290 可构成 M≤100 的计数器。采用置 0 复位法，将输出状态译成 R_0 (1)、R_0 (2) 所需的置 0 信号，即可构成任意进制计数器。现举例说明其应用。

图 3—4—8 为用 74LS290 构成的 6 进制计数器。图中将 Q_0 与 CP_1 相连，由 CP_0 输入计数脉冲，这就构成了 8421 码的十进制计数器。为了利用这个十进制计数器来构成 6 进制计数器，图中将 S_9 (1)、S_9 (2) 端接低电平，将 R_0 (1)、R_0 (2) 端分别接 Q_2、Q_1 端。当计数到 0110 时，计数器置 0 复位。因此计数器实际循环为 0000～0101 6 个有效状态，跳过了 0110～1001 4 个无效状态，构成 M=6 的计数器。

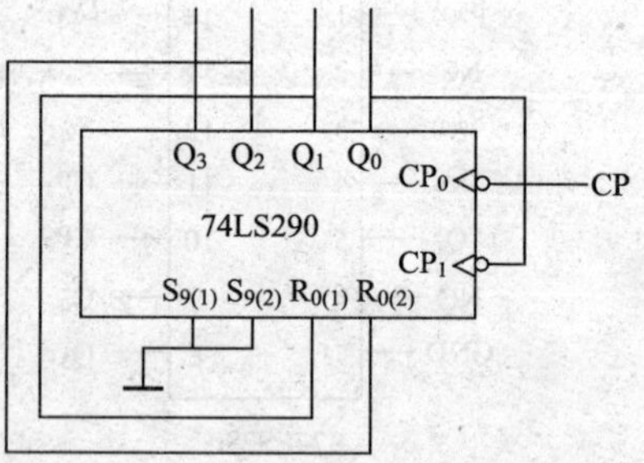

图 3—4—8　用 74LS290 构成 6 进制计数器

图 3—4—9 所示为用两片 74LS290 构成的 48 进制计数器。在图中高位和低位计数器仍接成 8421 码的十进制计数器，并将低位进位端 Q_3 与高位 CP_0 相连，然后将 48 所对应的输出状态译成两个芯片的置 0 信号。当计数到 48 个 CP 脉冲时，计数器的低位也就是十进制的个位，它的状态为 1000 (即 8)，而计数器的高位也就是十进制的十位，其状态为 0100 (即 4)，它们在 48 个 CP 脉冲输入后都置成 0。这样就构成了 M=48 的计数器。

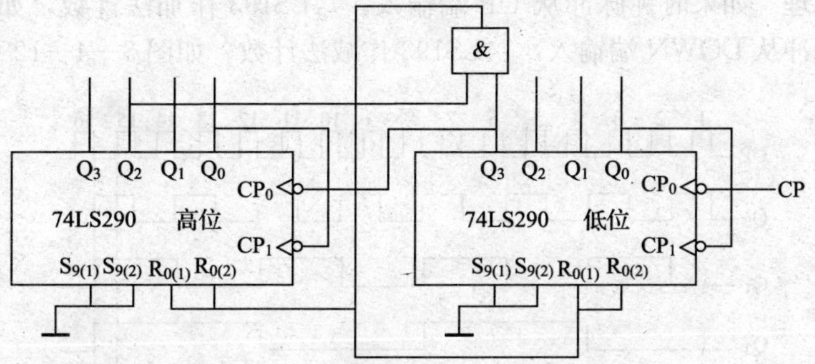

图 3—4—9　用两片 74LS290 构成 48 进制计数器

3. 二进制加/减可逆计数器

所谓减法计数器是指每来一个 CP 脉冲信号，计数器的输出状态为减 1 操作。集成二进制计数器 74LS193 是加/减可逆计数器，具有加、减两个时钟脉冲输入端。

集成二进制加、减计数器如图 3—4—10 所示。

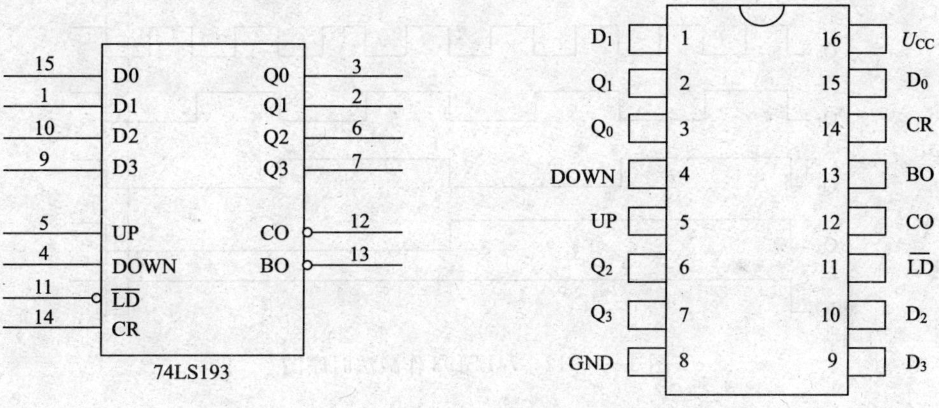

a)　　b)

图 3—4—10　可逆计数器 74LS193 逻辑符号和引脚图

a）逻辑符号　b）引脚图

（1）74LS193 的逻辑功能（见表 3—4—3）。

表 3—4—3　　二进制加、减可逆计数器 74LS193 逻辑功能表

输入								输出				功能
CR	$\overline{LD}$	UP	DOWN	D_3	D_2	D_1	D_0	Q_3	Q_2	Q_1	Q_0	
1	×	×	×	×	×	×	×	0	0	0	0	异步消零
0	0	×	×	d_3	d_2	d_1	d_0	d_3	d_2	d_1	d_0	异步置数
0	1	0/1	0/1	×	×	×	×	输出保持原状态不变				数据保持
0	1	↑	1	×	×	×	×	二进制加 1 计数				加法计数
0	1	1	↑	×	×	×	×	二进制减 1 计数				减法计数

（2）工作原理 如果时钟脉冲从 UP 端输入，74LS193 作加法计数，如图 3—4—11 所示。如果时钟脉冲从 DOWN 端输入，74LS193 作减法计数，如图 3—4—12 所示。

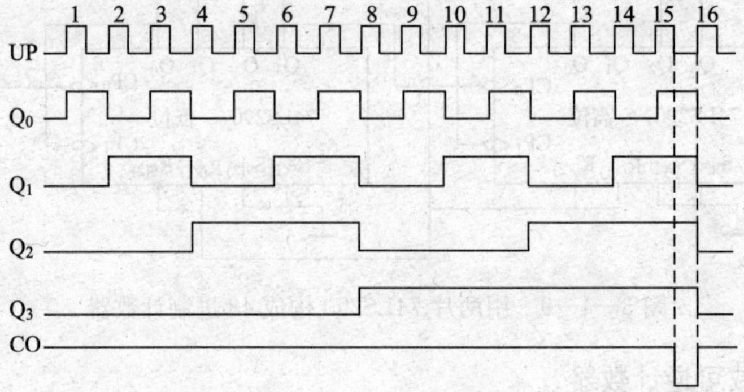

图 3—4—11 74LS193 作加法时序图

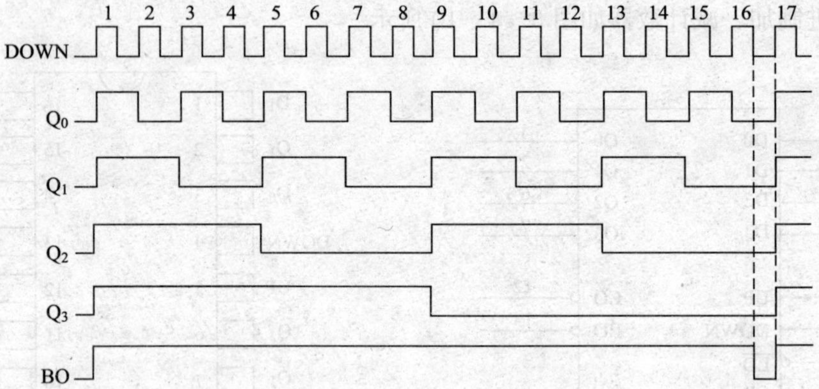

图 3—4—12 74LS193 作减法时序图

（3）二进制可逆计数器 74LS193 加法计数功能测试。

1）关闭直流稳压电源开关，将 74LS193 插入面包板。

2）将＋5 V 电压接到 IC 的管脚⑯，将电源负极接到 IC 的管脚⑧。

3）将手动脉冲信号发生器连接＋5 V 电源，脉冲信号输出线连接 UP（脚⑤）。

4）用插接线将输出端 Q_3～Q_0 和进位端 CO（脚⑫）连接电阻与 LED 串联电路。

5）DOWN 端及数据输入端 D_3～D_0 悬空。

6）检查无误后接通电源。

7）用插接线将异步清零端 CR（脚⑭）接高电平，清零后接低电平。

8）手动发出时钟脉冲，在每个脉冲信号的上升沿时刻，计数器作加 1 操作，输出端状态依次显示为“0000～1111”。

9）观察进位信号 CO 出现的时刻。

（4）二进制可逆计数器 74LS193 减法计数功能测试

1）关闭直流稳压电源开关，将 74LS193 插入面包板。

2）将+5 V电压接到IC的管脚⑯，将电源负极接到IC的管脚⑧。

3）将手动脉冲信号发生器连接+5 V电源，脉冲信号输出线连接DOWN（脚④）。

4）用插接线将输出端 Q_3～Q_0 和借位端BO（脚⑬）连接，电阻与LED串联。

5）UP端及数据输入端 D_3～D_0 悬空。

6）检查无误后接通电源。

7）用插接线将异步清零端CR（脚⑭）接高电平，清零后接低电平。

8）手动发出时钟脉冲，在每个脉冲信号的上升沿时刻，计数器作减1操作，输出端状态依次显示为“1111～0000”。

9）观察借位信号BO出现的时刻。

二、十进制计数器

由于人们习惯于十进制计数规则，因此许多计数器产品是十进制计数器，通常十进制计数器输出为8421BCD码，当计数至第十个时钟脉冲时，十进制计数器的输出要从“1001”跳变到“0000”，完成一次一位十进制计数循环。

集成十进制计数器74LS192是加/减可逆计数器，具有加、减两个时钟脉冲输入端。集成十进制加、减计数器如图3—4—13所示。十进制加、减可逆计数器74LS192逻辑功能表见表3—4—4。

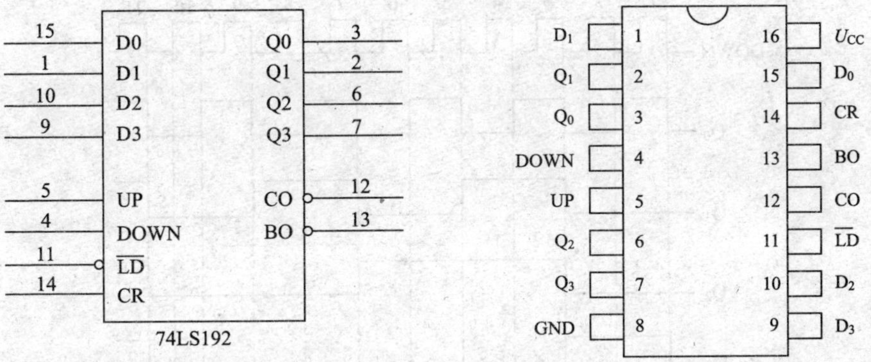

a)　　b)

图3—4—13　十进制加、减计数器74LS192的逻辑符号和引脚图

a）逻辑符号　b）引脚图

表3—4—4　　**74LS192逻辑功能表**

输入								输出				功能
CR	$\overline{LD}$	UP	DOWN	D_3	D_2	D_1	D_0	Q_3	Q_2	Q_1	Q_0	
1	×	×	×	×	×	×	×	0	0	0	0	异步消零
0	0	×	×	d_3	d_2	d_1	d_0	d_3	d_2	d_1	d_0	异步置数
0	1	0/1	0/1	×	×	×	×	输出保持原状态不变				数据保持
0	1	↑	1	×	×	×	×	十进制加1计数				加法计数
0	1	1	↑	×	×	×	×	十进制减1计数				减法计数

(1) 加法计数工作原理　如果时钟脉冲从 UP 端输入，74LS192 作加法计数。如图 3—4—14 所示。

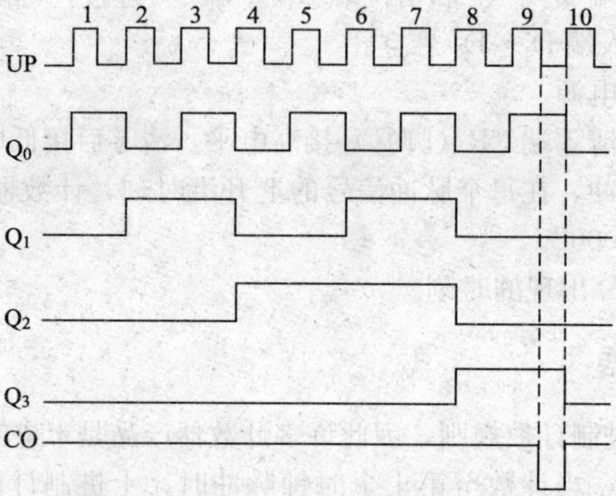

图 3—4—14　74LS192 作加法时的时序图

(2) 减法计数工作原理　如果时钟脉冲从 DOWN 端输入，74LS192 作减法计数。如图 3—4—15 所示。

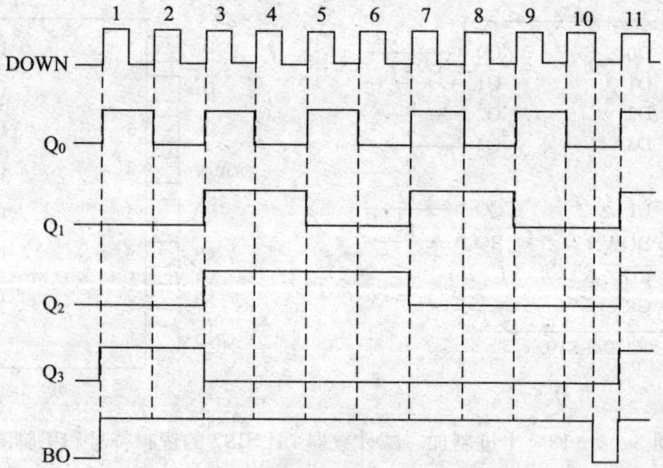

图 3—4—15　74LS192 作减法时的时序图

任务实施

一、工具器材准备

1. 直流稳压电源（输出+5 V）1 台，数字式万用表 1 只，集成起拨器 1 个，单踪示波器或双踪示波器 1 台。

2. 元器件准备

面包电路板（15 cm×25 cm）、计数器 74LS193 1 块、16 位译码器 74LS154 1 块、共阳

极数码管（BS204）1 只、74LS00 1 块，红色 ϕ5 mm 发光二极管 16 个，1/4 W 电阻若干。

3. 熟悉器件

查集成手册，初步了解 74LS154 的逻辑功能。确定各集成电路的引脚排列，了解各引脚的功能。

二、电路设计

本任务所涉及的发光二极管有 16 个，所以选用 4 位二进制可逆计数器，其工作原理如下：计数器工作前先清零，即计数器的状态为 $Q_3Q_2Q_1Q_0$＝0000。

当第一个 CP 脉冲下降沿到来时，计数器状态为 $Q_3Q_2Q_1Q_0$＝0001。

当第二个 CP 脉冲下降沿到来时，计数器状态为 $Q_3Q_2Q_1Q_0$＝0010。

以此类推，当第十五个 CP 脉冲下降沿到来时，计数器状态为 $Q_3Q_2Q_1Q_0$＝1111。

当第十六个 CP 脉冲下降沿到来时，计数器状态全部重新复位到 $Q_3Q_2Q_1Q_0$＝0000。以后，当 CP 脉冲下降沿到来时，计数器开始新的计数周期。

本设计采用的 74LS193 为 4 位二进制可逆计数器，基本功能如下：

（1）预置并行数据　当预置并行数据控制端 LD 为低电平时，不管 CP 状态如何，可将预置数 $P_0P_1P_2P_3$ 置入计数器（为异步置数）；当 LD 为高电平时，禁止预置数。

（2）可逆计数　当计数时钟脉冲 CP 加到 CP_u 端且 CP_u 为高电平时，在 CP 上升沿作用下进行加计数；当计数时钟脉冲 CP 加到 CP_L 端且为高电平时，在 CP 上升沿作用下进行减计数。

本任务中当开关置 1，表明脉冲从 74LS193 的 CP_u 端输入，即加计数，计数器按 0、1……计数，输出端 Q_3～Q_0 输出相应的四位二进制数，作为 74LS154 的输入。74LS154 是 4—16 线译码器，其输出的每个脚上分别接一个发光二极管，当计数从 0 到 15 时，输出分别为 Y0……Y15 低电平，这样发光二极管就按顺序点亮，实现循环。如果输入计数脉冲从 74LS193 的 CP_L 端输入，则计数为减计数，发光二极管按相反顺序循环点亮。可逆循环彩灯控制电路如图 3—4—16 所示。

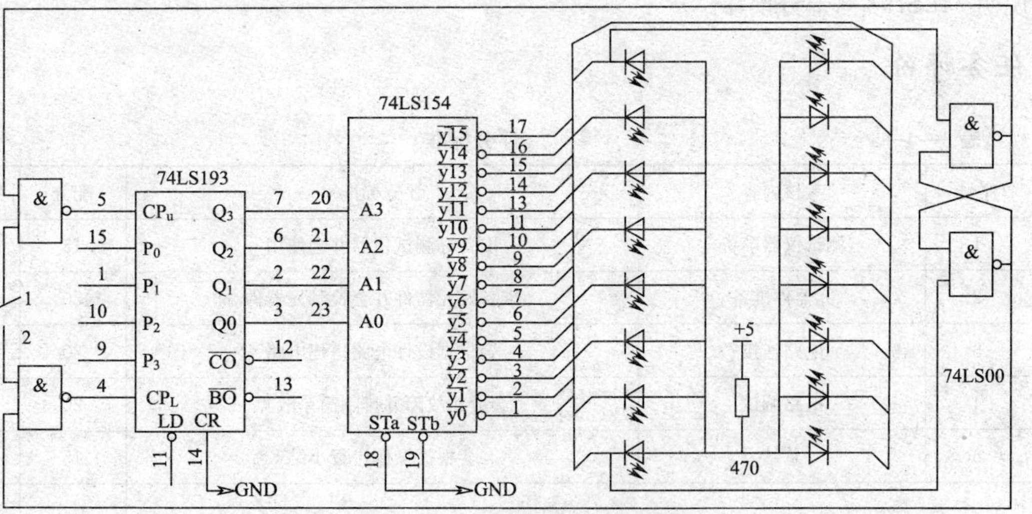

图 3—4—16　可逆循环彩灯控制电路图

三、电路装调

1. 电路安装

检测所用的元器件（74LS00、74LS193、74LS154、发光二极管），按图 3—4—17 连接电路。先在电路板上插好芯片。在插接器件时，要注意芯片的豁口方向，同时要保证芯片的引脚与插座接触良好，引脚不能弯曲或折断。指示灯的正、负不能接反。在通电前先用万用表检测各芯片的电源接线是否正确。

2. 电路调试

首先把脉冲发生电路输出的脉冲信号（可用函数信号发生器产生脉冲信号）接入 74LS193 的 CP_u（⑤脚）端，这时观察发光二极管点亮情况，注意脉冲的频率，如果高于 24 Hz，人眼就分辨不出，所以要求脉冲频率要低，可用电路搭建秒信号发生器（注：秒信号即周期 1 秒的信号）。

四、电路功能测试和故障诊断

1. 把脉冲信号接入 74LS193 的⑤脚，观察灯点亮的顺序。

2. 再把脉冲信号接入 74LS193 的脚，观察灯点亮的顺序，应与刚才相反。

3. 如果灯不亮，则用万用表检测，可以从输入端开始检查到输出端。用示波器观察脉冲输入端应该为秒方波信号（注：秒方波信号表示周期为 1 秒或者频率为 1 Hz 的方波信号）。如果灯是好的，查看 74LS154 输出是否为顺序低电平，如果是顺序低电平，说明是发光二极管不好。如果不是顺序低电平，考虑查一下集成电路电源是否正确。

4. 如果个别灯不亮，可以查具体哪一个灯不亮，找到相应 74LS154 的输出端，如果始终没有低电平输出，表明该集成电路部分损坏，如果测量结果正确，则表明是发光二极管坏或装反了。

5. 如果灯一个方向亮而反方向不亮，可以查开关是否接好，若开关接好了还是不正常，说明 74LS193 一部分损坏。

任务评价

表 3—4—5　评分标准

序号	考核内容	评分标准	配分	得分
1	测试仪器准备	准备好测试仪器并会使用	15	
2	元器件准备	准备好元器件并会检测元器件	20	
3	电路连接	会根据设计电路搭建电路	30	
4	电路调试	会分析故障并排除简单故障	20	
5	总结	会根据操作进行小结	15	
合计总分			100	

思考与练习

1. 能否用 4 位二进制计数器 74LS161 构成十进制计数器。
2. 采用置 0 复位法，将 74LS161 构成 14 进制的计数，画出它的逻辑图。
3. 采用预置数复位法，将 74LS161 构成 6 进制的计数，画出它的逻辑图。
4. 采用级联置 0 复位法，将 74LS161 构成 24 进制计数，画出它的逻辑图。
5. 图 3—4—17 题 5 图为 74LS290 构成的计数器，查阅 74LS290 逻辑图相关资料，试分析它是几进制计数器，并说明理由。

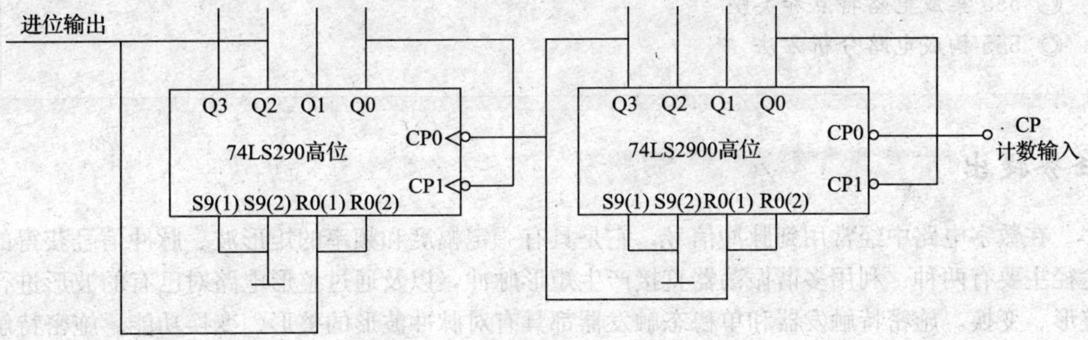

图 3—4—17 题 5 图

6. 图 3—4—18 为 74LS290 和 74LS138 构成的时序电路，试分析它的功能，若清零后输入 8 个 CP，74LS138 输出端的状态依次是怎样的？

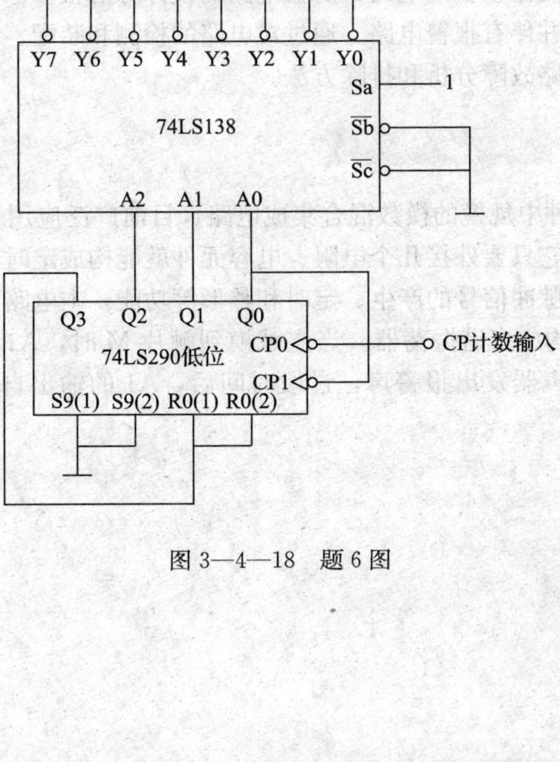

图 3—4—18 题 6 图

任务5　555逻辑电路装调与诊断

◆ **技能点**

◎ 555集成芯片的检测，555时基振荡电路装调

◆ **知识点**

◎ 555集成电路特点和类型

◎ 555构成电路分析方法

任务提出

在数字电路中经常用到脉冲信号，它是具有一定幅度和频率的矩形波。脉冲信号获得的途径主要有两种：利用多谐振荡器直接产生矩形脉冲，以及通过整形电路对已有的波形进行整形、变换。施密特触发器和单稳态触发器都具有对脉冲波形的整形、变换功能。施密特触发器主要用以将非矩形脉冲变换成上升沿和下降沿都很陡峭的矩形脉冲，而单稳态触发器则主要将宽度不符合要求的脉冲变换成符合要求的矩形脉冲。555电路是一种多用途集成电路，其结构简单、成本低廉，只要在其外部配接少量阻容元件就可构成施密特触发器、单稳态触发器和多谐振荡器等，使用方便、灵活。因此，它在波形产生与变换、测量控制、家用电器等方面都有着广泛的应用。

防盗电路是目前使用比较多的电路，防盗电路的设计方法很多。本任务利用两片555集成电路构成触摸式防盗并伴有报警电路。通过对电路的检测和装配、调试，掌握555芯片的原理和应用，并学习电路故障分析和排除方法。

任务分析

555集成芯片是一种中规模的模数混合集成电路，目前广泛应用于以555集成电路芯片为主的时间控制器中。它只要外接几个电阻、电容元件就能构成定时器、多谐振荡器、施密特触发器等电路，完成脉冲信号的产生、定时和整形等功能。本电路中A1（555）构成单稳态触发器，A2（555）构成多谐振荡器。当盗贼摸到触片M时，A1的第③脚输出高电平，使得A2振荡，驱动扬声器发出报警声，过段时间后，A1的输出自动回到低电平，A2停振，报警消失。

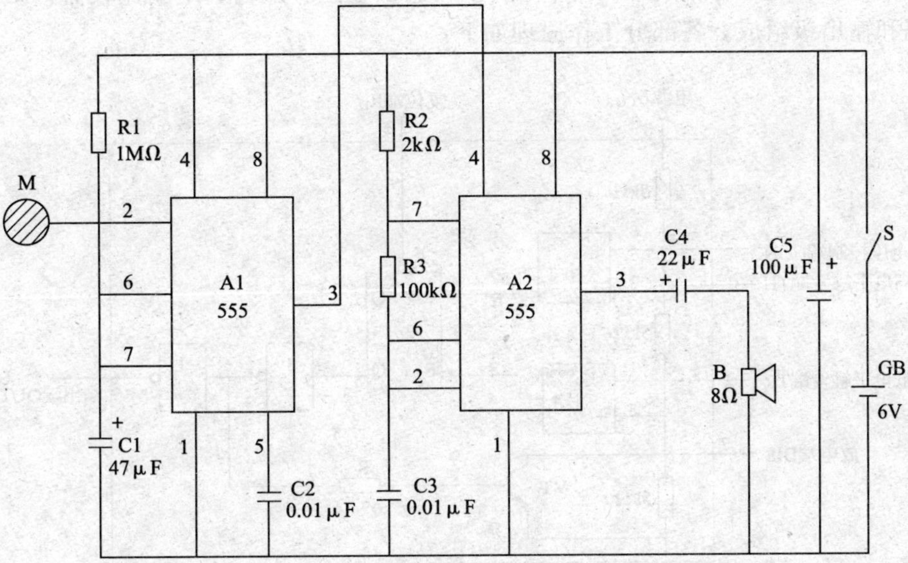

图 3—5—1　触摸式防盗并伴有报警电路

相关知识

一、555 电路结构及工作原理

1. 555 集成电路逻辑符号和引脚功能

如图 3—5—2 所示为 555 集成电路，它是一种数模混合集成电路，只需外接若干电阻、电容等元件，就能构成定时器、施密特触发器、多谐振荡器等电路。在实际生产中，以 555 芯片为核心构成的时间继电器应用十分广泛。

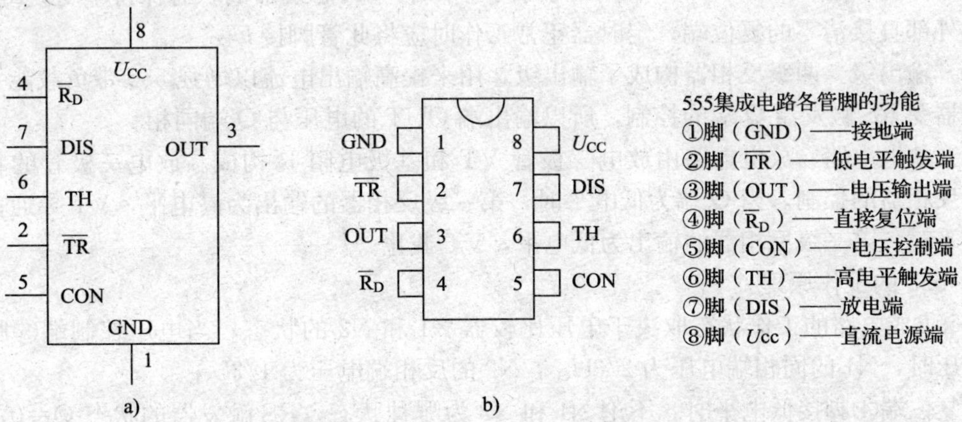

图 3—5—2　555 的逻辑符号和引脚图

a）逻辑符号　b）引脚图

555 集成电路内部结构如图 3—5—3 所示，它由电阻分压器、电压比较器、RS 触发器、放电电路和输出级组成。各部分工作原理如下：

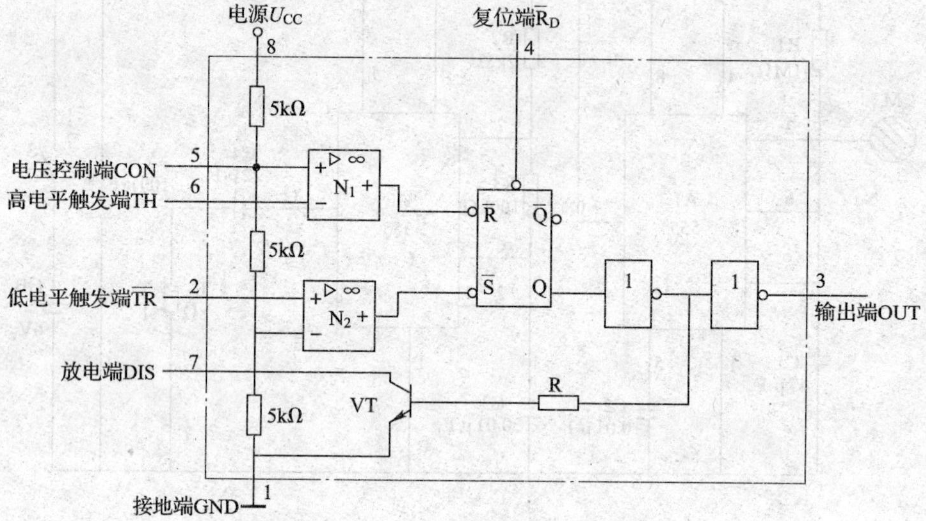

图 3—5—3　555 内部结构图框图

（1）电阻分压器和电压比较器　由三个 5 kΩ 电阻器串联构成的电阻分压器将电源电压 U_{CC}分成三等份，电压比较器 N1 的同相端电压 U_+ 为 $2/3U_{CC}$、电压比较器 N2 的反相端电压 U_- 为 $1/3U_{CC}$。电压控制端⑤脚也可以外接控制电压来改变分压值。

N1 和 N2 是两个结构完全相同的电压比较器，分别由两个开环的集成运放构成。比较器 N1 反相端 TH 称为高电平触发端；比较器 N2 的同相端 TR 称为低电平触发端。

（2）RS 触发器　RS 触发器的状态由两个电压比较器和输出控制。N1 输出低电平且 N2 输出高电平时，RS 触发器被复位，输出为 0；N2 输出低电平且 N1 输出高电平时，RS 触发器被置位，输出为 1。当 N1、N2 输出均为高电平时，RS 触发器的状态保持不变。$\overline{R}_D$是 RS 触发器外部直接清零的复位端，定时器正常工作时应将此管脚接 U_{CC}。

（3）输出级　两级反相器构成了输出级，用来提高输出电流以增强 555 带负载能力。两级反相器受 RS 触发器 Q 端的控制，所以输出端 OUT 的电压与 Q 端同相。

（4）放电电路　放电电路由放电三极管 VT 和基极电阻 R 构成。放电三极管的状态受第一级反相器的控制。当 Q 端为低电平时，第一级反相器的输出为高电平，VT 导通；当 Q 为高电平时，第一级反相器的输出为低电平，VT 截止。

2．555 的工作原理

555 集成电路的工作状态取决于电压比较器 N1 和 N2 的状态。当电压控制端⑤脚没有外接电压时，N1 的同相端电压为 $2/3U_{CC}$，N2 的反相端电压为 $1/3U_{CC}$。

当复位端④脚接低电平时，不论 N1 和 N2 为哪种状态，RS 触发器的状态 Q＝0、输出端 OUT＝0，放电三极管导通。

当低电平触发端②脚的输出电压高于 $1/3U_{CC}$，高电平触发端⑥脚的输入电压低于 $2/3U_{CC}$时，N1 和 N2 输出均为高电平，不改变 RS 触发器的状态，所以输出保持原来状态不变。

当低电平触发端②脚的输出电压低于 $1/3U_{CC}$，N2 输出为低电平，使 RS 触发器置 1，即 Q=1，输出端 OUT=1，放电三极管截止。

当低电平触发端②脚的输出电压高于 $1/3U_{CC}$，高电平触发端⑥脚的输入电压高于 $2/3U_{CC}$时，N1 输出为低电平，N2 输出为高电平，使 RS 触发器置 0，即 Q=0，输出 OUT=0，放电三极管导通。

3．555 集成电路功能表

555 集成电路功能表见表 3—5—1。

表 3—5—1　　555 集成电路功能表

复位端 $\overline{R}_D$	低电平触发端$\overline{TR}$	高电平触发端 TH	放电端 DIS	输出端 OUT
0	×	×	导通	0
1	$>1/3U_{CC}$	$<2/3U_{CC}$	保持原态	保持原态
1	$<1/3U_{CC}$	×	截止	1
1	$>1/3U_{CC}$	$>2/3U_{CC}$	导通	0

二、555 的应用电路

1．555 构成延时接通控制电路

图 3—5—4 所示为 555 构成的延时接通控制电路。所谓延时接通，是指电路通电后需要延迟一定时间，继电器才开始动作的电路。

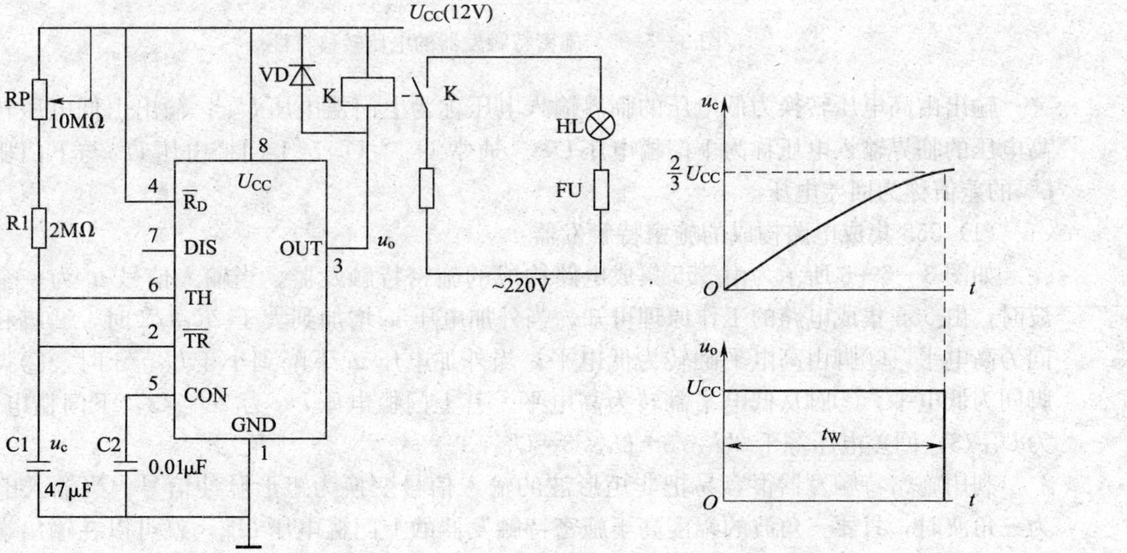

图 3—5—4　555 延时接通电路

电路的工作原理为：当接通电源时，由于电容器两端的电压不能突变，低电平触发端②脚为低电平，输出端③脚为高电平，继电器 K 无工作电压，其常开触点分断，负载不工作。此时，电源通过电位器 RP 和电阻器 R1 对电容器 C1 充电，当电容器两端的电压大于 $U_{CC}/3$ 而低于 $2U_{CC}/3$ 时，输出端③脚保持高电平不变，当电容电压大于 $2U_{CC}/3$ 时，高、低电平触发端同为高电平，输出端③脚为低电平，继电器 K 线圈电压约为 12 V，后其常开触点闭合，控制负载通电工作。延时时间 t_W 的长短与电容器的充电过程的快慢有关，可按下式计算：

$$t_W = RC\ln 3 \approx 1.1RC \tag{3—5—1}$$

2. 施密特触发器的电压转移特性

施密特触发器有两个显著的特点：一是输入信号上升和下降过程中，引起输出信号状态变换的输入电平是不同的，其差值称为回差电压；二是输出电压波形的边沿很陡，可以得到理想的矩形脉冲。由于以上两上特点，施密特触发器在信号变换、整形、幅度鉴别及自动控制方面得到广泛的应用。图 3—5—5 所示为施密特触发器的电压转移特性。

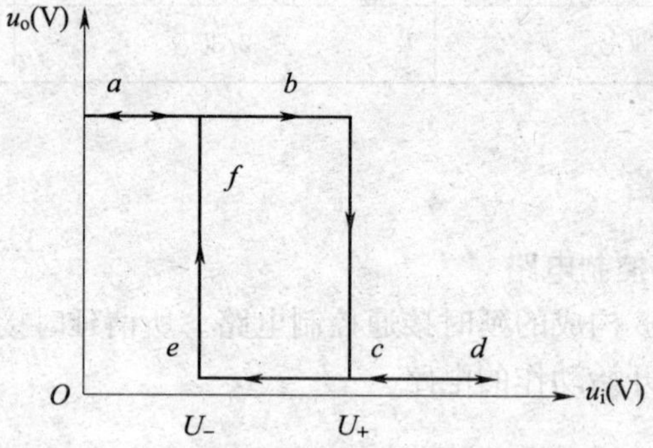

图 3—5—5　施密特触发器的电压转移特性

输出由高电压转换为低电压的临界输入电压称为上门槛电压 U_+；输出由低电压转换为高电压的临界输入电压称为下门槛电压 U_-。通常 $U_+ > U_-$，上门槛电压 U_+ 与下门槛电压 U_- 的差值称为回差电压。

（1）555 集成电路构成的施密特触发器

如图 3—5—6 所示为由 555 集成电路构成的施密特触发器。当输入信号 u_i 为一个三角波时，由 555 集成电路的工作原理可知，当外加电压 u_i 增加到大于 $2U_{CC}/3$ 时，②脚和⑥脚同为高电平，③脚由高电平翻转为低电平；当外加电压 u_i 下降到小于 $U_{CC}/3$ 时，②脚和⑥脚同为低电平，③脚从低电平翻转为高电平。其上门槛电压 U_+ 为 $2U_{CC}/3$，下门槛电压 U_- 为 $U_{CC}/3$，回差电压等于 $2U_{CC}/3 - U_{CC}/3 = U_{CC}/3$。

利用施密特触发器很容易把非矩形波的输入信号变换为矩形脉冲信号。当输入电压 u_i 为三角波时，只要三角波的幅度高于施密特触发器的上门槛电压 U_+，就可以在输出端得到矩形脉冲。

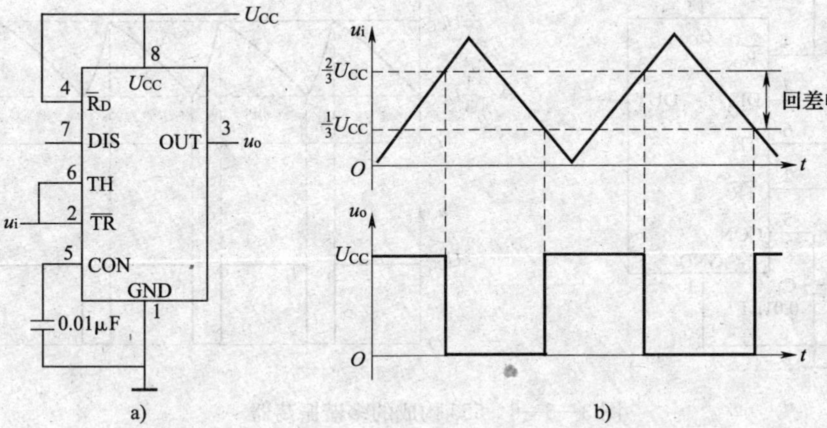

图 3—5—6　555 集成电路构成的施密特触发器

（2）555 集成电路构成门槛电压可调的施密特触发器（见图 3—5—7）　上门槛电压 U_+ 为稳压二极管的输出电压 U_S，下门槛电压 U_- 为 $1/2U_S$，回差电压等于 $U_S-1/2U_S=1/2U_S$。

（3）555 脉冲信号发生器　利用 555 构成的多谐振荡器可以产生连续矩形脉冲信号，如图 3—5—8 所示。

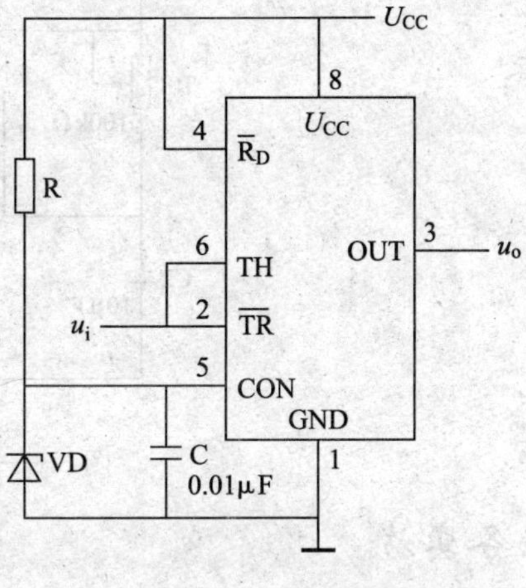

图 3—5—7　555 构成的门槛电压可调的施密特触发器

电路的工作原理是：当接通电源时，由于电容器两端的电压不能突变，低电平触发端②脚和高电平触发端⑥脚的电位均小于 $U_{CC}/3$，555 集成电路被置位，输出端③脚为高电平。

电源通过电阻 R1 和 R2 对电容器 C 进行充电，电容两端的电压逐渐升高，在到达 $2U_{CC}/3$ 之前，输出端③脚保持高电平不变。当电容两端的电压达到 $2U_{CC}/3$ 时，555 集成电路被复位，输出端③脚变为低电平，同时放电管导通，电容器 C 经过⑦脚和电阻 R2 放电，电容器上的电压逐渐下降。

当电容器电压下降到 $U_{CC}/3$ 时，555 集成电路再次被置位，输出端③脚为高电平，放电管截止，电容器放电停止，电源通过电阻 R1 和 R2 再次对电容 C 充电，如此反复，形成振荡，输出连续矩形脉冲波，振荡频率可达 500 kHz。

在时序逻辑电路中，时钟脉冲信号起着重要的同步作用，可利用 555 集成电路来组装如图 3—5—9 所示的脉冲信号发生器。

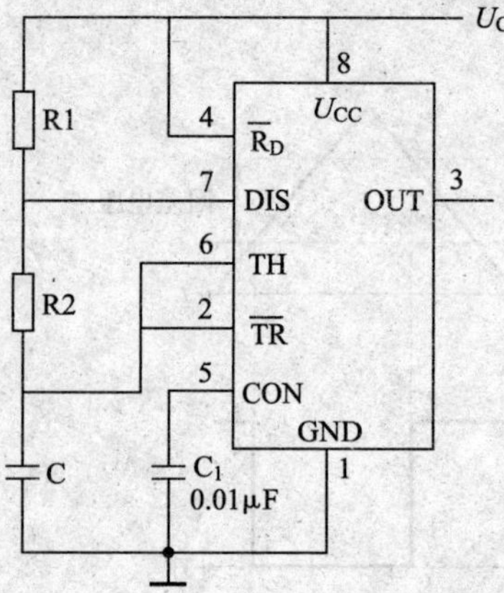

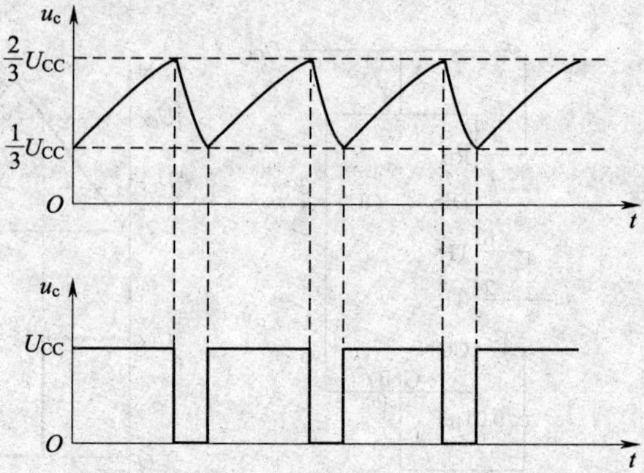

图 3—5—8　555 构成的多谐振荡器

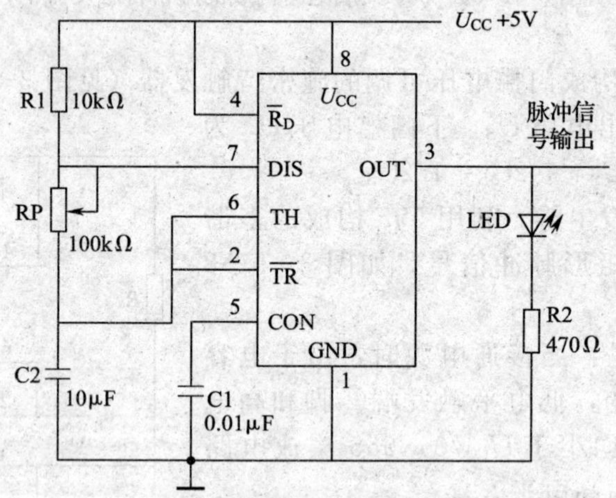

图 3—5—9　555 构成的脉冲信号发生器

任务实施

一、工具器材准备

1. 示波器（20 MHz）1 台，数字万用表 1 台，面包板（15 cm×25 cm），集成电路起拨器 1 只。

2. $\frac{1}{8}$W 金属膜电阻器（RJ—1/8）若干，独石电容器 CBB—0. 01 μF/63 V 2 只，电解电容器 CD 3 只，555 集成芯片 2 块，集成引脚 DIP8 2 只，扬声器 8 Ω/0. 125 W。

二、电路装调与诊断

1. 调试

（1）按图在面包板上装配器件。电路检查无误后，接入 6 V 电源，用手触摸触片 M，扬声器会发出声响，且 1 min 左右后自动停止，则说明电路功能正常。

(2) 用不同阻值的电阻器更换电路中的 R1（或用不同容量的电容器更换电路中的 C1），比较扬声器所发出声响的时间长短变化情况。

(3) 用不同阻值的电阻器更换电路中的 R2、R3（或用不同容量的电容器更换电路中的 C3），比较扬声器所发出声响的声调的变化情况。

2. 诊断

若电路功能不正常，按照下面步骤诊断与排除故障：

(1) 重新检查电路连接是否正确。由输入到输出逐级检查，必要时可以与同学互换检查，有助于发现问题。

(2) 通电后，用万用表 10 V 直流电压挡接在 A1 的第③脚和地之间，在没有用手触摸触片 M 之前，万用表指示应接近 0 V；用手触摸触片后，万用表指示应接近电源电压 6 V，且过 1 min 左右自动降到 0 V 附近。若此处不正常，则应检查 A1 周围元件的连接或 A1 已损坏，更换后重新调试。

(3) 若 A1 输出正常，将 A2 第④脚与 A1 第③脚之间的连接断开，并将 A2 的第④脚直接连到电源的正极，用示波器观察 A2 第③脚的输出波形，在示波器上应能观测到频率为 700 Hz（周期为 1.4 ms）左右的矩形波。若无波形输出或波形参数误差太大，则应检查 A2 周围元件的连接或 A2 已损坏，更换后再重试。

任务评价

表 3—5—2　　评分标准

序号	考核内容	评分标准	配分	得分
1	测试仪器准备	准备好测试仪器并会使用	15	
2	元器件准备	准备好元器件并会检测元器件	15	
3	电路连接	会根据设计电路搭建电路	30	
4	电路调试	会分析故障并排除简单故障	30	
5	总结	会根据操作进行小结	10	
合计总分			100	

思考与练习

1. 如何用 555 电路设计一个水温报警电路？
2. 简述 555 定时器的电路组成，各部分的作用，U_{TH}、U_{TR}、U_o。
3. 555 定时器构成的施密特触发器的特点是什么？其回差电压是如何形成的？
4. 上网查询一种由 555 构成的脉冲信号产生电路，要求写出电路工作原理。
5. 上网查询一款由 555 为核心器件的实用电路，并说明电路功能及工作原理。

任务6 A/D 与 D/A 转换逻辑电路装调

◆ 技能点

◎ 常用 A/D 及 D/A 芯片的使用

◆ 知识点

◎ A/D 转换器的原理和测试电路

◎ D/A 转换器的原理和测试电路

任务提出

数字电路所处理的信号是数字信号，如果用数字电路处理模拟信号，则必须先将模拟信号转换成数字信号，处理完后还原成相应的模拟量，这就涉及模拟信号量和数字量之间的相互转换。模拟信号量转换到数字信号量的过程称为模/数转换，即 A/D 转换。数字信号量转换到模拟信号量的过程称数/模转换，即 D/A 转换。目前（D/A）及（A/D）转换技术越来越集成化，常以芯片或集成芯片形式完成有关功能。

本任务以典型集成数模转换器 DAC0832 为例，进行 DAC 的装调与测试。以典型集成数模转换器 ADC0809 为例，进行 ADC 的装调与测试。

任务分析

D/A 转换器的 DAC 功能是将输入的二进制数字量转换成与该数字量成线性比例的以电压或电流形式输出的模拟量。典型的 D/A 转换器 DAC0832 将输入的数字量转换为模拟电流输出，运算放大器 LM358 将模拟电流变换为模拟电压的形式输出。A/D 转换器的 ADC 功能是将时间和幅度值都连续的模拟信号转换为时间、幅值都离散的数字信号。典型的 A/D 转换器 ADC0809 可直接与单片机的数据总线相连。通过测量 DAC 与 ADC 的输入、输出是否正确可以判断电路装调是否正确。

相关知识

将模拟信号转换为数字信号的过程称为模数转换，简称 ADC。将数字信号转换为模拟信号的过程称为数模转换，简称 DAC。

一、DAC 转换

DAC0832 将输入的数字量转换为模拟电流输出，运算放大器 LM358 将模拟电流变换为模拟电压的形式输出。

1．集成数模转换器 DAC0832

（1）转换原理　DAC 由电子开关、电阻网络、运算放大器、基准电压 4 部分组成。每一位二进制数控制一个电子开关。当 $D_i=1$ 时，基准电压接入电阻网络，而 $D_i=0$ 时，开关断开，电阻网络把基准电压转换成二进制数位权相对应的模拟电压分量（或电流分量），然后根据叠加原理，将各模拟分量相加，其总和就是与数字量成正比的模拟量。其输出模拟电压为

$$U_o=\frac{U_{REF}}{2^n}(D_{n-1}2^{n-1}+D_{n-2}2^{n-2}+\cdots+D_1 2^1+D_0 2^0) \quad (3—6—1)$$

（2）DAC0832 芯片（见图 3—6—1）

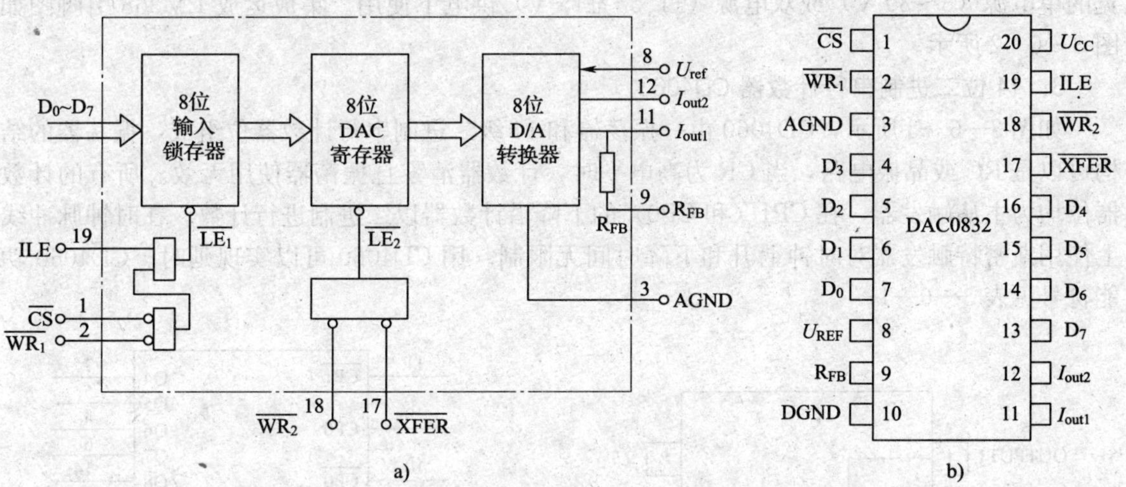

图 3—6—1　DAC 0832 内部结构和引脚图

a）内部结构　b）引脚图

各引脚功能：

D_7～D_0 为数据输入端，D_7 为最高位，D_0 为最低位。

I_{out1} 为模拟电流输出端。当 DAC 寄存器全为 1 时，I_{out1} 最大；全为 0 时，I_{out1} 最小。

I_{out2} 为模拟电流输出端，一般接地。

R_{FB} 为外接运算放大器提供的反馈电阻引出端。

U_{REF} 为基准参考电压接线端，其电压范围－10～＋10 V。U_{CC} 为电源电压，其值为＋5～＋15 V。

DGND 为数字电路接地端。AGND 为模拟电路接地端，通常与数字电路接地端相连接。

$\overline{CS}$ 为片选输入端，低电平有效。当 $\overline{CS}=1$ 时，（即 $\overline{LE}=0$），输入寄存器处于锁存状态，该片未选中，这时不接收信号，输出保持不变。当 $\overline{CS}=0$，且 IEL＝1，$\overline{WR_1}=0$ 时（即 $\overline{LE}=1$），输入寄存器被打开，这时它的输出随输入数据的变化而变化，输入寄存器处于准备锁存新数据的状态。

ILE 是输入寄存器锁存信号，高电平有效。即只有 ILE＝1 时，该寄存器才会处于锁存状态。它与 $\overline{CS}$ 共同控制来选通输入寄存器。

$\overline{WR_1}$是写输入信号 1，低电平有效。在$\overline{CS}$和 ILE＝1，即它们均有效条件下，$\overline{WR_1}$由 0 跃变为 1 的上升沿到来时，才将数据总线上的当前数据写入输入寄存器。

$\overline{XFER}$为传送控制信号，低电平有效。用来控制$\overline{WR2}$选通 DAC 寄存器。当$\overline{WR2}$＝0，$\overline{XFER}$＝0 期间，DAC 寄存器才处于接收信号，准备锁存阶段。这时，DAC 寄存器的输出随输入而变。

$\overline{WR_2}$是写输入信号 2，低电平有效。当$\overline{XFER}$有效时，在$\overline{WR_2}$由 0 跃变到 1 时，将输入寄存器中当前的数据写入 DAC 寄存器。

2．集成运放 LM358

包括两个独立的高增益的具有内部频率补偿功能的双运算放大器，能在电源电压范围很宽的单电源（3～30 V）或双电源（±1.5～±15 V）供电下使用。集成运放 LM358 引脚图如图 3—6—2 所示。

3．14 位二进制串行计数器 CD4060

如图 3—6—3 所示，CD4060 由一振荡器和 14 级二进制串行计数器位组成，振荡器的结构可以是 RC 或晶振电路，当 CR 为高电平时，计数器清零且振荡器使用无效。所有的计数器位均为主从触发器，在 CP1（和 CP0）的下降沿计数器以二进制进行计数。在时钟脉冲线上使用斯密特触发器对时钟上升和下降时间无限制。用 CD4060 可以实现延时。CD4060 功能符号见表 3—6—1。

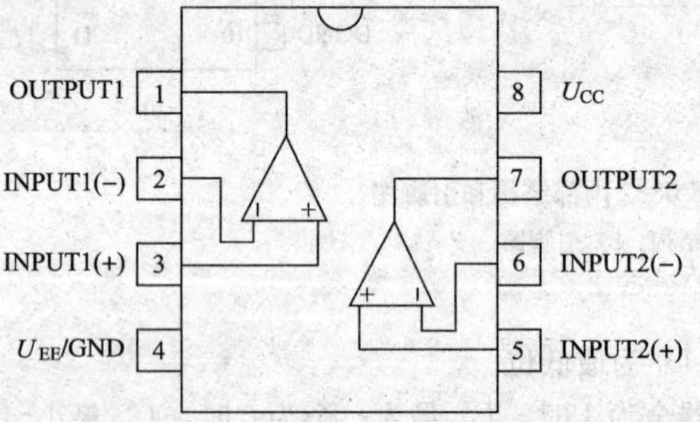

图 3—6—2 集成运放 LM358 引脚图

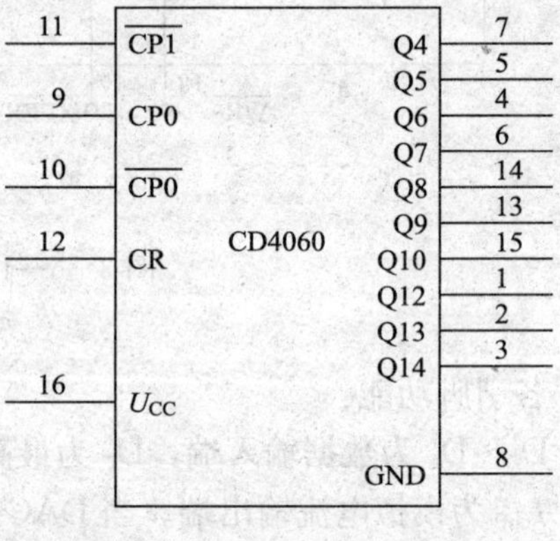

图 3—6—3 CD4060 外型图

表 3—6—1　　CD4060 功能符号

序号	引出端	功能符号
	$\overline{CP1}$	时钟输入端
	CP0	时钟输出端
	$\overline{CP0}$	反向时钟输出端
	Q4～Q10，Q12～Q14	计数器输出端
	$\overline{Q14}$	第 14 级计数器反相输出端

4．DAC 测试

如图 3—6—4 所示，D_7 和 D_0 分别为数据输入端的最高位和最低位，基准电压使用＋5 V，运算放大器使用LM358，使用±5 V双电源供电。使用数字万用表直流电压20 V挡，测量结果见表3—6—2。输出电压与输入数字量的二进制权值成正比关系。

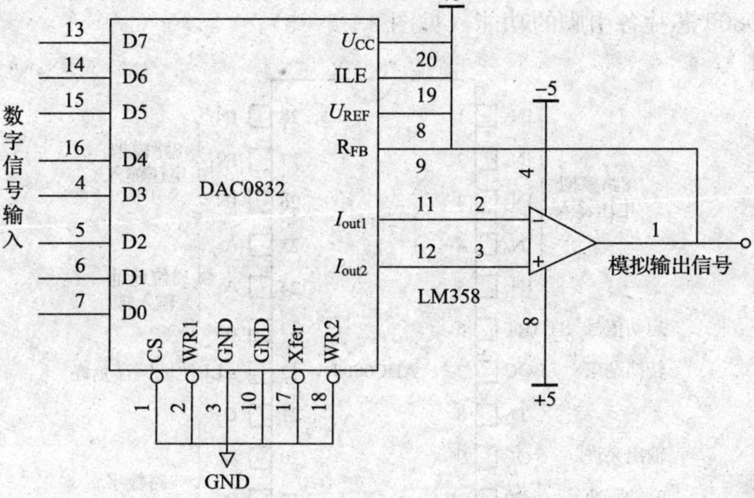

图3—6—4　DAC0832测试图

表3—6—2　　数模转换电路测量值表

输入数字量								输出电压
D_7	D_6	D_5	D_4	D_3	D_2	D_1	D_0	测量绝对值（V）
0	0	0	0	0	0	0	0	0.00
0	0	0	0	0	0	0	1	0.019 8
0	0	0	0	0	0	1	1	0.053 5
0	0	0	0	0	1	1	1	0.167
0	0	0	0	1	1	1	1	0.242
0	0	0	1	1	1	1	1	0.497
0	0	1	1	1	1	1	1	1.230
0	1	1	1	1	1	1	1	2.480
1	1	1	1	1	1	1	1	4.980

二、ADC转换

1．集成模数转换器ADC0809

（1）转换原理　ADC常用八位且多半采用逐次逼近法进行转换。ADC0809由两大部分组成：第一部分为8路模拟开关和地址锁存器，译码器改变地址，可选中任一通道；第二部分为一个逐次逼近型ADC，它由比较器、控制逻辑器、输出锁存器、逐次逼近寄存器以及开关组和电阻网络组成。其中开关组和电阻网络组成D/A转换器。转换开始前寄存器先清零（自动进行），使转换以后，时钟信号将寄存器的最高有效位先置“1”，即$D_7D_6D_5D_4D_3D_2D_1D_0$＝10000000，这个数码被D/A转换成相应的模拟电压U_o，送到比较

器中与模拟信号 U_i 相比较，根据比较器输出“1”或“0”，来决定数字信号减小还是增大，然后再进行比较，以便向模拟输入信号逼近，逐位比较，直到最后一位，D/A 的数字输出即对应的输入模拟量。

(2) ADC 0809 芯片各引脚的功能（见图 3—6—5）。

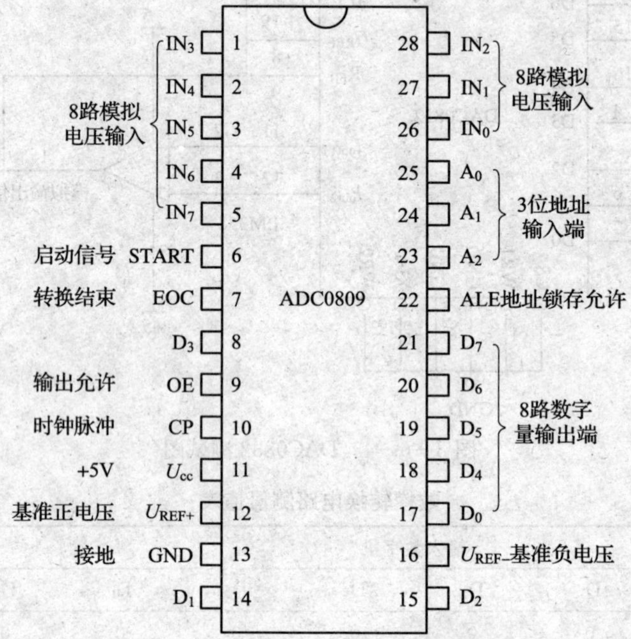

图 3—6—5 DAC0809 引脚图

U_{CC}——电源正极。

GND——电源负极。

$IN_0 \sim IN_7$——8 路模拟信号输入通道。

A_0，A_1，A_2——控制 8 路模拟信号输入通道的 3 位地址码输入端。

ALE——地址锁存允许输入端，该信号的上升沿使多路开关的地址码 A_0，A_1，A_2 锁存到地址寄存器中。

START——启动信号输入端，此输入信号的脉冲上升沿使内部寄存器清零，脉冲下降沿使 A/D 开始转换。

EOC——A/D 转换结束信号，它在 A/D 转换开始时由高电平变为低电平，转换结束由低电平变为高电平，此信号的脉冲上升沿表示 A/D 转换完毕，常用做计算机中断申请信号。

OE——输出允许信号，高电平有效，用来打开三态输出锁存器，将数据送到数据总线。

$D_7 \sim D_0$——8 位数据输出端。

CP——时钟信号输入端，时钟的频率决定 A/D 转换的速度，CP 的频率范围为 10～1 280 kHz。当 CP 为 640 kHz 时，A/D 转换时间为 100μs。

U_{REF+} 和 U_{REF-}——基准电压输入端。

2. 输入模拟量选择

8 路模拟输入信号选择哪一路进行转换，由地址锁存器决定。ADC0809 地址码对应的模拟通道见表 3—6—3。

表 3—6—3　　ADC0809 地址码对应的模拟通道

地址码			模拟通道
A_2	A_1	A_0	
0	0	0	IN0
0	0	1	IN1
0	1	0	IN2
0	1	1	IN3
1	0	0	IN4
1	0	1	IN5
1	1	0	IN6
1	1	1	IN7

任务实施

一、工具器材准备

1. 20 MHz 双踪示波器、直流稳压电源（输出＋5 V 和输出 0～5 V 可调）、数字式万用表。

2. 方波信号发生器 1 台。

3. 器件准备

面包板（15 cm×25 cm）、集成电路座 DIP40 和 DIP8、集成电路起拨器、D/A 转换器 DAC0832、LM358、74LS90、电位器 WS－1－10 kΩ、发光二极管、电阻 RJ－0.25 W 若干、晶振 32 768 Hz。

4. 熟悉器件

查集成电路手册，初步了解 DAC0832、LM358、74LS90、ADC0809、74LS244、CD4060。确定各集成电路引脚排列，了解各引脚的功能。

二、DAC 电路装调

1. 装调与检测

（1）按图 3—6—6 连接 DAC0832 测试电路，D_7～D_0 端口为数字信号输入端，U_o 为模拟信号输出端。

（2）将 D_7～D_0 全部接地，调节运放的调零电位器 RP，使输出电压 $U_o=0$，从输入最低位起，逐位置“1”（接＋5 V），并测量输出模拟电压 U_o，填入表 3—6—4 中。

（3）将十进制计数器（74LS90）的 4 位输出 $Q_0Q_1Q_2Q_3$，对应接到 DAC 的高 4 位，低 4 位接地。加上脉冲后，用示波器观察输出电压 U_o 的波形。

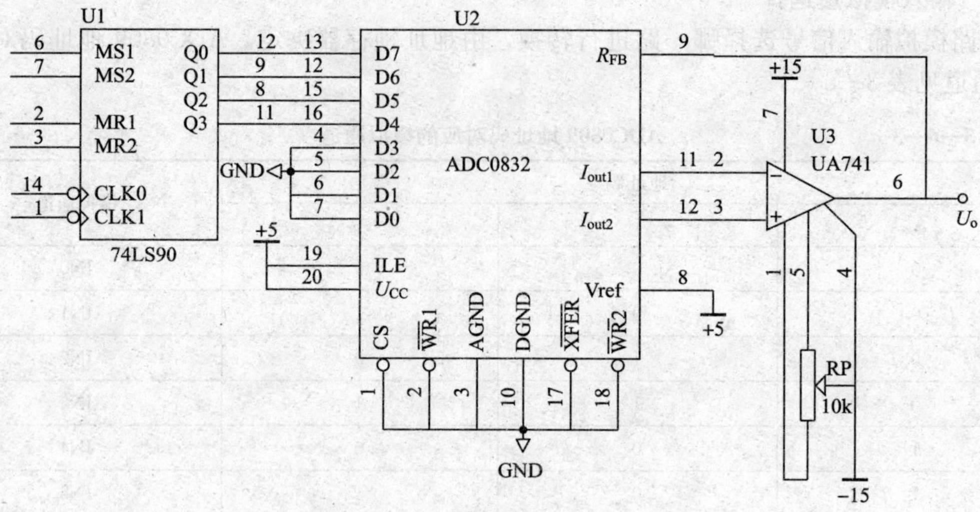

图 3—6—6　DAC0832 性能测试连接图

（4）如计数器输出改接至 DAC 的低 4 位，高 4 位接地，重复上述步骤。

（5）将 D_7～D_0 逐个接入高电平（其余 7 位均为低电平），用数字电压表直流电压 10 V 挡测量，当某位为 1 时 DAC 的输出电压，并将测量结果记录在表中。

（6）将 D_7～D_0 全部接地，然后按表 6—3 所示数据依次接入高电平，用数字电压表直流电压 10 V 挡测量 DAC 的输出电压，并将测量结果记录在表 3—6—4 中。

表 3—6—4　　　　DAC 测试记录表

输入数字量								输出模拟电压 U_o/V
D_7	D_6	D_5	D_4	D_3	D_2	D_1	D_0	实测值
0	0	0	0	0	0	0	0	
0	0	0	0	0	0	0	1	
0	0	0	0	0	0	1	1	
0	0	0	0	0	1	1	1	
0	0	0	0	1	1	1	1	
0	0	0	1	1	1	1	1	
0	0	1	1	1	1	1	1	
0	1	1	1	1	1	1	1	
1	1	1	1	1	1	1	1	

2．故障检修

（1）调零调不到零。uA741 的输入②、③脚短接，测输出端⑥脚，调 RP 使输出为零，如果调不到零，则可能是集成电路或电位器损坏，一般先换集成电路，如果 uA741 和 RP 都是好的，则换 ADC0832。

（2）如果输出不正常，可以分段检查。一查计数器输出，在计数器输出端测量计数器是否正常。如果计数器输出正常，再查 ADC0832。根据 $D_7D_6D_5D_4$ 输入的信号是二进制数，用万用表测量 ADC0832 的输出信号⑪、⑫脚。如果正常，则再查 uA741，如果不正常，则说明 ADC0832 损坏。

三、ADC 电路装调

1. 装调与检测

(1) 按图 3—6—7 连接电路。

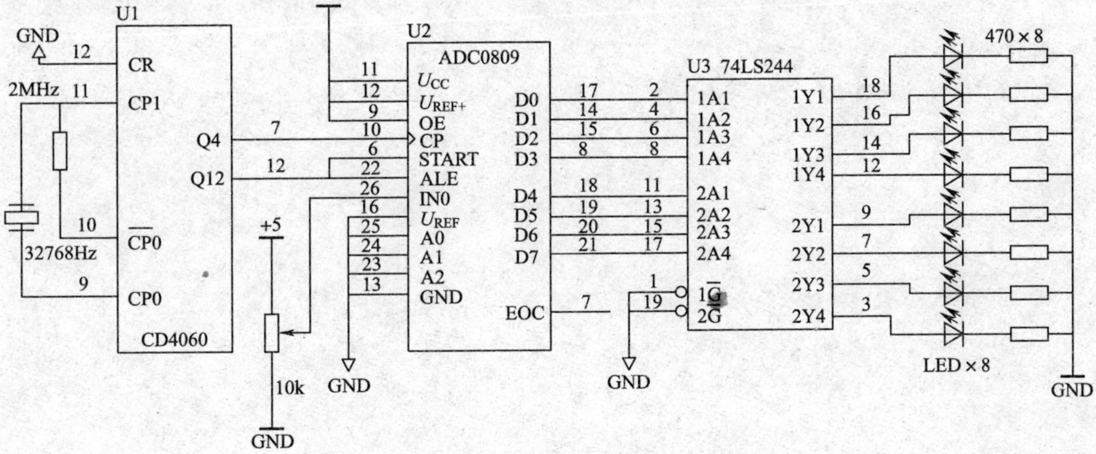

图 3—6—7　8 位数字电位器测试电路

(2) 接通电源，缓慢调节电位器 RP，8 只发光二极管 LED 逐个点亮，当电位器调节到最大值时，8 只发光二极管全部点亮。当电位器调节到最小值时，8 只发光二极管全部灭。

2. 故障排除

(1) 如果 8 只发光二极管均不亮，可用万用表测量 CD4060 的③脚，检查振荡电路是否起振。

(2) 检查 ADC0809 的⑪，⑫，⑨脚是否接 U_{CC}，⑯，㉕，㉔，㉓，⑬脚是否接地。

(3) 检查 74LS244 的①，⑲脚是否接地。

任务评价

表 3—6—5　　评分标准

序号	考核内容	评分标准	配分	得分
1	测试仪器准备	准备好测试仪器并会使用	15	
2	元器件准备	准备好元器件并会检测元器件	15	
3	电路连接	会根据设计电路搭建电路	30	
4	电路调试	会分析故障并排除简单故障	30	
5	总结	会根据操作进行小结	10	
合计总分			100	

思考与练习

1. DAC 转换器由哪几部分组成？试述 DAC 转换原理。
2. ADC 转换的过程是什么？
3. 自行设计电路，验证 ADC0809 的工作是否正常？
4. 上网查 1～2 种 ADC 集成芯片资料。试选择一种并设计应用电路。
5. 上网查 1～2 种 DAC 集成芯片资料。试选择一种实用电路说明电路原理。